中国高校"十二五"数字艺术
精品课程规划教材

MAYA 动画案例高级教程

高盈
魏程华/编著

中国青年出版社
CHINA YOUTH PRESS

律师声明

北京市中友律师事务所李苗苗律师代表中国青年出版社郑重声明：本书由著作权人授权中国青年出版社独家出版发行。未经版权所有人和中国青年出版社书面许可，任何组织机构、个人不得以任何形式擅自复制、改编或传播本书全部或部分内容。凡有侵权行为，必须承担法律责任。中国青年出版社将配合版权执法机关大力打击盗印、盗版等任何形式的侵权行为。敬请广大读者协助举报，对经查实的侵权案件给予举报人重奖。

侵权举报电话

全国“扫黄打非”工作小组办公室
010-65233456 65212870
http://www.shdf.gov.cn

中国青年出版社
010-50856028
E-mail: editor@cypmedia.com

图书在版编目（CIP）数据

Maya 动画案例高级教程 / 高盈，魏程华编著 . — 北京：中国青年出版社，2012.10
中国高校“十二五”数字艺术精品课程规划教材
ISBN 978-7-5153-1120-3
I. ①M… II. ①高 … ②魏 … III. ①三维动画软件 — 高等学校 — 教材 IV. ①TP391.41
中国版本图书馆 CIP 数据核字（2012）第 239982 号

Maya动画案例高级教程

高 盈 魏程华 / 编著

出版发行：中国青年出版社
地 址：北京市东四十二条 21 号
邮政编码：100708
电 话：（010）59521188 / 59521189
传 真：（010）59521111
企 划：北京中青雄狮数码传媒科技有限公司

策划编辑：付 聪
责任编辑：郭 光 张 军
封面设计：唐 棣 邱 宏

印 刷：湖南天闻新华印务有限公司
开 本：787×1092 1/16
印 张：11
版 次：2012 年 11 月北京第 1 版
印 次：2018 年 7 月第 2 次印刷
书 号：ISBN 978-7-5153-1120-3
定 价：59.80 元（附赠 1DVD）

本书如有印装质量等问题，请与本社联系 电话：（010）50856188 / 50856199
读者来信: reader@cypmedia.com 投稿邮箱: author@cypmedia.com
如有其他问题请访问我们的网站: http://www.cypmedia.com

前 言 Preface

首先，感谢您选择并阅读本书。

本书以三维设计软件 Maya 为平台，向读者全面阐述了动画制作中常见的操作方法与设计要领。

——笔者

软件简介

Maya 是目前世界上最优秀的三维制作软件之一，它功能强大、用户界面友好并且制作效率很高，在动画、影视、游戏等许多相关行业中被广泛应用。Maya 中的动画功能非常重要而且复杂，通过动画功能，动画师可以赋予静止的角色生命，让角色活灵活现地运动起来。本书将就 Maya 的“动画模块”的使用方法为大家进行讲解及示范。

内容导读

本书结构清晰、脉络流畅，章节排序非常适合读者循序渐进地进行阅读与学习。书中没有大段叙述性文字，而是以图对每一个知识点进行介绍及解说，简明易懂、实践性强。

本书共分 14 个章节，由浅入深、从易到难、全面并细致地讲解了 Maya 动画部分的各个知识模块。前七章属于理论及功能讲解部分，将 Maya 动画模块中的各项功能分类进行概述，并就各项命令逐一进行讲解；后七章属于实践练习部分，对应前面所讲到的知识进行实际操作和案例制作。作者将自身的实践经验融合于实例中，每个实例都是经过反复制作验证并录制的，并且在特别需要注意的地方加入了“提示”环节，而这些提示都是作者长期制作经验积累的成果。

书中的实例遵循由简到繁、循序渐进的规律，符合广大读者的学习进度，让读者不仅仅会做书上的实例，更能够真正掌握 Maya 操作技能，将书中所学技巧和制作方法应用到自己的创作中去。

体例特色

本书包含 1 张 DVD 光盘，包括本书相关案例所需的 17 段视频教学文件，以及所有对应模型及绑定素材和每一步的分步工程文件等，读者可以通过教学视频和分步工程文件轻松、快捷地掌握 Maya 动画模块的各项功能。

本书内容全面丰富，每个细节均有配图进行操作说明，并且配有操作注意事项提示，具有很强的实用性和指导性，适合 Maya 初级和中级用户参考学习，也可以作为高等院校相关专业的教材和辅导用书。

在本书创作过程中，许多朋友为我们提供了很多帮助，尤其要感谢王杰飞老师和张坤老师的鼎力支持。此外，在编写的过程中还得到了编辑的大力支持，在此表示衷心感谢。

目 录 Contents

PART 01 理论篇

Chapter 01 Maya 动画模块介绍

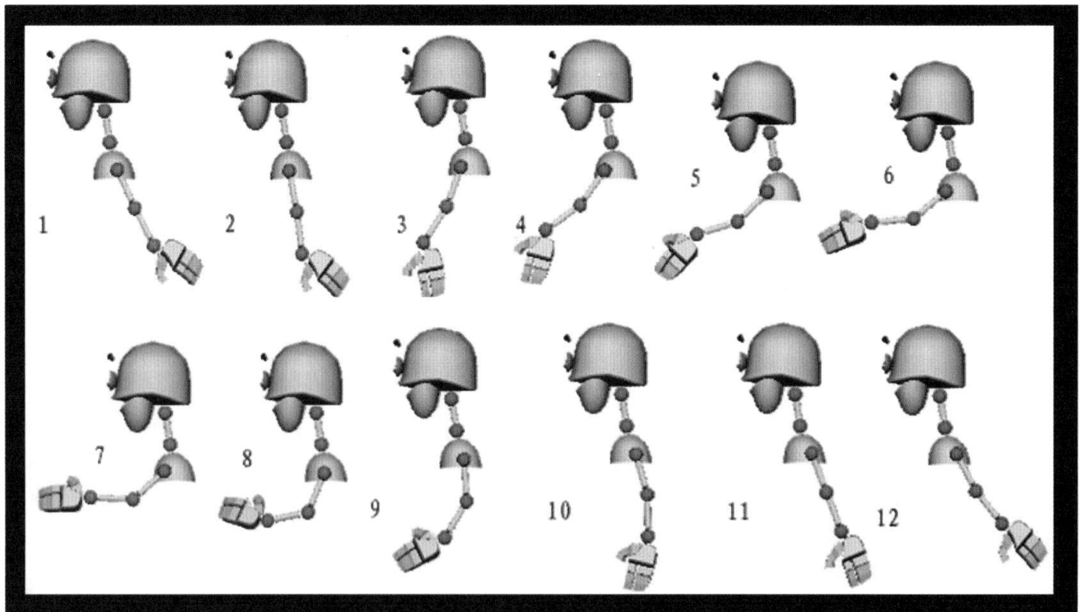

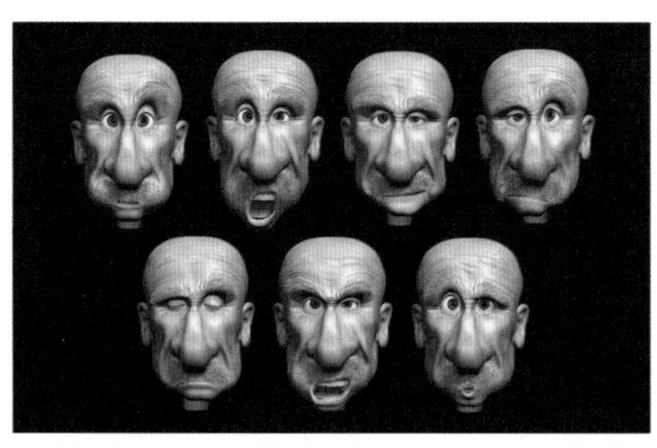

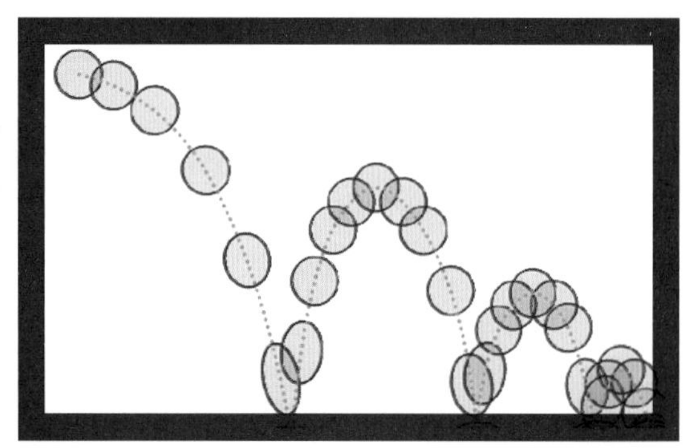

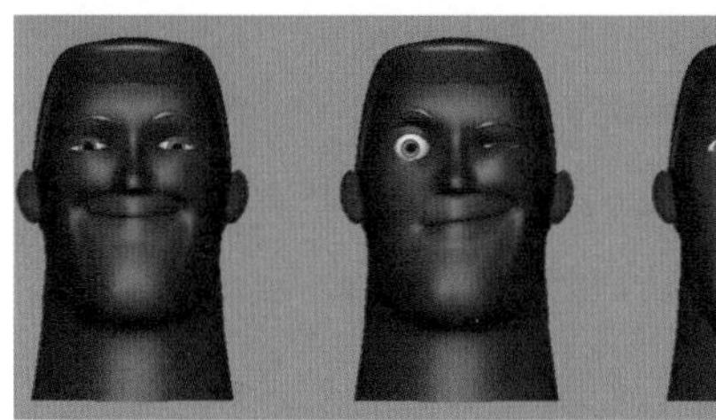

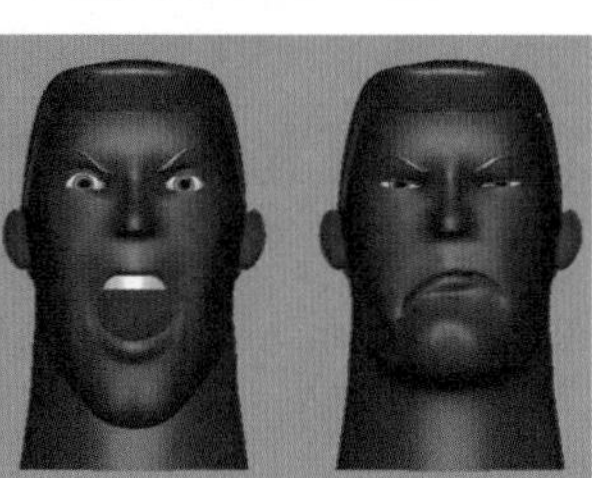

Chapter 02 关键帧动画

Chapter 03 路径动画和烘焙动画

Chapter 04 变形动画

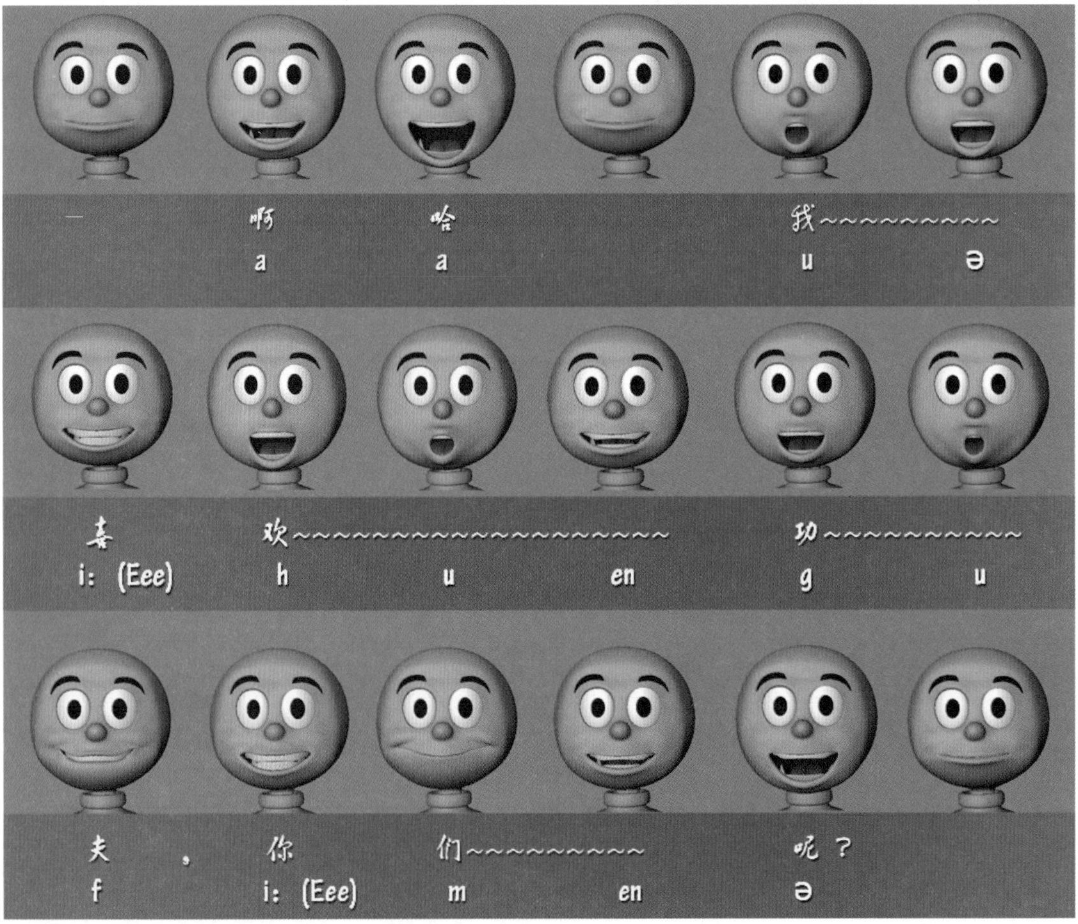

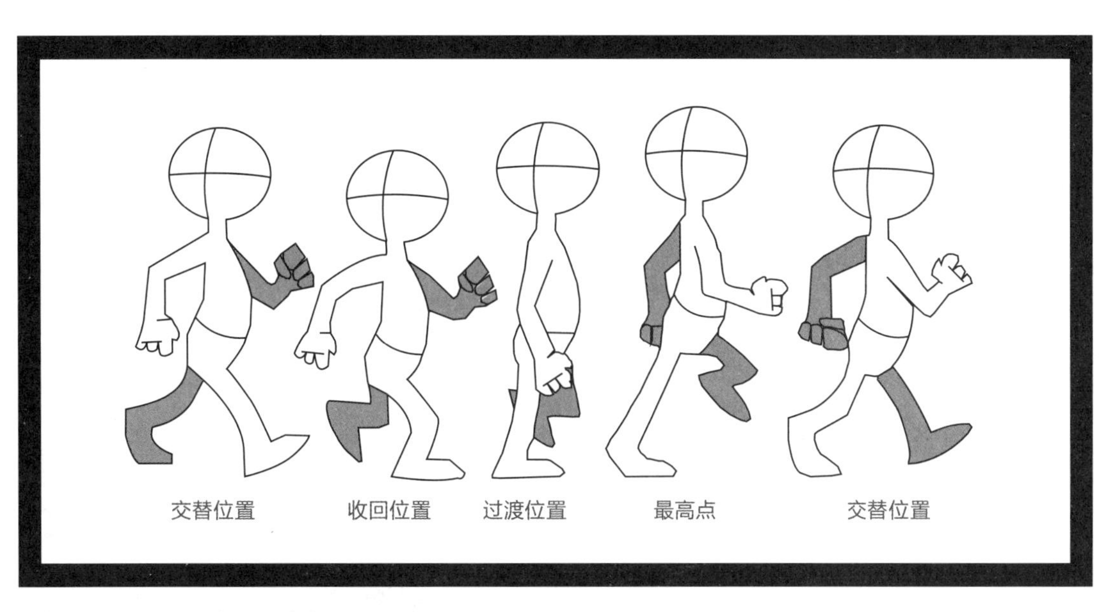

Chapter 05 约束

Chapter 06 驱动动画与表达式动画

Chapter 07 非线性动画

Contents

PART 02 实战篇

Chapter 08 非生命物体的运动

Chapter 09 表情动画

Chapter 10 角色动画

Chapter 11 鸟的飞翔

Chapter 12 四足动物

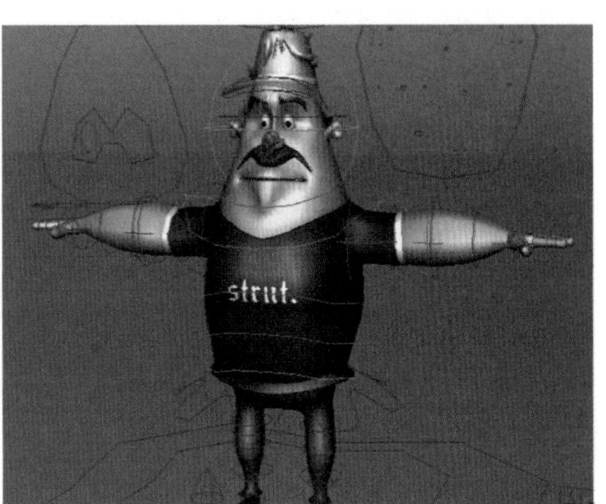

Chapter 13 软体动画

Chapter 14 综合实例

PART 01

理论篇

本篇导引

理论知识部分共分为7篇，包含了Maya动画模块中的所有功能及知识点。理论部分着重讲解动画模块中各部分的命令使用及参数设置，通过此部分可以全面并详细地了解到不同种类动画的特点，以及它们更适合应用在哪些案例中。书中每一个知识板块都提供了相对应的课堂练习，在此列出以供参考。

关键技术	课堂练习
Maya动画控制界面	动画控制界面介绍
创建关键帧	手动及自动创建关键帧
动画参数预设	不同参数预设
编辑关键帧	删除、复制关键帧
摄影表工具	熟悉摄影表工具
曲线图编辑器	用动画曲线调小球运动
沿路径运动动画	飞机沿曲线飞行
沿路径变形动画	曲面沿曲线弯曲前行
烘焙动画	路径动画转换成关键帧
混合变形	人物表情混合
簇变形	曲面簇变形及权重
晶格变形	圆球晶格变形为蘑菇
点约束	多个球体点约束动画
方向约束	多个方体方向约束动画
目标约束	眼睛看移动物体动画
父子约束	磁铁吸附动画
缩放约束	多个柱状体缩放约束动画
法线约束	方体在曲面表面运动动画
极向量约束	腿部绑定
驱动动画	自动电梯门动画
表达式动画	滚铁环动画
非线性动画	飞行并变形的非线性动画

Chapter 01 Maya动画模块介绍

※ **本章概述**

动画，是指许多帧静止的画面以一定的速度（如每秒16张）连续播放时，肉眼因视觉暂留（拟动）产生错觉，而误以为画面活动的作品。

但是，用更易于理解的方式来表达，就是动画能够赋予非生命物体以生命。

所以，动画的本质是运动。

在Maya中，动画是非常重要而且复杂的功能，通过动画功能，我们可以赋予静止的角色生命，让角色活灵活现地运动，并且可以对已有动画反复进行编辑与修改。

学习并掌握动画模块中各项工具的使用方法是非常重要的，本章将对Maya动画模块进行整体介绍。

※ **核心知识点**

❶ Maya中动画“帧”的概念

❷ Maya动画基本分类

❸ Maya动画模块基本界面

1.1 动画简介

1.1.1 动画的概念

动画的字面意思就是“会活动的画面”。

这些“会活动的画面”之所以能够产生，其根本原因是人类的视觉暂留特性。经科学实验证明，人类的视网膜具有“视觉暂留”的特性——人眼看到一幅画面后，这幅画面会停留在视网膜上0.34秒不消失。利用这一原理，在一幅画面消失之前播放出下一幅画面，就会给人造成一种画面会活动的视觉错觉。因此，电影采用了每秒24幅画面的速度拍摄、播放，电视采用了每秒25幅（PAL制）或30幅（NTSC制）画面的速度拍摄、播放。逐张展示的画面如下面两张图所示。

动画的英文是Animation，其拉丁文字根是Anim，意思为“运动”，动词形态Animate意为赋予生命，即指让非生命物体活动起来。所以我们可以将Animation理解为——使原本没有生命的物体像获得生命一般地活动。

在传统动画中，我们把绘制动画的过程称为“原画绘制”，在一个完整的动作中，位于动作首、尾、转折处的几张原画格外重要，我们将它们称为“关键帧”；在确定“关键帧”之后再添加“中间帧”。走路时一只脚迈步的逐帧画面如下图所示。

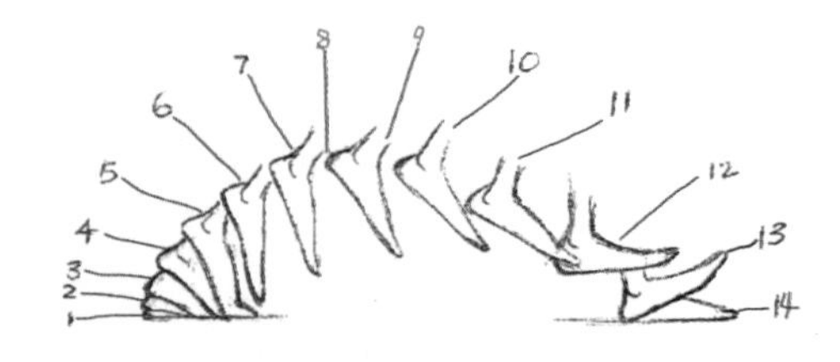

传统动画是“用摄影机连续拍摄成一系列画面”，随着图形与图像处理技术的不断发展更新，出现了借助于编程或动画制作软件生成一系列的景物画面的动画，这被称为计算机动画。

计算机动画的诞生一定程度上省去了传统动画制作过程中庞大的手绘工作，大大提高了动画的制作效率。但是动画的基本制作思路依然沿袭了传统动画中“关键帧”和“中间帧”的观念。一个动作往往先设置好关键帧，然后计算机通过关键动作之间的运动变化及间隔时长来自动计算中间的过渡动作，创建出一段动画。这种方式在Maya动画制作中非常常用，例如角色动画。Maya中调节走路循环中手臂动作的逐帧动画如下图所示。

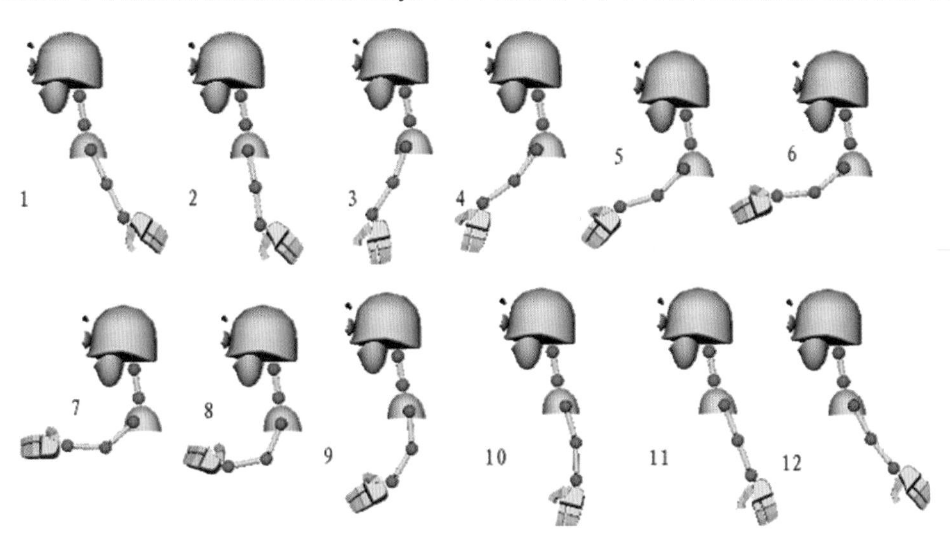

还有一部分动画则是通过程序来控制，这类动画往往有着特定的运动规律可循，可以通过计算机表达式计算生成，例如动力学动画、表达式动画、驱动动画等。这类动画通常可以模拟一些复杂多变的动画效果，或者用来降低关键帧动画的制作难度，例如烟雾、流水、碰撞、爆炸等自然物理现象，以及沿特定路径的运动等，如下图所示。

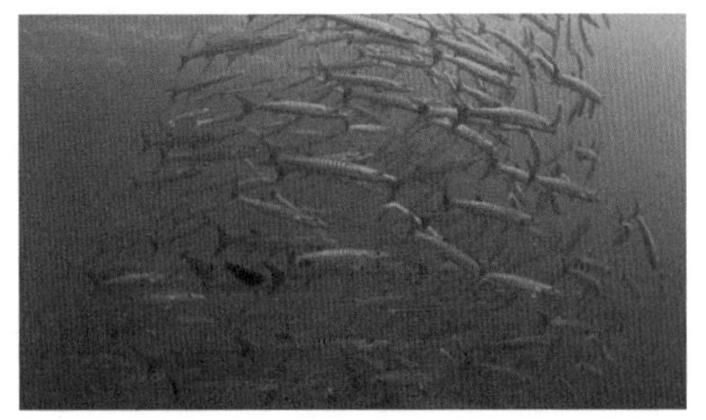

1.1.2 帧的概念

1. 帧

帧（Frame）是动画中衡量时间的基本单位。在动画制作中，我们将每一秒分成相等的若干份，每一份就叫做一帧，每一帧对应着一幅画面。例如：在电影中，每一秒有24幅画面，相当于这一秒钟被等分成了24份，每一份就是一帧，那么这里的每一帧就等于1/24秒。

如右图是一只向前奔跑的小松鼠的动作分解图，将所有帧串联起来，一串画面连续播放，就可以看到流畅的动画了。

2. 帧频

我们将每一秒钟播放多少帧称为“帧频”。帧频的数值并不是固定的，比如电影是24帧/秒，PAL制（中国、美国通用）电视是25帧/秒，NTSC制（日本、欧洲通用）电视是30帧/秒，传统的游戏画面是15帧/秒。

3. 预设场景帧频

在Maya中制作动画前，有一个非常重要的步骤，就是预设场景帧频。只有把帧频调节成我们需要的数值，播放起来才不会出错。

执行菜单中Window（窗口）> Setting/Preferences（设置/首选项）> Preferences（首选项）命令，打开Preferences（首选项）对话框；或者单击Maya视图中右下角的按钮，同样可以打开该对话框。在对话框左侧列表中单击Settings（设置）选项，在右侧面板的Time（时间）下拉列表中可以选择所需的帧频。

一般我们将动画的帧频设置为24帧/秒，如下图所示。

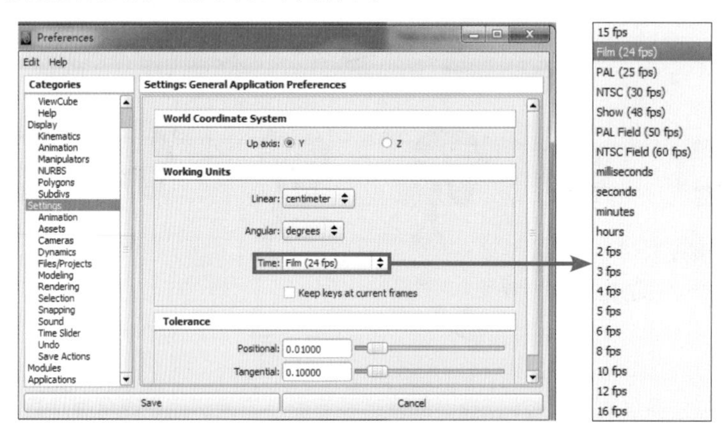

在左侧列表中单击Time Slider（时间滑块）选项，在右侧面板的Play back speed（播放速度）下拉列表中可以选择所需的播放速度，如下图所示。

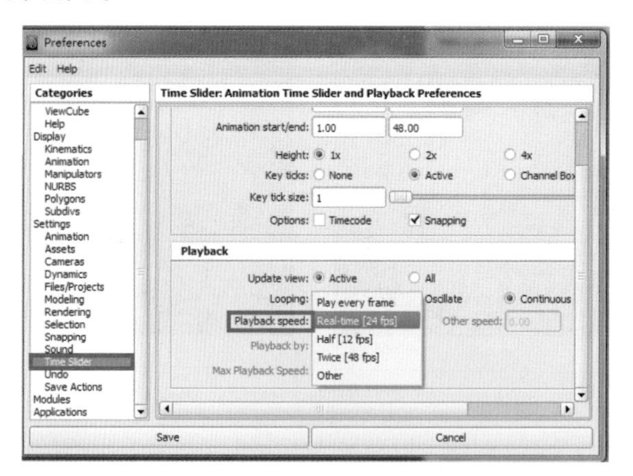

提 示

关键帧动画一般设置为 Real-time[24 fps]（实时 [24 fps] 选项），这样比较符合视觉习惯，与实际拍摄的播放速度相同，而制作粒子动画或动力学动画时，由于数据计算量较大，用真实速率播放会非常卡并且易出现跳帧现象，所以往往选择 Play every frame（播放每一帧）选项，这样会把 Maya 计算出的每一个步骤都清楚地显示出来。

几种播放速率分别是：Play every frame（播放每一帧），Real-time[24 fps]（实时[24 fps]），Half[12 fps]（半速[12 fps]），Twice[48 fps]（两倍[48 fps]），Other（其他）。

1.2 Maya中动画的基本分类

在Maya中制作动画的方式有很多，主要分为关键帧动画、关联动画、非线性动画、路径动画、表达式动画、动力学动画、变形动画和动作捕捉。

1.2.1 关键帧动画

关键帧动画是动画技术中使用最广泛、最灵活和最普遍的一种。

关键帧动画直接记录对象属性在某些时间点上的状态，如位移、角度、大小等。这些被记录的时间点不是连续的时间点，而是由动画制作人员自己设置的点，我们称这种点为“关键帧”。Maya会自动计算出任意两个相领的关键帧之间的运动路径及规律。

例如一个小球在第0帧时的Translate Y（平移Y）属性值为0，到了第10帧时Translate Y（平移Y）属性值为20，只有第0帧和第10帧是关键帧，中间没有其他关键帧，那么Maya将会自动计算第0帧到第10帧之间小球的运动状态。在中间的第5帧处，小球的Translate Y（平移Y）属性值也应当是处在最中间，即10。

并且，关键帧动画的每一个属性都可以在“动画曲线”上表现出来，这条曲线有些类似于数学中的XY坐标系中的曲线，只是横坐标是时间，纵坐标是某一属性值。物体在不同时间点的位置以及相应的动画曲线如下图所示。

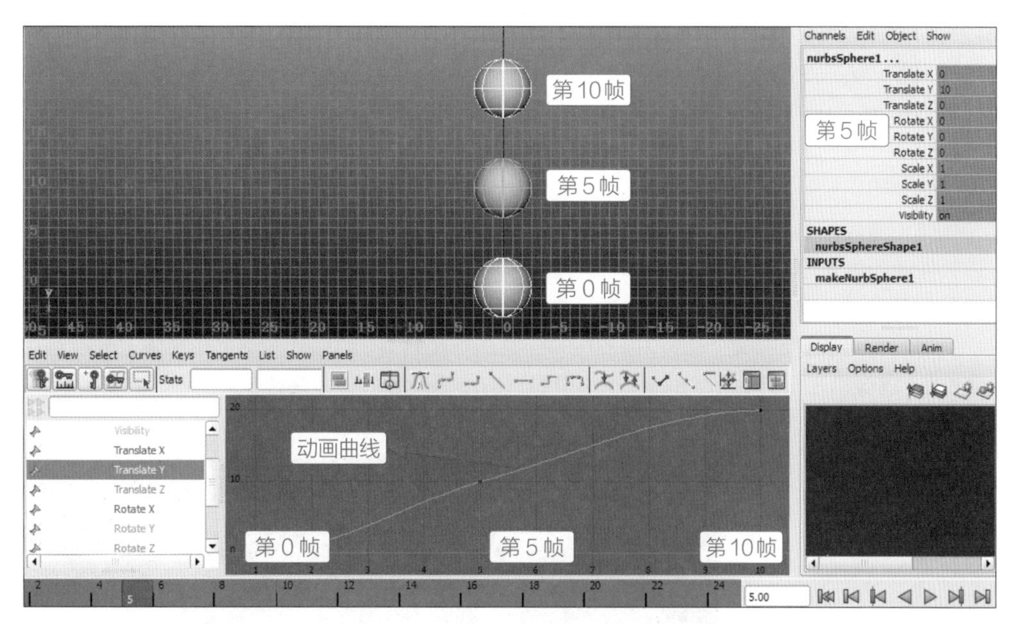

1.2.2 关联动画

关联动画也是一种非常重要的动画制作方式。与关键帧动画不同的是：关键帧动画记录的是物体运动状态与时间之间的关系，而关联动画记录的是物体状态与状态之间的关系。

关联动画不仅可以在两个运动状态之间建立联系，还可以在运动的各种属性之间建立比较复杂的关联。例如：齿轮的相互咬合转动，时钟的时针、分针、秒针的旋转，轮胎与地面之间的相对运动，以及一些复杂机械之间的传动等。其中的典型用法就是使用Driven Key（驱动关键帧）。例如齿轮组的运动，是由一个主动轮依次带动整个齿轮组，如右图所示。

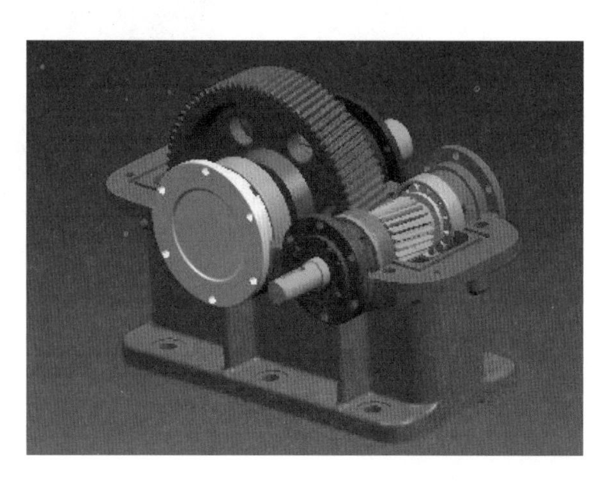

1.2.3 非线性动画

前面我们介绍的关键帧动画是通过动画曲线来实现编辑的。那么，不依靠动画曲线来编辑的动画，就称为非线性动画。

在Maya中利用Trax Editor（Trax编辑器），对所有的动画序列都进行分层化处理，这样我们就可以对动画进行非线性编辑了。非线性动画相当于把所有动画的关键帧都进行了片段化，然后对这些片段进行复制、粘贴和各种组合，让不同的动作片段连接在一起，如此一来就可以很方便地处理一些重复的动作，并且把一些动画片段保存起来，以便进行再次运用。非线性动画编辑界面如下图所示。

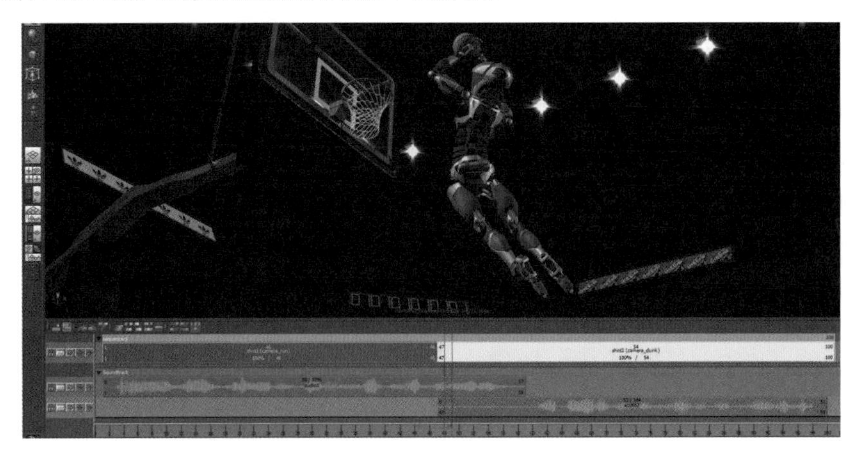

1.2.4 路径动画

当某个物体沿着特定的路线进行运动和旋转的时候，我们可以预先设置物体运动的路线，再命令物体沿着预设路线进行移动和旋转，这种动画称为路径动画。

路径动画中最重要的就是运用曲线工具进行路径的勾画，确定路径之后也需要进行简单的关键帧设置，例如：设置在哪一帧运行到路径的哪个部分，以及在哪一帧进行旋转等。路径动画除了在物体上进行运用外，也经常用在摄像机上：摄像机在楼群中穿梭的场景中，摄像机的路线是预先通过曲线设计好的。例如星系的运动就是典型的沿固定轨迹运动，如下图所示。

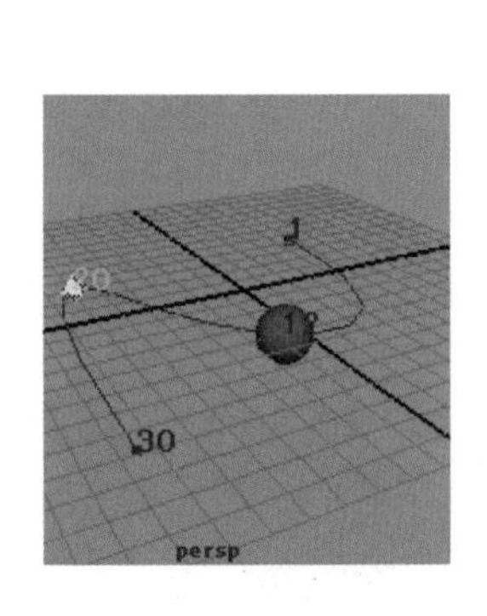

1.2.5 动力学动画

除了手动设置动画关键帧或路径外，还有一类动画更适合用动力学方式制作，这一类动画多与自然界中的各种物理力学与运动规律相关，例如：重物的掉落、柔体的随风飘动、刚体之间的碰撞等，如下图所示。对于这类动画，我们主要结合Maya 的动力学模块进行制作。

1.2.6 表达式动画

当某一个物体的运动与时间或者其他物体的运动之间存在着精确的关联时，我们可以使用数学或者物理公式对它们之间的运动关联进行描述。例如：物体的颜色随着时间不断变化（爆炸喷射的火星），物体的大小随着时间的变化而变化（水底冒出的气泡）等，如右图所示。

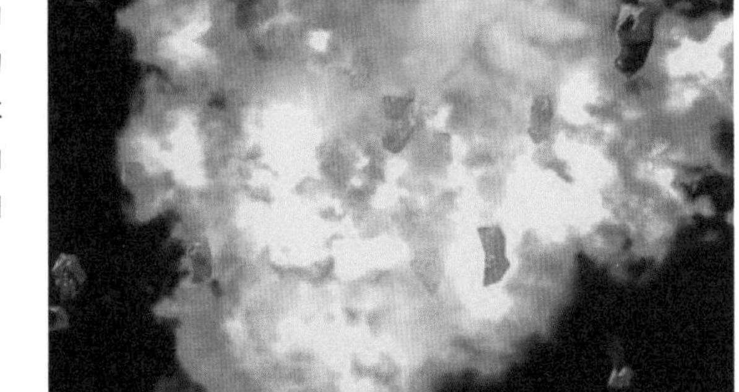

1.2.7 变形动画

还有一些动画是通过物体的变形进行表现的，如脸部的表情、柔软物体的弯折等。变形动画的物体对象本身可能并没有发生位移或者状态的改变，但是物体本身的形状发生了变化。变形动画可以通过Bend（变形）、Blend Shape（混合变形）等命令进行设置。表情动画是典型的变形动画，如右图所示。

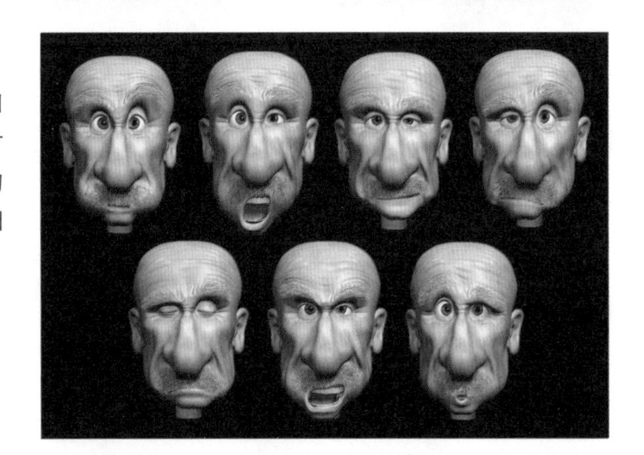

1.2.8 动作捕捉

动作捕捉简称Mocap。它通过大量摄像头（信号捕捉器）和固定在真实演员身上或面部的传感器来捕捉跟踪角色的动作及位置，再经过计算机处理后得到三维空间中对应坐标的数据。动作捕捉技术已经大量地应用在影视、游戏、动画制作、步态分析、生物力学、人机工程等领域，如右图所示。

1.3 动画编辑界面

在Maya模块下拉列表中，选中Animation（动画）模块，这样Maya就进入了动画编辑界面——菜单栏中的命令均为动画模块相关命令。

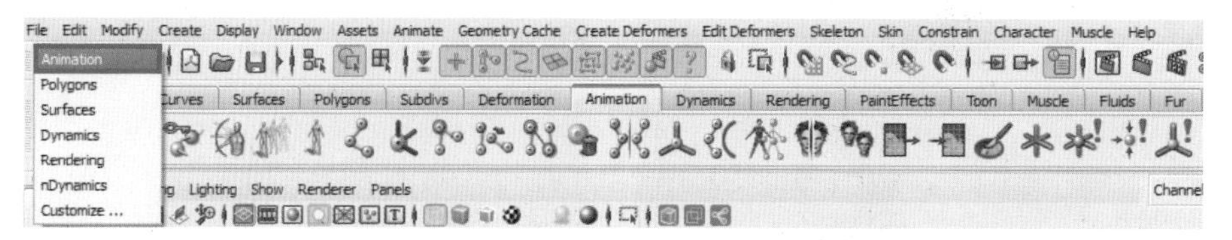

动画编辑界面可以大致分为以下14个部分。

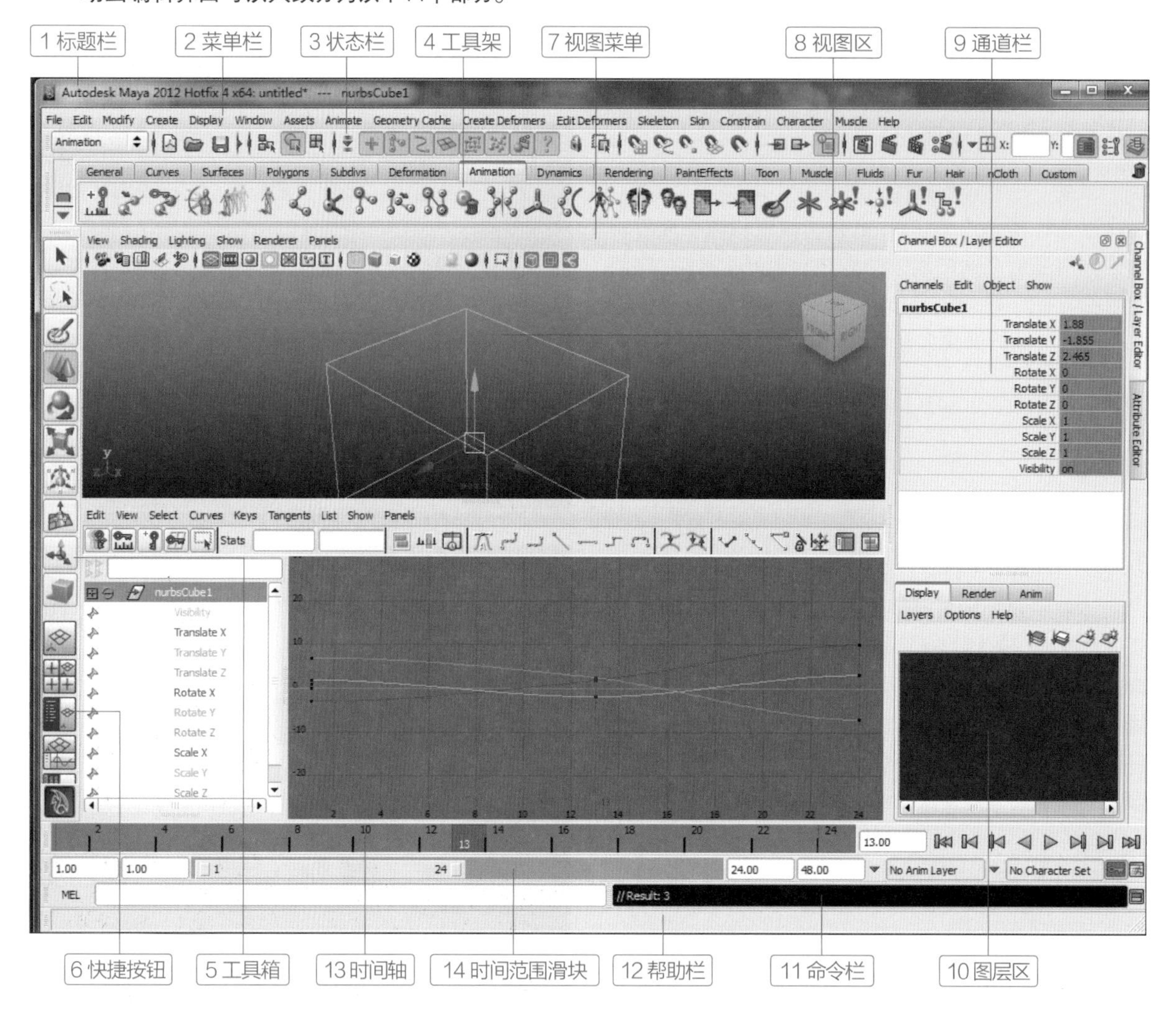

下面分别介绍各部分的作用。

1.标题栏： 显示当前的场景名称、工程目录名称和当前选择对象名称。

Autodesk Maya 2012 Hotfix 4 x64: untitled* --- nurbsCube1

2.菜单栏： Maya 的菜单栏分为Polygons（多边形）、Animation（动画）、Rendering（渲染）、Dynamics（动力学）等七大模块。通过F2~F6键可以切换菜单栏的模块显示。其中Animation（动画）菜单如下图所示。

Animate Geometry Cache Create Deformers Edit Deformers Skeleton Skin Constrain Character Muscle

3. 状态栏： 状态栏位于菜单栏的下方，其中包含了很多内容，如：Maya的模块切换下拉菜单、打开及存储按钮、显示类型、吸附功能等等，如下图所示。

4. 工具架： Maya工具架中提供了大量常用命令的快捷方式。单击即可运行相应的命令或功能。工具架中上面一行是标签栏，下面一行是工具，不同工具图标分类放置在不同标签中。

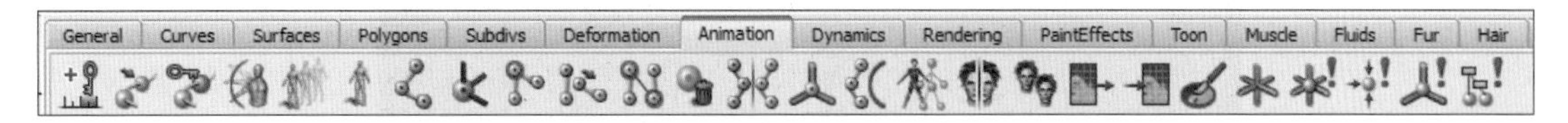

5. 工具箱： Maya视图区左侧是工具箱，包含最常用的工具命令，例如选择工具、移动工具、旋转工具、缩放工具等。

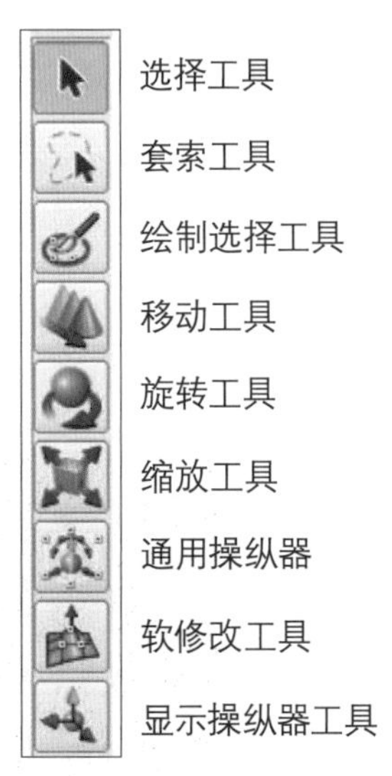

6. 快捷按钮： 位于工具箱下方，是一组控制视图显示方式的快捷按钮，可以对Maya的视图组合进行快速切换。

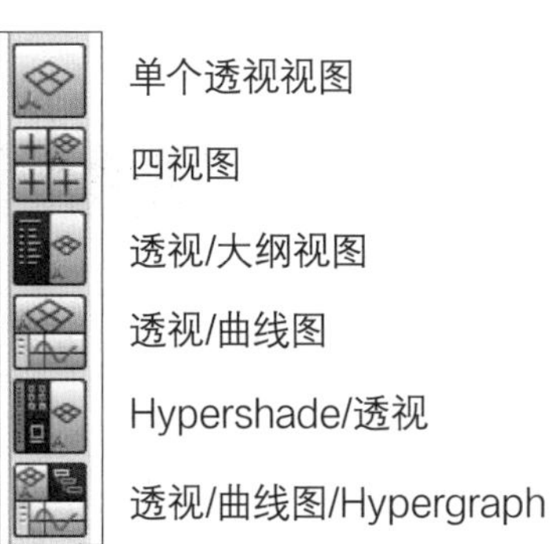

7. 视图菜单： 视图区上方是视图菜单， 视图菜单中包含与视图相关的菜单命令，包括视图的显示状态、显示内容、布局方式等多项内容。

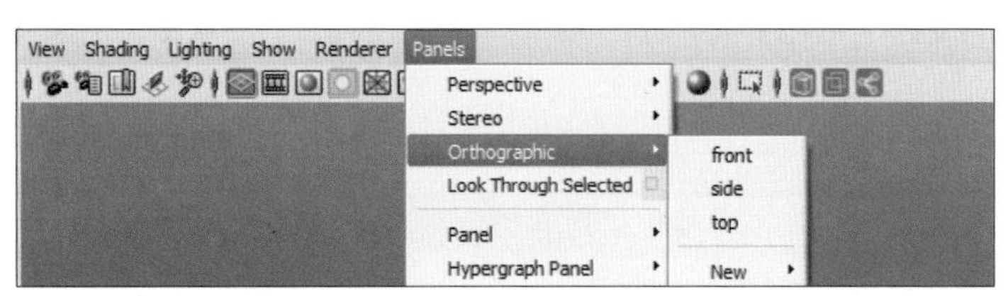

8. 视图区： Maya中占据最大面积的部分就是视图区，也是我们进行主要操作和观看效果的窗口。

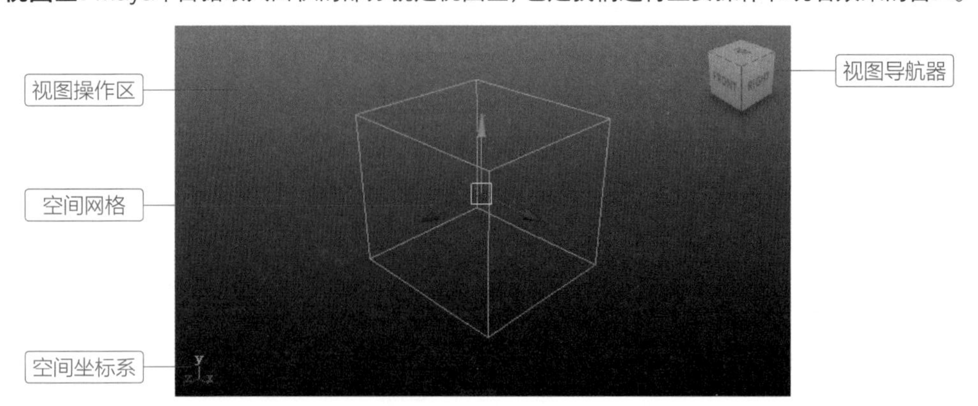

9. 通道栏： 在Maya界面的右侧，通道栏与属性通道排列在一起，可互相切换，显示物体最常用的各种属性，例如物体的大小、位置、旋转、缩放等。不同类型的物体具有自身的特殊属性。

10. 图层区： Maya有Display（显示）、Render（渲染）、Anim（动画）三种不同功能的图层。图层能对场景中的物体进行分组管理，可以通过图层控制图层内一组物体或节点的某些属性。

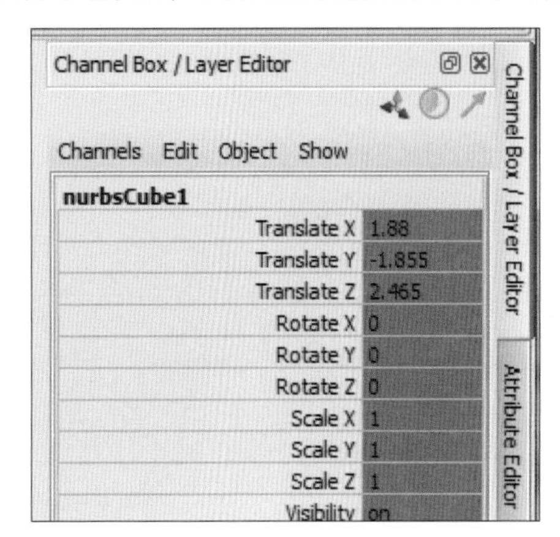

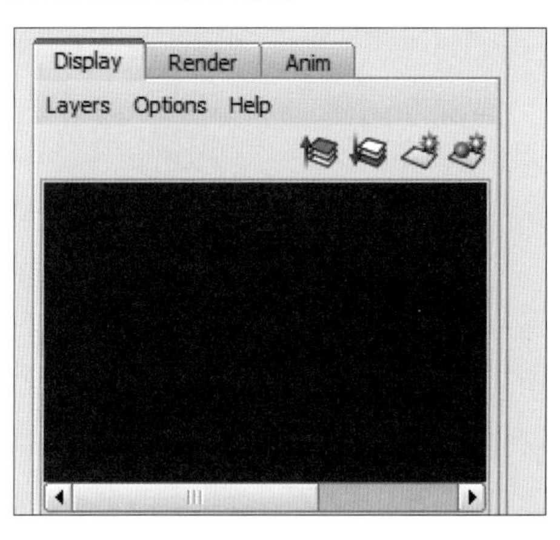

11. 命令栏： 命令栏左侧是MEL命令输入框，右侧为命令执行结果。当用户执行某个命令时，Maya在命令栏给出执行结果和错误提示。

MEL

12. 帮助栏： 帮助栏位于命令栏下方。选定某个命令后，在该栏会出现该命令的使用提示。

Select Tool: select an object

13. 时间轴： 视图区的下方是动画控制区，包括时间轴和时间范围滑块。时间轴右侧是与动画播放相关的按钮，如播放、停止、向后播放等。

14. 时间范围： 时间轴的滑块长度代表可见的时间轴时长范围，其中包括动画起始和结束时间等。

Chapter 02 关键帧动画

※ **本章概述**

关键帧动画是Maya动画操作中的基础，它最简单，但其应用却也最为广泛。

Maya中许多属性都可以用于设置关键帧动画，例如：物体的位移、角度、大小、颜色、光照等。其他各种复杂动画的制作也是基于关键帧动画的原理，例如：粒子、流体等。

因此，了解并掌握关键帧动画是非常重要的。本章中我们从基础界面开始对Maya关键帧动画所涉及到的各个命令进行介绍及讲解，着重讲解曲线图编辑器的原理及操作。

※ **核心知识点**

❶ 创建关键帧
❷ 编辑关键帧
❸ 曲线图编辑器

在传统的动画制作中，往往将一段连续的动画分为两个阶段来完成，分别是原画和动画。原画的制作阶段是将一个连贯动作分为几个关键姿势，将其分别绘制下来，这些画面被称为关键帧。然后标记不同关键帧之间的时间间隔，将其记录在动作时间表上。在动画的制作阶段，就会根据时间表和关键画面的对应关系绘制关键帧之间缺少的过渡动作，中间的过渡动作称为中间帧。将关键帧与中间帧整合起来，最终就得到一段连贯流畅的动作效果。

随着图形与图像处理技术的不断发展更新，计算机省去了动画制作过程中庞大的手绘工作，使动画的制作效率得到了极大的提高。然而，其制作思路依然继承了传统动画中关键帧和中间帧的概念。首先由动画师制作出多个关键帧，接着计算机通过关键动作之间的运动变化及间隔时长来自动计算中间的过渡动作，创建出一段动画。这样，最繁重的中间帧工序完全交由计算机处理，动画师们就可以将更多精力投入到关键帧的创作中了。

2.1 动画控制界面

在第1章的最后我们了解了动画编辑界面，包括时间轴、时间范围滑块等基本元素。下面我们来具体介绍一下动画控制界面。

在主要的操作视窗下面，有一行分布有许多数字的区域，这就是Time line（时间轴）。这些数字代表播放动画时每一帧的序号，Maya默认的时间轴上显示从1到24帧的范围。在这条时间轴上，是以帧为单位来播放动画的，如下图所示。

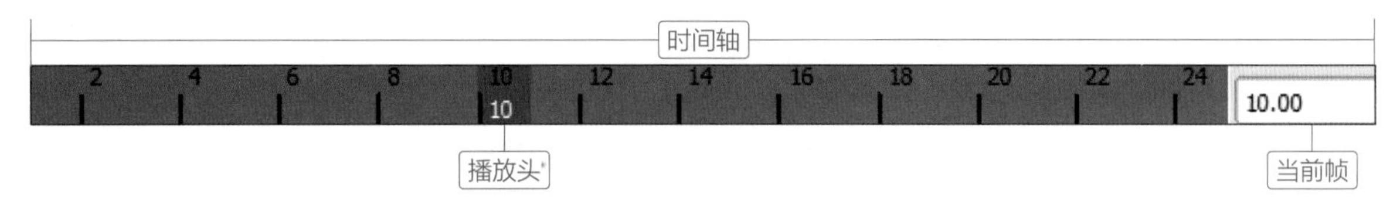

仔细观察这一区域，会发现一个深色的滑块，通常把它称为播放头。如果想要选中某一帧，可以使用鼠标将它移动至想要的那一帧。当播放头停留在某一帧时，视图中就会显示当前帧的场景画面，时间轴右侧数值框中的数字也会变为当前选中的帧。当然，也可以在这个数值框中直接输入数值，跳转到某一帧。

在时间轴的下方，是时间范围滑块，是用来调节时间轴的显示范围的。它由一个灰色滑块和4个数值框组成。中间的灰色滑块可以左右滑动显示时间轴上的不同区域。Maya默认状态下显示的是1~24帧，因此在这个滑块的两端可以看到1和24两个数字，分别代表当前显示的时间轴的开始帧数和结束帧数。同时这两个数字也会出现在滑块左右两侧的数值框中。这两个数值框显示的也是当前显示时间轴的开始帧数和结束帧数，同时也控制着动画播放的起始帧和结束帧。可以通过更改这两个数值框中的数值更改时间轴的显示长度，即动画播放的时间长度，如下图所示。

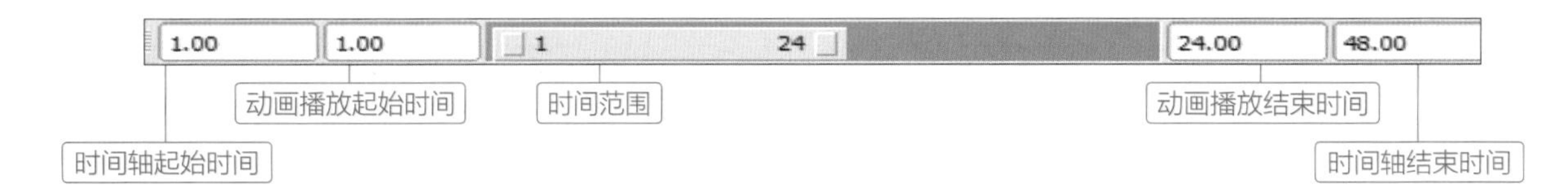

最左侧和最右侧的两个数值框分别代表时间轴的起始帧数和结束帧数。Maya的默认时间轴长度为从第1帧到第48帧。通常情况下，时间轴只有一部分被显示出来，想要看到完整的时间轴，可以双击时间范围。可以看到时间轴上的数值和时间范围的长度都产生了变化，而且在时间范围左侧的动画播放结束时间的数值也产生了变化。

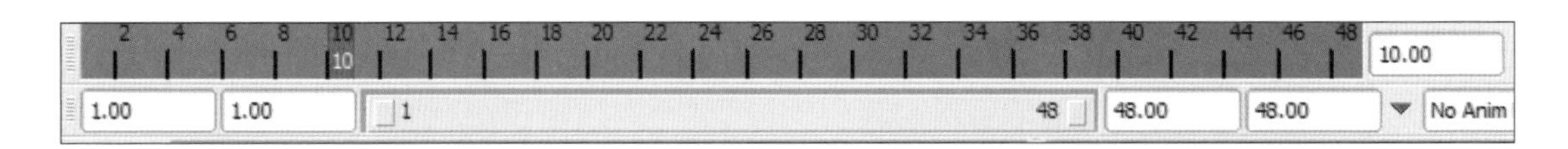

由此可以看出，时间范围最直观地反映了时间轴的显示范围，通过鼠标拖动滑块两端凸起的小按钮可快速更改、缩放时间轴的显示范围。需要注意的是，时间轴的显示范围不能超过动画制作的时间范围。

在时间轴的右侧有动画播放控制面板。这个面板分为正反两个部分，用于正向、反向播放和查看动画，能进行播放动画所需要的基本操作。

- **向后播放；向前播放**：这是用于查看动画整体效果、预览动画的必要按钮。
- 后退到上一个关键帧，快捷键为“，”；前进到下一关键帧，快捷键为“。”。这两个按钮极大地方便了查看关键帧效果及细节。但注意，必须在选中带有关键帧的对象时，这两个按钮才能发挥作用。
- 后退到上一帧，快捷键为“Alt+，” 前进一帧，快捷键为“Alt+。”。这两个按钮可以用于仔细查看每一帧的动画，检查动画中可能出现的疏漏和小毛病。
- 转至播放范围开头；转至播放范围末尾。这两个按钮用于跳转到动画的开始部分或结束部分。
  在动画播放控制面板下方，还有两个按钮，分别是和。
- 是自动记录关键帧动画开关，通常情况下应保持关闭状态。是Maya参数预设按钮。这两个按钮的功能及使用方法会在后面的小节中进行详细叙述。

2.2 创建关键帧

本节将以一个向前弹跳一次的小球动画来讲解创建及添加关键帧的方法。

2.2.1 手动设置关键帧

小球弹跳一次的轨迹如右图所示。我们将小球的运动按照沿X轴和Y轴分为两部分，即X轴上的位移和Y轴上的位移。X轴上的位移是从A位置匀速运动到C位置；Y轴上的位移是从A位置向上移动到B位置，然后由B位置向下移动到C位置。根据这一分析，要通过两个步骤来完成这个动画。

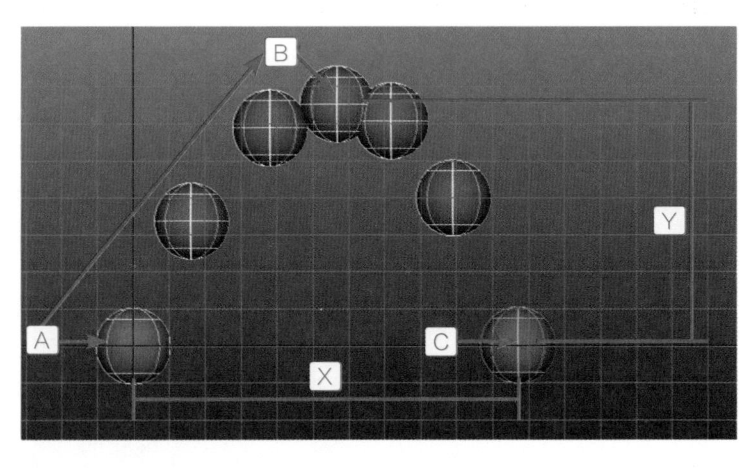

首先，我们来制作X轴向上又向前位移的动画，因为计算机会自动完成两个关键帧之间的插值动画，所以只需要制作A位置和C位置两个关键帧即可。

01 选中小球，确认时间轴上播放头停留在第1帧，在通道栏中找到Translate X（平移X）属性，单击鼠标右键，在弹出菜单中选中Key Selected（为选定项设置关键帧）命令。如下图所示。

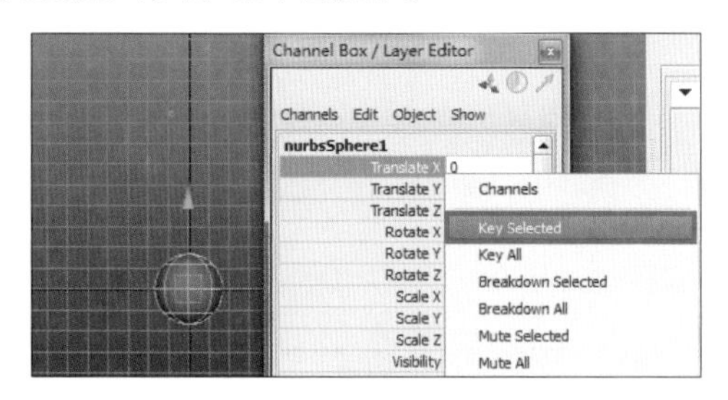

这样就为Translate X（平移X）属性设置了一个关键帧，可以看到相应属性位置背景变为红色，时间轴上也出现了一个红色线条标记。注意，时间轴上显示的关键帧标记是对应当前选中对象的，如果没有选中任何对象，则时间轴上不会出现任何标记。如下图所示。

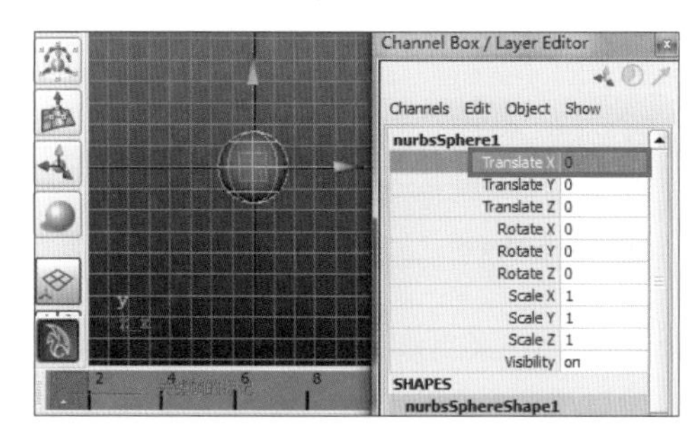

完成了A位置关键帧的设置后，再来进行C位置关键帧的设置。

02 预计小球的动画时长为25帧，所以拖动播放头到第25帧。移动小球到C位置，再次选中Translate X（平移X）属性，单击鼠标右键，在弹出菜单中选中Key Selected（为选定项设置关键帧）命令。这样时间轴上第25帧也出现了一个关键帧标记。如下图所示。

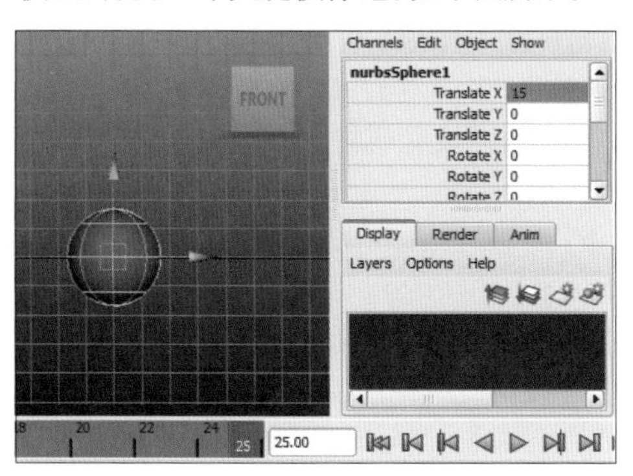

完成了两个关键帧的制作后，单击“向前播放”▶按钮，可以看到小球从左至右移动的动画效果，演示运动轨迹如下图所示。这个运动变化是连续的，因为在手动设置的两个关键帧之间，由Maya自动生成了22个中间帧，使动画连续、流畅。这样就替代了原本需要通过手动绘制22张中间画的操作。

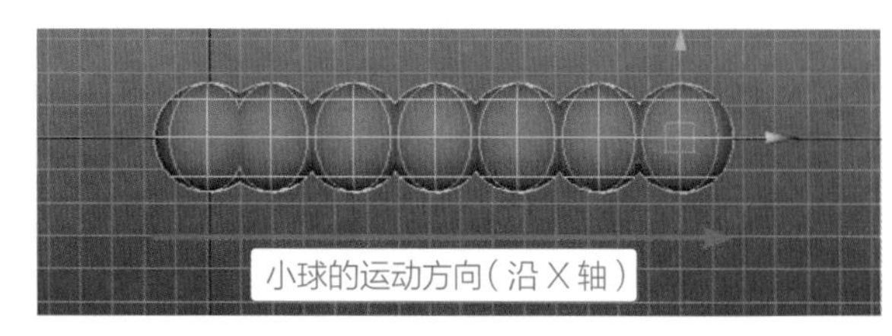

注 意

关键帧动画必须要设置两个或两个以上的关键帧，Maya才能够对两个关键帧之间的数据进行插值计算，生成中间的动画。

接下来要制作在Y轴上的向上再向下的动画，就是要在A位置和C位置之间增加一个B位置的关键帧。

03 预计小球运动到B位置时为第13帧，拖动播放头到第13帧。移动小球到B位置，这次是在Y轴上进行的位移，因此要对Translate Y（平移Y）属性设置关键帧，单击鼠标右键，在弹出菜单中选中Key Selected（为选定项设置关键帧）命令。

这样时间轴上第13帧也出现了一个关键帧标记。接着再播放一次动画，会发现小球的运动与预想的效果不同。小球并没有发生先向上再向下的运动变化，而是整体都向上移动了，并在较高的位置进行从左至右的运动。如下图所示。

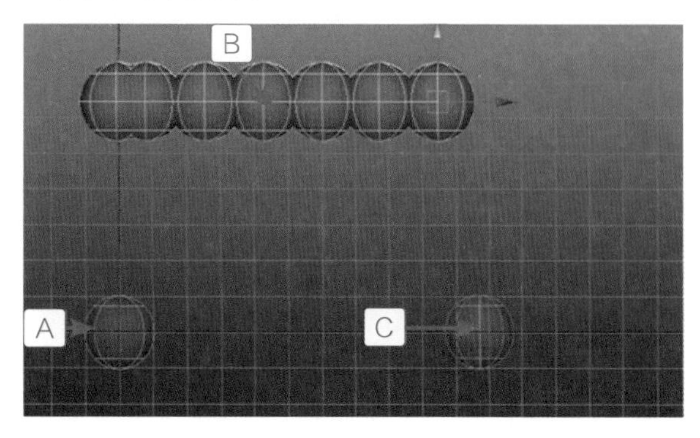

产生这种情况的原因是：只对B位置的Translate Y（平移Y）属性设置了关键帧，而没有对A、C位置设置Translate Y（平移Y）属性的关键帧。因此小球在运动时，按照设置好的关键帧进行运动，就不会产生Y轴上的位移变化。

那么接下来为A、C位置设置Translate Y（平移Y）属性的关键帧。将播放头移动到第1帧，将小球移动到A位置，选中Translate Y（平移Y）属性，单击鼠标右键，在弹出菜单中选中Key Selected（为选定项设置关键帧）命令。再将播放头移动到第24帧，将小球移动到C位置，选中Translate Y（平移Y）属性，单击鼠标右键，在弹出菜单中选中Key Selected（为选定项设置关键帧）命令。再次播放动画查看效果，可以看到小球已经产生了预想的动画效果。

在这一简单的动画制作过程中，一共对小球进行了5次关键帧的设置，虽然思路清晰，容易理解，但操作显得非常繁琐，那么接下来介绍一个操作简单的方式来完成这个例子，也就是下面我们将要介绍的“自动记录关键帧”。

2.2.2 自动记录关键帧

Maya在对象参数发生变化时，能够将属性的变化记录成关键帧，要实现这一功能，需要打开界面右下角的“自动关键帧切换”按钮，单击后按钮变为红色，对应的属性栏也变为红色，如下图所示。说明现在Maya能够自动将对象的变化记录为关键帧。

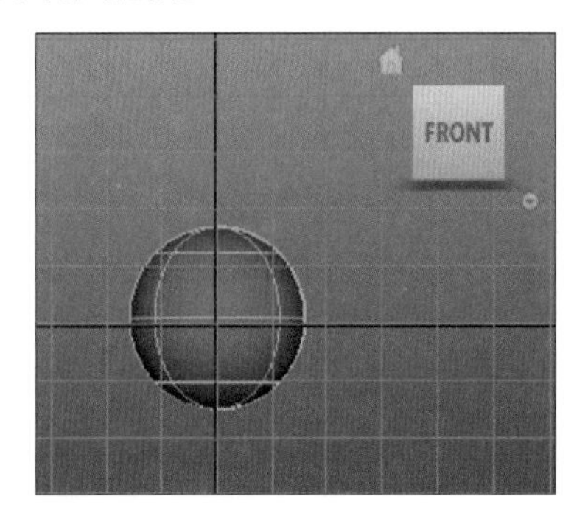

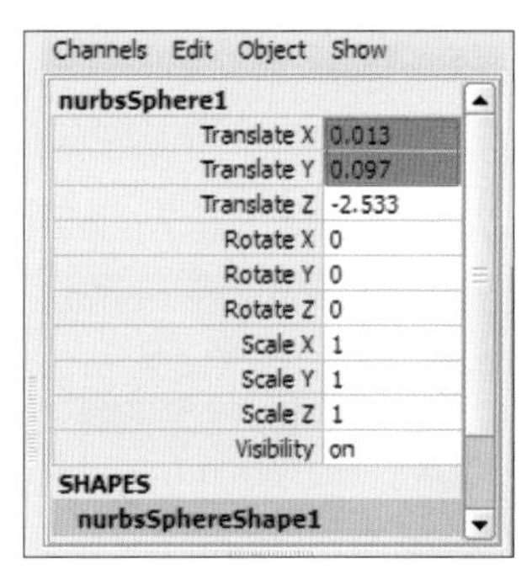

Channels	Edit	Object	Show

nurbsSphere1	
Translate X	0.013
Translate Y	0.097
Translate Z	-2.533
Rotate X	0
Rotate Y	0
Rotate Z	0
Scale X	1
Scale Y	1
Scale Z	1
Visibility	on
SHAPES	
nurbsSphereShape1	

在使用这个功能之前，要对需要记录的属性设置关键帧。因为自动记录功能只对已经至少有1个关键帧的属性起作用，对没有关键帧的属性是不产生作用的。在本例中，可以用上面介绍过的方法，手动为Translate X（平移X）、Translate Y（平移Y）两个属性设置关键帧。确认时间轴上播放头停留在第1帧，选中Translate X（平移X）、Translate Y（平移Y）两个属性，在右键菜单中执行Key Selected（为选定项设置关键帧）命令。

01 将播放头移动到第 13 帧，将小球移动到 B 位置。完成操作后可以看到时间轴已经自动产生了一个关键帧，而且播放动画可以看到小球从 A 位置运动到 B 位置。

02 将播放头移动到第 25 帧，将小球移动到 C 位置。完成操作后可以看到时间轴又自动产生了一个关键帧，而且播放动画可以看到小球从 A 位置运动到 B 位置再到 C 位置。

这样就快速地实现了预想的动画效果。此时需要马上关闭“自动关键帧切换”按钮 ，避免出现不必要的误操作。

这种方法省去了很多次设置关键帧的操作，是因为在对象的位移产生变化时，Maya自动将这些变化记录成了关键帧属性。需要强调的是，Maya只会记录发生变化的属性，没有发生变化的属性，如旋转、缩放等属性是不会被记录的。这里可以换一个流程再次制作这个例子来说明这个问题。

创建一个NURBS球体，将其移动至原点位置，也就是A位置。选中Translate X（平移X）、Translate Y（平移Y）两个属性，确认时间轴上播放头停留在第1帧，在右键菜单中执行Key Selected（为选定项设置关键帧）命令。为小球的这两个属性记录关键帧。保持“自动关键帧切换”按钮为打开状态。将播放头移动到第25帧，选中小球，沿X轴拖动到C位置。接着将播放头移动到第13帧，选中小球，沿Y轴拖动到B位置。这样时间轴上同样出现了3个关键帧标记，但是播放动画时会发现，小球在运动到B位置后，会水平向前运动而不会向前、向下移动到C位置。

出现两种不同结果的原因，在于Maya自动记录关键帧时只记录发生变化的属性。在第一次操作中，将小球从A位置移动到B位置和从B位置移动到C位置时，同时记录了Translate X（平移X）和Translate Y（平移Y）这两个属性的变化。而在第二次操作中，直接将小球从A位置移动到C位置，只有Translate X（平移X）属性发生了变化并被记录，再将小球移动到B位置，只有Translate Y（平移Y）属性在第13帧时发生了变化并被记录，C位置的Translate Y（平移Y）属性未被记录，因此产生的动画效果就与预想的不同。

2.2.3 利用快捷键记录关键帧

如果想要避免上述自动记录关键帧会产生的问题，可以关闭“自动关键帧切换”按钮，而在每一次需要设置关键帧时按下S键，也就是执行Animate（动画）> Set Key（设置关键帧）命令。这个命令在默认状态下会为选中的对象的每个属性都设置关键帧。这时观察通道栏，所有的属性都变成了红色，说明都被设置了关键帧，相应的时间轴上也出现了关键帧标记。如下图所示。

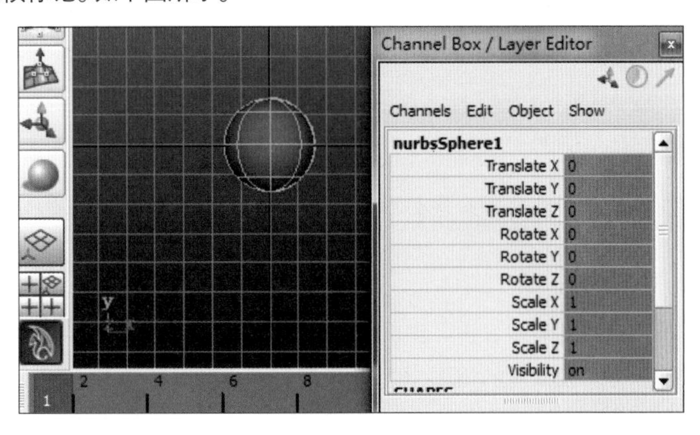

在本例中，可以在对应时间点上将小球移动到某个位置后，直接按下S键，为小球的每个属性都设置关键帧，以确保每个关键帧都被记录下来。这样无论使用哪种顺序进行关键帧的记录，动画都能达到预想的结果。

这种方法虽然便利又有效，但同时也存在弊端。有些属性在动画的整个过程中数值都不会发生变化，同时也记录了关键帧，那么Maya依然会对这个属性进行插值计算。虽然因数值相同，所以即使进行插值计算也不会产生动画，但Maya却浪费了计算机资源进行运算，这会不利于复杂的大段动画的制作。在制作动画时，应该保持有组织、清晰的方式。那么可以将快捷键S替换为其他快捷键来改进这个问题。

Shift+W，为Translate（平移）X、Y、Z三个平移属性设置关键帧。

Shift+E，为Rotate（旋转）X、Y、Z三个旋转属性设置关键帧。

Shift+R，为Scale（播放）X、Y、Z三个缩放属性设置关键帧。

2.2.4 禁止设置关键帧

虽然上面介绍了只对某些属性设置关键帧的快捷键的方法，但仍然不如使用S键那么方便快捷。而直接使用S键的弊端依旧存在，那么就可以使用另一种优化方法，就是强行将与动画无关的属性锁定为不可以设置关键帧。

在上述的小球例子中，旋转、缩放等属性是不需要设置动画的。那么在通道栏中可以通过按住鼠标左键框选的方式或者按住Ctrl加选的方式，同时选中这些属性，单击鼠标右键，在弹出的菜单中选中Make Selected Nonkeyable（使选定项不可设置关键帧）命令。如下页左图所示。

操作完成后，这些属性会以深灰色显示，并且使用上述的任何一种方法都不能为这些属性设置关键帧。但这些属性依然可以在视图中通过操作进行改变，也可以在通道栏中手动输入数值进行更改。如下页右图所示。

要还原这些属性为可以设置关键帧，可以在右键菜单中执行Make Selected Keyable（使选定项可设置关键帧）命令。

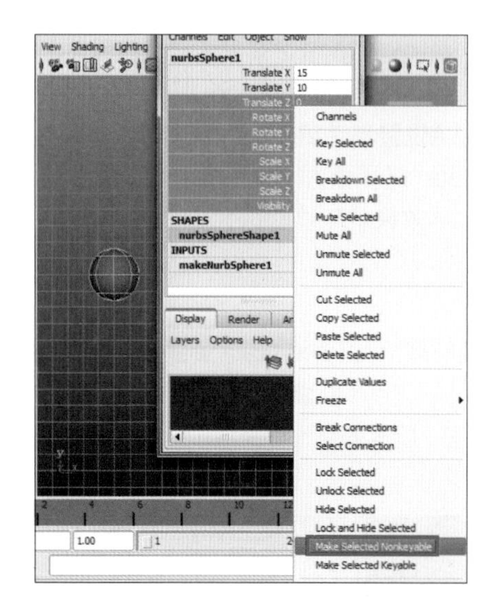

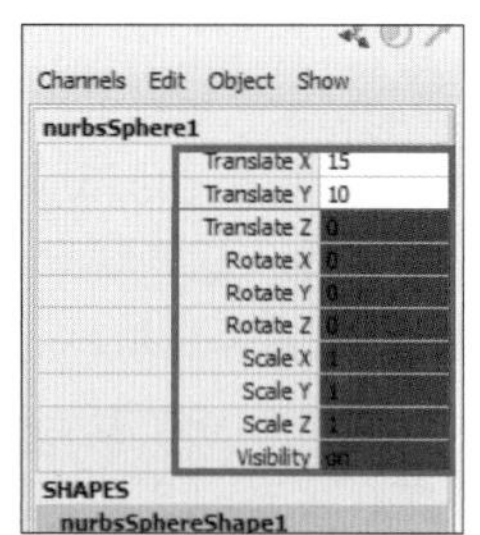

2.2.5 动画参数预设

在制作动画前，设置正确的动画参数预设是必不可少的，这将直接影响到我们制作动画时的效果，并且决定着动画预览播放时的速率和呈现轨迹。

1. 帧频

在制作动画时，要根据调节动画的特点对一些参数进行设置，这在制作动画中十分重要，一般在动画制作的最初就要进行这方面的设置。它涉及动画的帧频、预览、关键帧的设置等多方面的内容，其中最重要的是动画的帧频设置。

动画的帧频是指一秒内帧的数量，在第1章中介绍过电影的帧频为24帧/秒，而电视的帧频会根据使用制式的不同而有所差别，如果是实时三维游戏，则需要帧频在60帧/秒以上。因此，在动画制作之初，就应根据动画的使用平台选择相应的帧频，避免后面进行不必要的修改。

在Maya软件中进行帧频的设置时，首先要打开“首选项”对话框。可以执行Window（窗口）>Setting/Preferences（设置/首选项）>Preferences（首选项）命令，也可以使用动画播放控制面板下方的“动画首选项”按钮。

在“首选项”对话框中，在左侧Categories（类别）列表中可以选择需要设置的项目，右侧是对应项目中具体的参数、属性。在左侧选择Settings（设置）选项，右侧就出现了可以进行帧频设置的属性Time（时间）。Maya是一个应用于动画、广告、影视、游戏制作等诸多领域的动画制作软件，因此其内置了多套标准动画制作速率，单击下拉列表按钮就可以进行快速选择。默认选择的是电影适用的帧频24帧/秒。如下图所示。

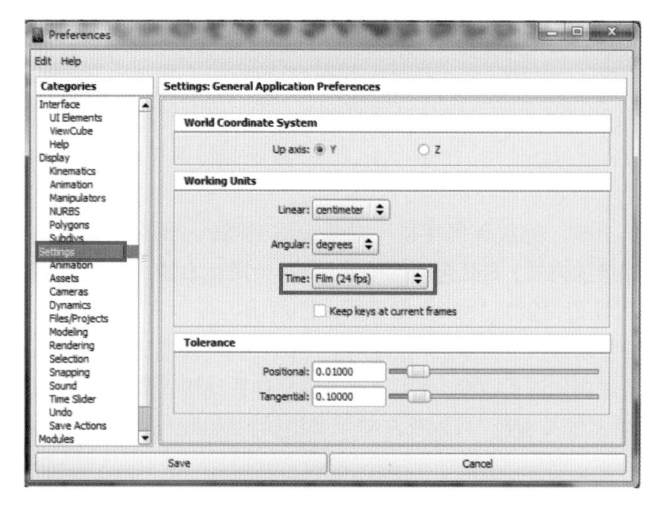

需要说明的是，上面设置的帧频是指动画的制作速率，而不是播放速率。要设置动画的播放预览帧频，即使用▶按钮顺序播放动画时的速率，需要在Categories（类别）列表中，选择Time Slider（时间滑块）选项。这样在右侧的Playback speed（播放速度）下拉列表中，可以对播放预览的帧频进行设置。如下图所示。

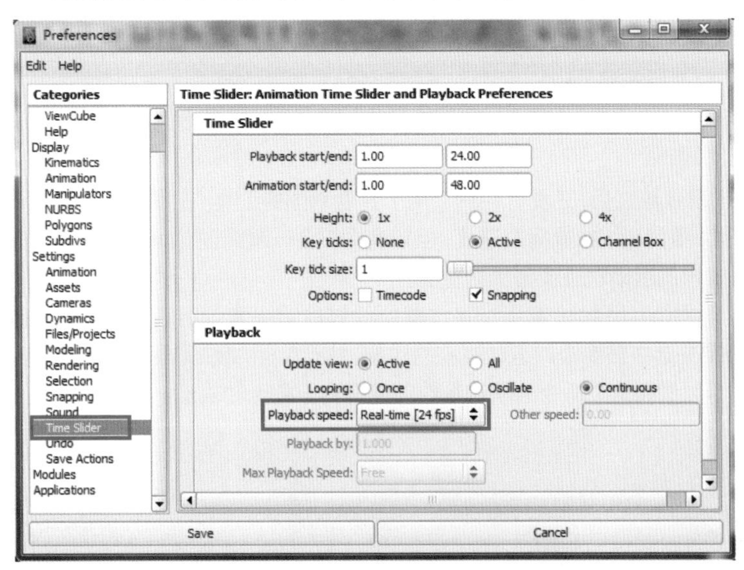

在Playback speed（播放速度）属性下拉列表中可以选择如下几种帧频。

- **Play every frame（播放每一帧）：**播放动画的每一帧。这种播放速率完全由计算机硬件对场景动画的运算速度决定，不同的硬件对同一场景播放的速度可能会有所差别。这种播放方式通常在制作动力学相关的动画，例如粒子、柔体、流体等动画效果时使用，用来播放查看每一帧的动力学计算结果。因此在制作关键帧动画时，不能使用这种播放方式。
- **Real-time[24 fps]（实时 [24 fps]）：**真实速率，即以所选动画的制作速率作为播放预览的速率。当前所选动画制作的帧频是 24 帧 / 秒，如果使用其他动画制作帧频，括号中的数值也会发生相应的变化。这是制作关键帧动画时最常用的选项。
- **Half[12 fps]（半速 [12 fps]）：**以所选动画制作速率的一半作为播放预览的速率。
- **Twice[48 fps]（两倍 [48 fps]）：**以所选动画制作速率的两倍作为播放预览的速率。
- **Other（其他）：**选择这一选项时，右侧的 Other speed（其他速率）属性会被激活，允许用户输入帧频数值。

除了可以设置动画制作帧频和动画预览帧频，还可以对时间轴的高度、关键帧标记的粗细、关键帧标记的显示方式等属性进行设置。

设置时间轴高度可以选择默认的1倍、2倍、4倍高度。如下图所示。

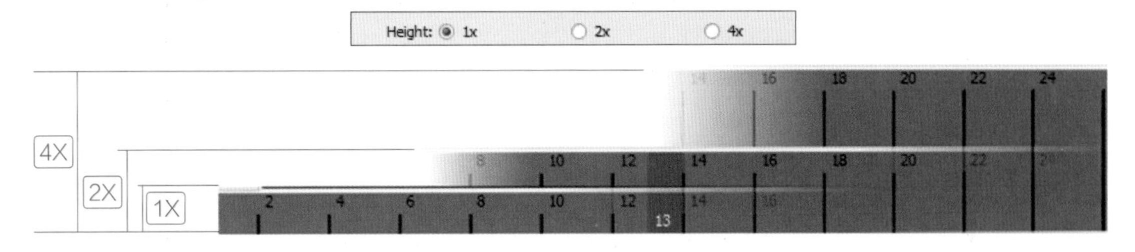

也可以对关键帧标记的类型进行设置。在Key ticks（关键帧标记）属性中，默认选项为Active（活动），指所选对象的任一属性被记录的关键帧都会在时间轴上显示出来。None（无）选项为不显示关键帧标记。选中Channel Box（通道栏）选项时，需要在对象的通道盒中选中某个属性，这时时间轴上显示这个属性的关键帧标记。这个选项能方便用户对某个属性的关键帧单独进行调整。

Key ticks: ○ None ◉ Active ○ Channel Box

关键帧标记的粗细是由Key tick size（关键帧标记大小）属性的数值决定的。1为最细，数值越大则越粗。但注意，在关键帧比较密集时，较粗的关键帧标记会影响用户对关键帧的操作。

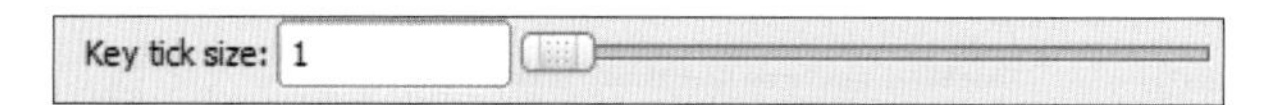

2. 查看运动轨迹和重影

在了解了动画的预设参数之后，还要介绍两个用于查看动画的工具。在设置好关键帧动画之后，可以通过播放动画来查看动画效果，虽然可以减慢播放速度，但毕竟播放会一瞬而过，如果需要更仔细地查看动画的运动情况，就需要使用Maya提供的运动轨迹或者重影功能。

运动轨迹会把运动物体从开始位置到结束位置所经过的路线表示出来，方便用户检查动画是否标准、正确。添加运动轨迹，需要先选中需要添加运动轨迹的对象，执行Animate（动画）>Create Motion Trail（创建可编辑的运动轨迹）命令，可以按照这个命令的默认参数创建得到一条运动轨迹。如下图所示。

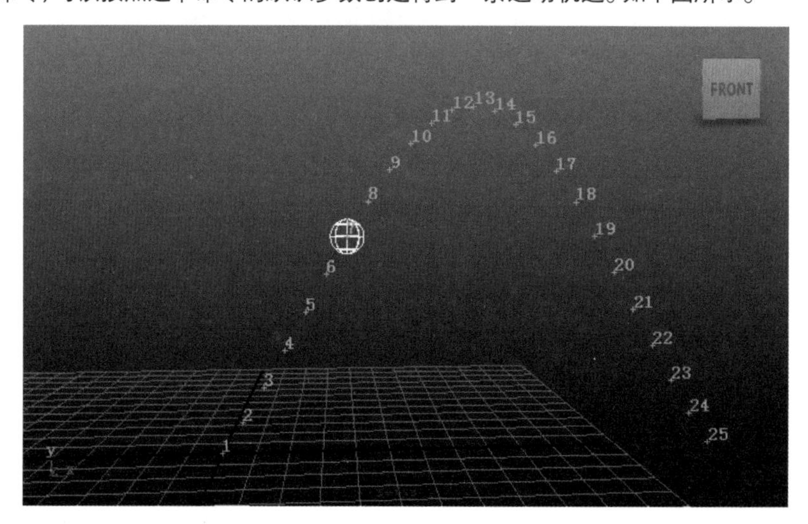

添加得到的运动轨迹如上图所示，轨迹由若干个小的十字标记和数字组成。每个十字标记代表对象在数字表示的帧数上所处的位置。除了这种显示方式，还可以单击Animate（动画）> Create Editable Motion Trail（创建可编辑的运动轨迹）命令后面的选项设置按钮，打开Motion Trail Options（运动轨迹选项）对话框。

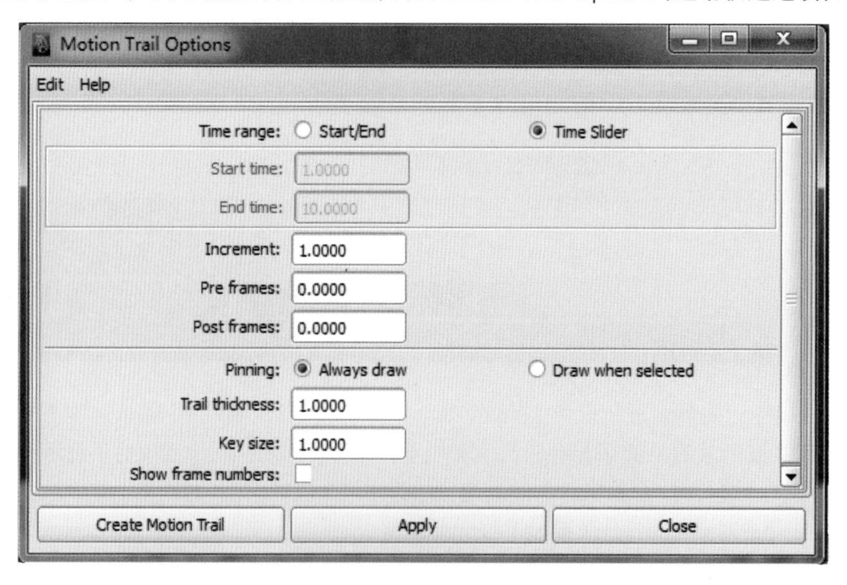

Time range（时间范围）选项可以让用户选择是按照输入的起始帧、结束帧显示运动轨迹，或者是按照动画回放范围来显示运动轨迹。通过选择Pinning（锁定）下的两个选项Always draw（永远绘制轨迹）或Draw when selected（选中时绘制轨迹）可以确定轨迹是否永久显示。若勾选show frame numbers（显示帧数字）选项，则在关键帧处显示该帧是第几帧，如下图所示。

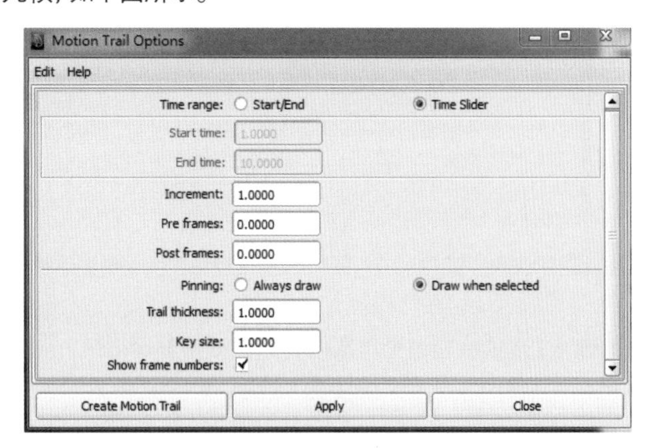

如果觉得运动轨迹的显示方式还不够直观，那么可以使用重影工具。重影工具可以复制若干个动画对象，按照生成类似二维动画中中间画的方式显示在场景中。选中需要显示重影的对象，执行Animate（动画）> Ghost Selected（为选定对象生成重影）命令，就可以按默认效果显示重影效果。如下图所示。

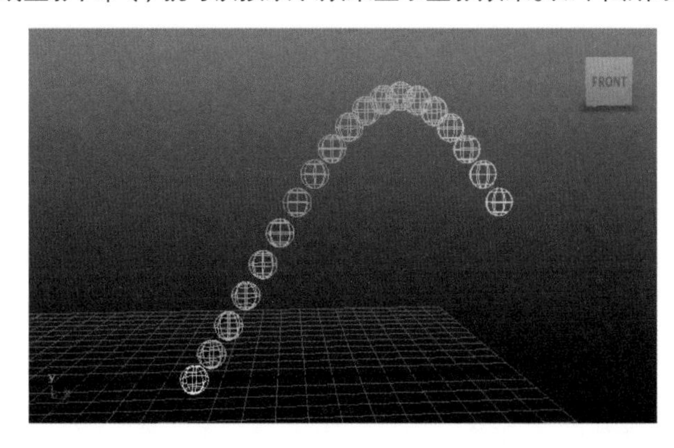

其中，绿色的球体代表原始的对象，在绿色球体附近的一串蓝色、橙色球体就是生成的重影，离原始对象越远，显示的颜色越浅。

如果默认效果不能满足需要，可以单击Animate（动画）> Ghost Selected（为选定对象生成重影）命令后面的选项设置按钮，打开Ghost Options（重影选项）对话框。如下图所示。

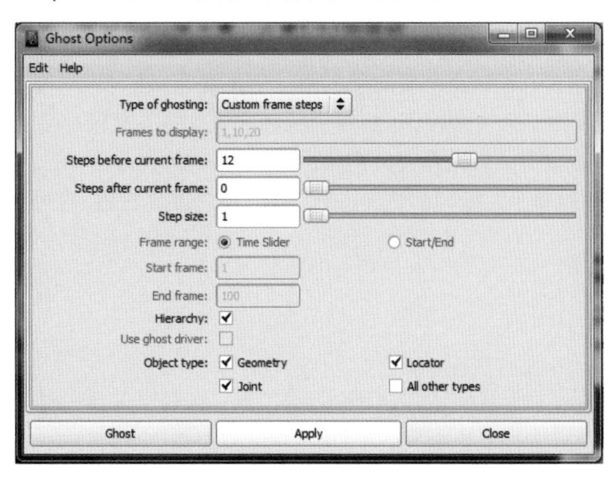

在Type of ghosting（重影类型）下拉列表中可以选择重影方式。共有Global preferences（全局首选项）、Custom frames（自定义帧）、Custom frame steps（自定义帧步数）、Custom key steps（自定义关键帧步数）、Keyframes（关键帧）5种方式可供选择。

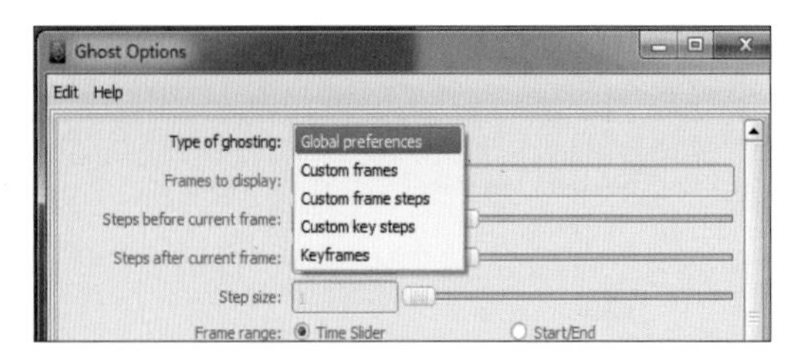

其中，选择Custom frames（自定义帧）选项会激活Frames to display（要显示的帧）文本框，输入想要显示重影的帧数即可。

其中，选择Keyframes（关键帧）选项会将这个对象所有的关键帧显示出来。

比较复杂的是Custom frame steps（自定义帧步数）选项，选择这个选项会激活Steps before current frame（当前帧前的步数）、Steps after current frame（当前帧后的步数）、Step size（步长）三个数值框，可以根据需要进行设置。

Custom key steps（自定义关键帧步数）选项与上面介绍的基本相同，不同的是这个选项中都是对关键帧进行计算。

如果要取消重影显示，可以选择Animate（动画）> Unghost Selected（取消选定对象的重影）命令取消选中物体的重影，或者使用Animate（动画）> Unghost all（全部取消重影）命令取消场景中所有重影。

2.3 编辑关键帧

在进行动画制作的时候，不可避免会遇到要对已设置的关键帧进行修改的情况。Maya提供了直接在时间轴上快速编辑关键帧的功能，可以在时间轴上直接对关键帧进行删除、平移、缩放、剪切、复制、粘贴的操作。本节将演示如何在时间轴上快速编辑关键帧。

2.3.1 删除关键帧

当设置了多余的关键帧，需要将其删除时，可拖动播放头到该帧，单击鼠标右键，在右键菜单中执行Delete（删除）命令即可。如下图所示。

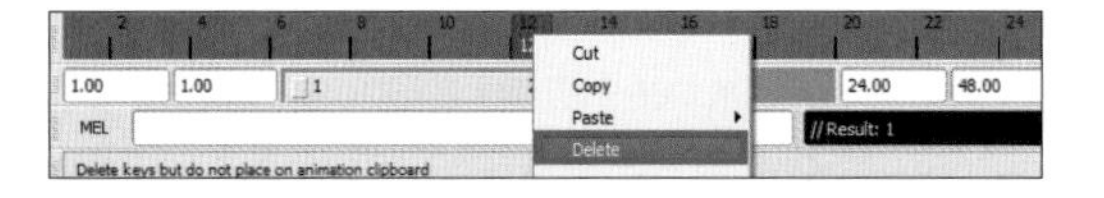

如果有很多关键帧都需要删除，那么可以使用Shift键批量选中后再执行Delete（删除）命令。具体的操作方法是：按住Shift键不放，左键单击时间轴上需要删除的第一个关键帧，这时时间轴上会出现红色方块标记。按住鼠标左键拖动到需要删除的最后一个关键帧，这样所有红色区域中的关键帧都会变成黄色线条标记，说明这些关键帧都被选中。如果要选中当前时间轴上所有关键帧，可以双击时间轴。

然后释放Shift键，按照删除单个关键帧的方法进行删除。单击鼠标右键，在右键菜单中执行Delete（删除）命令。如下页图所示。

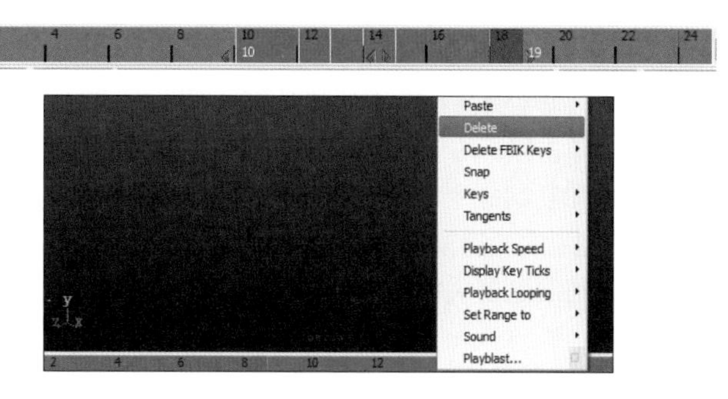

需要说明的是，这样操作只适合删除一段连续的关键帧。如果中间有需要保留的关键帧，请分段多次进行该操作。

2.3.2 平移关键帧

如果想要更改关键帧的时间，可以使用在时间轴上平移关键帧的方法。先以平移一个关键帧为例进行介绍。首先按住Shift键单击要进行平移的帧，这时时间轴上出现了红色方块标记，接着释放Shift键，就可以用鼠标左右拖动这一帧来进行平移。如下图所示。

同样，这种操作也可以用于平移多个关键帧。

首先选中要平移的关键帧。按住Shift键，左键单击时间轴上需要平移的第一个关键帧，保持鼠标左键的按下状态，拖动到需要平移的最后一个关键帧，将需要选中的关键帧都置于红色区域内后，就可以释放Shift键和鼠标左键了。仔细观察红色区域，会看到有4个深灰色小箭头分别位于红色区域的中间和两端。中间的两个箭头是左右平移的控制器，两端的两个箭头是控制关键帧缩放的控制器。如下图所示。

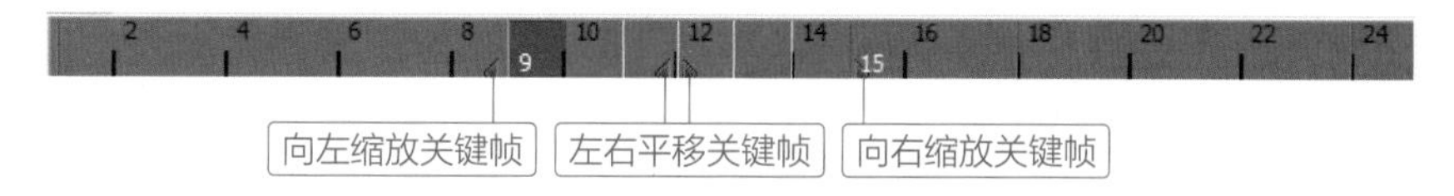

鼠标左键单击中间位置后（平移控制器左右大约两格内有效）保持按下状态，左右移动鼠标就可以平移选中的多个关键帧。

提 示

鼠标单击远离控制器位置或者单击后释放鼠标，都会导致选择区域失效，需要重新选择。要在正确的位置按下鼠标左键后不释放拖动，才能成功平移多个关键帧。

2.3.3 缩放关键帧

所谓缩放关键帧，实际是对多个关键帧之间时间间隔的缩放，即让一段动画变快或者变慢的操作。

以上个小节中小球的动画为例，整段动画时间长度为24帧，一共3个关键帧。那么使用Shift键选中这3个关键帧，单击右端的小箭头位置（缩放控制器左右大约1格内有效），按下向左拖动进行缩小的操作。可以看到红色区域缩小，并且原本处于第24帧的关键帧跟随鼠标向左移动，原本处于第12帧的关键帧也向左移动，但幅度要比鼠标光标的移动距离小；原本处于第1帧的关键帧依然停留在第1帧，没有发生变化。说明关键帧之间的时间间隔被缩短了。播放查看动画可以明显看到动画速度加快。

拉长关键帧之间时间的操作与缩短相似，向左缩放和向右缩放可以根据具体情况来选择。结合平移关键帧的操作，能快速修改动画效果。

2.3.4 剪切、复制、粘贴关键帧

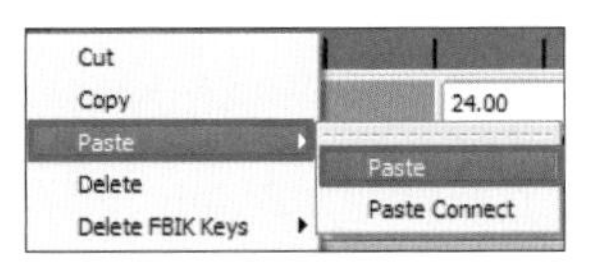

剪切、复制、粘贴关键帧的概念与平时进行文本编辑的概念是完全相同的。在选中需要进行操作的关键帧后，单击鼠标右键，在弹出的右键菜单中有Cut（剪切）、Copy（复制）命令。使用剪切和复制命令都可以将选中的关键帧信息复制到剪贴板中，不同的是剪切命令会使选中的关键帧消失，而复制命令则不会。

接着，可以将播放头移动到要粘贴这些关键帧的位置，单击鼠标右键，在弹出的菜单中执行Paste（粘贴）> Paste（粘贴）命令。如右图所示。

提 示

在已有关键帧信息的帧上粘贴关键帧时，会覆盖原有的关键帧信息。若复制的关键帧之间有空白帧，则不会覆盖粘贴位置原有的关键帧。例如：第 1、2、4 帧有原始关键帧，复制这 3 个关键帧，在第 2 帧位置进行粘贴，结果是在第 1、2、3、4、5 帧都出现关键帧。其中第 1、2 帧中的信息都为原始第 1 帧信息，第 4、5 帧中的信息都为原始第 4 帧信息。原来的第 2 帧中的信息被覆盖，而原来的第 4 帧在粘贴时对应空白帧，因此被保留了。

原始	1|	2|		4|	
粘贴	1|	2|		4|	
粘贴后	1|	1|	2|	4|	4|

2.4 摄影表工具

在前面的小节中，我们通过简单的小球动画学习了创建关键帧和快速编辑关键帧的基本方法。在时间轴上对关键帧的操作可以改变动画的快慢、顺序等，但对两个关键帧之间的插值动画却是无法编辑的，而且对不同通道的关键帧的操作也不是很方便和直观。因此，Maya提供了很多可以更方便、快速、清晰地调节关键帧的工具。

Dope Sheet（摄影表）工具是一个用于简易、直观地调节关键帧顺序的工具。它与传统动画中的时间表有些相似，能够将场景中对象在每个参数通道上的关键帧与时间轴的对应关系十分精确地反映出来。

执行Window（窗口）> Animation Editors（动画编辑器）> Dope Sheet（摄影表）命令，可以快速打开Dope Sheet（摄影表）工具面板。如下图所示，面板分为菜单栏、工具栏、对象列表、视图区几个大的区域。

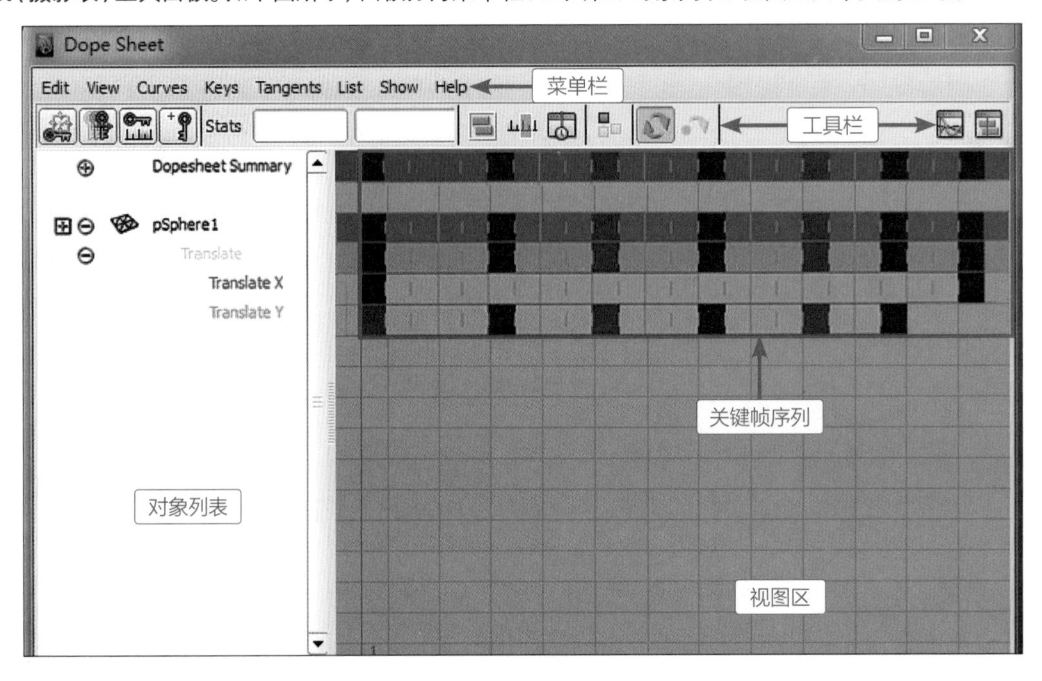

在Dope Sheet（摄影表）面板中，左侧的对象列表中显示的是当前选中的对象列表，单击对象前的“+”可以展开该对象所有的关键属性列表。在右侧的视图区中会相应出现对象及其关键属性的关键帧序列。在视图区中，横轴代表时间轴，并且在底部可以看到时间轴的刻度信息。视图区中分布着许多黑色方块，每一个黑色方块代表一个关键帧，这些关键帧都可以单独操作。其中，最顶一层代表所有选中对象的关键帧集合，下面每一层分别对应左侧对象列表中的对象或属性。这样就很直观地表明了什么属性在什么时间有关键帧，而且很方便用户针对某个对象某个关键属性上的关键帧进行调节。

要对视图区中的关键帧进行编辑，就需要使用到工具栏中的工具，下面对各工具进行简单介绍。

- **选择关键帧：**激活这个工具可以通过鼠标框选多个关键帧，选中的关键帧会以黄色高亮的方式显示。
- **移动最近拾取的关键帧：**激活这个工具可以按下鼠标中键后左右拖动鼠标，左右平移选中的一个或多个关键帧。
- **插入关键帧：**激活这个工具后，使用鼠标中键单击两个关键帧之间的间隔位置，会在该位置生成一个新的关键帧。关键帧的属性参数与添加关键帧之前该帧位置计算得到的插值数值相同。
- **添加关键帧：**激活这个工具也可以在没有关键帧的位置创建新的关键帧。不同的是，添加关键帧的操作如果是对某个对象进行，那么该对象所有可以被设置关键帧的属性通道上都会产生关键帧。而使用插入关键帧工具时，只有原本具有关键信息的通道上生成新的关键帧。
- Stats **统计值：**选中某个关键帧时，前一个数值框中显示该关键帧所在的帧数，后一个数值框中显示该关键属性的数值。可以通过手动输入数值框中的数值修改关键帧中的信息。
- **框显所有显示的关键帧：**将视图区缩放到刚好显示全部帧序列的状态。
- **框显播放范围：**将试图缩放到刚好显示时间轴播放范围内的全部帧序列的状态。
- **使视图围绕当前时间居中：**当选中某个或多个关键帧时，单击该按钮可以使这些关键帧在视图区居中显示。
- **层级显示：**激活该工具，可以在父物体行显示子物体的关键帧信息。
- **自动加载摄影表：**激活该工具，Dope Sheet（摄影表）会自动载入关键帧的信息及改变情况。
- **从当前选择加载摄影表：**当自动载入关键帧信息时，该工具可以用于对选中的关键帧进行信息的载入和更新。
- **打开曲线图编辑器：**从操作视图切换到曲线图编辑器。
- **打开 Trax 编辑器：**从操作视图切换到 Trax 编辑器。

工具栏中的工具基本可以在菜单栏中找到与之对应的命令。但菜单栏中还有些常用的命令没有在工具栏中出现。例如：缩放关键帧、对齐关键帧等。

执行Dope Sheet（摄影表）面板中菜单栏位置Edit（编辑）>Scale（缩放）命令，可以对选中的关键帧进行缩放。使用键盘上的R键也可以达到相同的目的。选中关键帧后，关键帧会以黄色高亮的形式显示，在这些关键帧外围会出现白色方框，对方框边线进行移动就可以缩放关键帧。如下图所示。

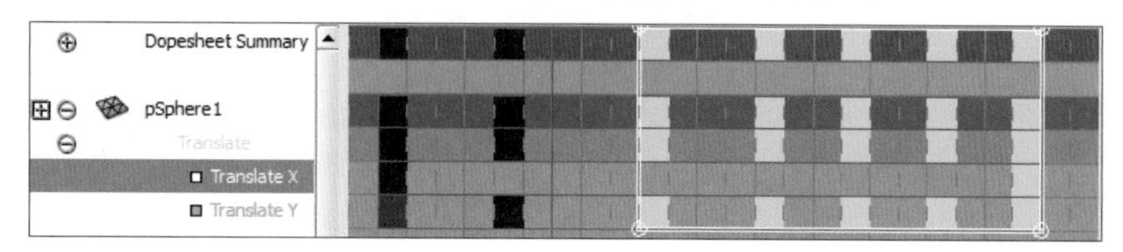

执行Dope Sheet（摄影表）面板中菜单栏位置Edit（编辑）>Snap（吸附）命令，可以对选中的关键帧进行对齐的操作。因为对关键帧进行缩放之后，关键帧所处的帧数很可能因为缩放而被修改为一个小数，但在平时操作中，帧数通常以整数的方式存在才方便进行动画调节。因此Maya提供了对齐工具，可以将选中的关键帧的帧数由小数更改为整数。

2.5 曲线图编辑器

Graph Editor（曲线图编辑器）同样是用于调节动画效果的面板。执行Window（窗口）>Animation Editors（动画编辑器）>Graph editor（曲线图编辑器）命令可以快速打开曲线图编辑器。如下图所示。

在Graph Editor（曲线图编辑器）面板中，左侧的对象列表中显示的是当前选中的对象列表，单击对象前的“+”可以展开该对象所有的关键属性列表。对应在右侧的视图区中会出现关键属性的动画曲线，Maya会根据属性的不同而显示不同颜色的动画曲线，方便用户识别。在视图区中，横轴代表时间轴，并且在底部可以看到时间轴的刻度信息，纵轴代表关键属性的数值。根据两个轴向的对应情况，生动的动画曲线明晰地反映了属性变化与时间的对应关系。

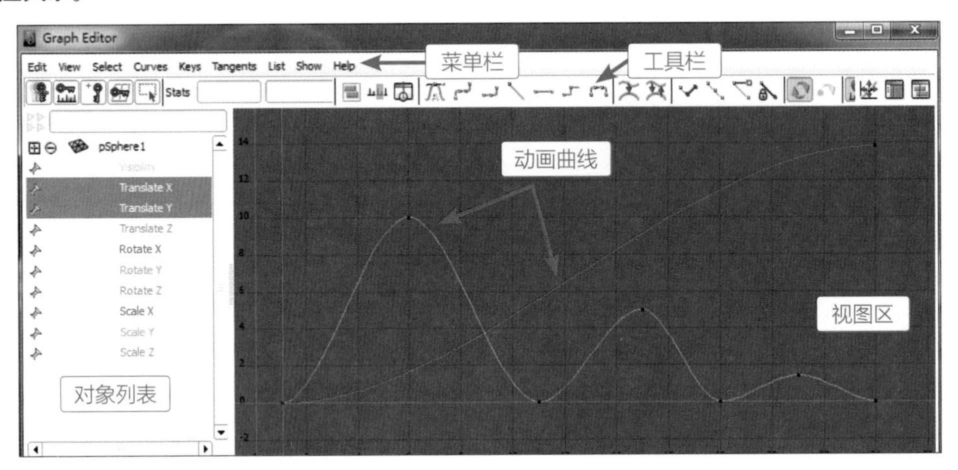

Graph Editor（曲线图编辑器）是Maya中用于调节动画非常重要的工具，面板中的具体操作较多，功能相对复杂，将在后面的小节中详细讲解。

2.5.1 通过曲线图编辑器编辑动画曲线

想要使用Graph Editor（曲线图编辑器）对动画进行调整、优化，最重要的就是要理解动画曲线的含义。动画曲线是由若干个黑点平滑连接而成的。这其中每一个黑点就代表一个关键帧，而曲线上的其他位置，则可以理解为由Maya自动插值而生成的若干帧的点连接而成的曲线。以图中的两条动画曲线来说，红色的曲线表明，Translate X（平移X）属性在随着时间而增大，这种增大的效果是线性的、持续的；绿色的曲线表明，Translate Y（平移Y）属性在这段时间中产生的3次波动变化，并且曲线清楚地显示了起伏的大小和时间间隔的长短，这种波动之间的过渡是平滑的，并不是突变的，这种平滑的效果同样会在动画中反映出来，使动画看上去也是平滑、流畅的。

提 示

动画曲线是某个关键属性与时间的对应关系，而不是某两个关键属性之间的对应关系，这是初学者很容易犯的一个错误。

2.5.2 控制曲线图编辑器视图

在理解了动画曲线之后，为了更好地查看、编辑动画曲线，需要掌握对视图的控制。在工具栏中有三个按钮是用于控制视图的，分别是：框显全部、框显播放范围、使视图围绕当前时间轴。这三个按钮在介绍摄影表时已经介绍过，在曲线图编辑器中，它们的功能也没有什么变化。除了这些操作外，还可以使用一些快捷键，方便读者对视图进行操作。曲线图编辑器中控制视图的快捷键与Maya视图中的一致：A键用于显示全部动画曲线；F键用于显示当前选中的关键帧，并将视图缩放至刚好只显示选中的部分；Alt+鼠标中键用于平移视图；Alt+

鼠标右键用于缩放视图。在平移或缩放视图时，同时按下Shift键，可以锁定只沿着水平方向或者垂直方向进行平移、缩放操作。这些快捷键在曲线图编辑器中十分常用，希望读者能够熟练运用它们。

2.5.3 关键帧操作

动画曲线是由关键帧而形成的，编辑关键帧可以达到一部分编辑动画曲线的目的。曲线图编辑器中提供了平移、缩放、插入、添加、晶格等工具用于关键帧的编辑。

移动最近拾取的关键帧：这个工具除了可以通过鼠标中键拖动关键帧之外，还可以对关键帧的切线手柄进行调节；在曲线图编辑器中，移动关键帧时不仅可以改变横轴上关键帧所处的帧数，也可以改变纵轴上关键属性的数值，因此是十分灵活和常用的工具。

提 示

直接使用移动关键帧工具，具有很大的随意性，而且也不够准确。可以在移动的同时按下 Shift 键，锁定只对横轴或纵轴产生位移，以保证鼠标操作的准确性；或者使用 Stats 统计值数值框Stats 进行手动输入。

- **插入关键帧：**使用这个工具可以在动画曲线上插入一个关键帧。但使用之前应先选中需要插入关键帧的那一段动画曲线，使其以白色高亮的方式显示，然后再单击鼠标中键进行关键帧的添加。
- **添加关键帧：**使用这个工具可以在动画曲线上添加一个关键帧。可以按照与插入关键帧工具相同的方式在关键帧之间插入关键帧，也可以在最后一个关键帧后面直接添加关键帧。与插入关键帧工具不同的是，插入关键帧只是在原有曲线上增加了一个关键帧，对曲线并不产生任何的修改；而添加关键帧可以通过鼠标拖动选择需要添加关键帧的位置，并使曲线产生相应的变化效果。
- **缩放工具：**曲线图编辑器同样支持对关键帧的缩放，只是没有将这个工具放置在工具栏中。可以按下键盘上的 R 键或者执行 Edit（编辑）>Scale（缩放）命令激活缩放工具。选中需要进行缩放的关键帧，按下鼠标中键，鼠标会变成“？”的形态，这是在询问是想对关键帧的数值还是帧数进行缩放。水平方向拖动鼠标是对关键帧的时间间隔进行缩放，垂直方向拖动鼠标是对关键帧数值的缩放。如果觉得利用鼠标操作缩放结果不够精确，可以打开 Edit（编辑）>Scale（缩放）命令后面的选项设置窗口，手动输入缩放的数值。
- **晶格变形关键帧：**这个工具在调整多个关键帧时比较常用。在激活该工具后，框选多个关键帧，关键帧周围将出现控制范围的晶格，晶格的每个顶点都是操控点，每个操控点都可以随意被拖动，也可以对某个矩形的 4 个顶点进行统一拖动。通过更改操作点位置，可对关键帧进行统一的平移、缩放等操作，有效简化了对每个顶点进行的逐一操作。如下图所示。

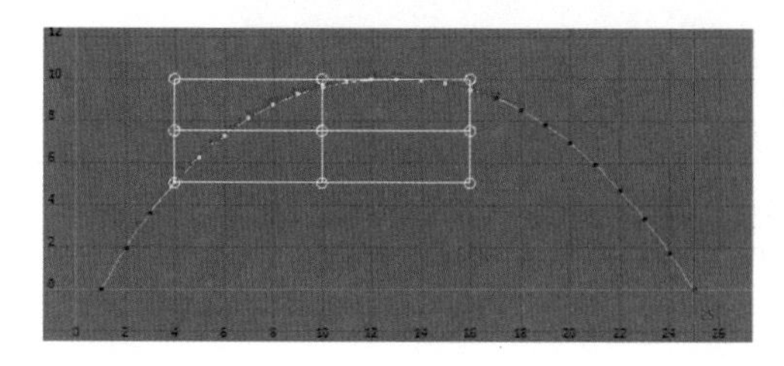

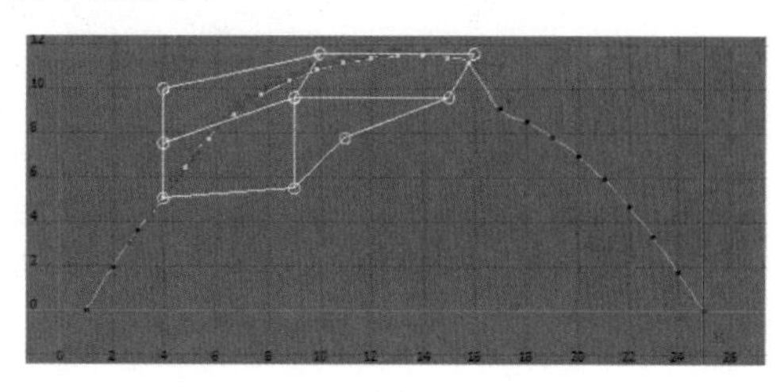

默认情况下，晶格上有9个操控点，如果需要更多操控点，可以双击该按钮打开Tool Settings（工具设置）面板进行设置，如下图所示。

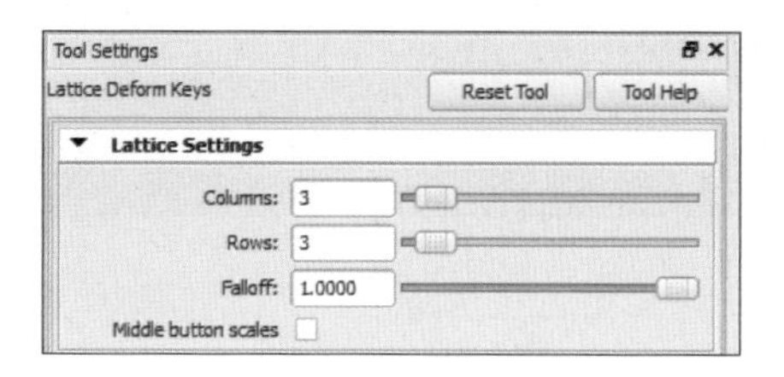

2.5.4 调节动画曲线曲率

除了可以对关键帧进行操作外，也可以对曲线进行编辑修改。想要得到完美的动画曲线，就需要对曲线的曲率进行调节。

在曲线图编辑器中，曲率是通过关键帧两侧的切线手柄进行控制的。当关键帧被选中时，这两个手柄就会以暗红色显示出来。选中某一侧的手柄，就可以激活移动关键帧工具或按下快捷键W，使用鼠标中键对手柄进行移动，从而改变曲线的曲率。如下图所示。

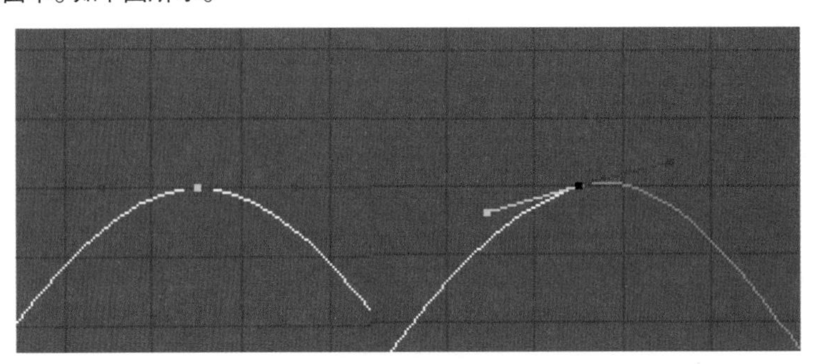

在对手柄进行操作时，会发现任意一段曲线都受到它两端关键帧上的切线控制手柄的影响。因此对某一段曲线进行调整时，可能需要配合调节这段曲线两端的两个关键帧切线手柄，才能达到想要的效果。

除了可以手动调节切线控制手柄，曲线图编辑器中还提供了很丰富的命令用于调节切线控制手柄。这些命令集中于菜单栏的Tangents（切线手柄）菜单组和Keys（关键帧）菜单组中，同时也将常用的命令设置在了工具栏上。

- **Spline（样条线切线）：** 将曲线调节为平滑、光滑的状态。
- **Clamped（钳制切线）：** 将两个相邻、数值相近的关键帧间的曲线更改为平直效果，如下图所示。

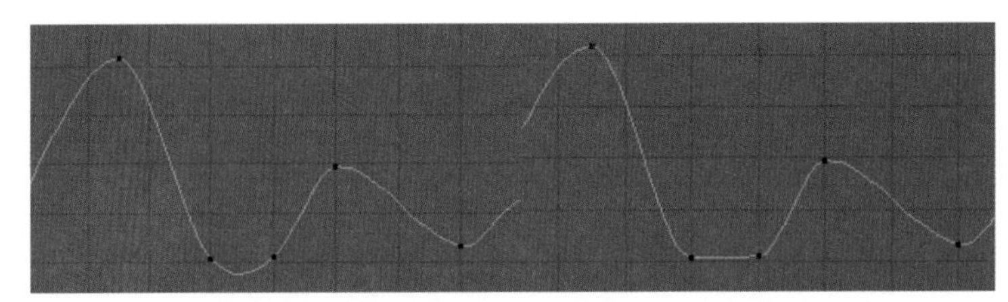

- **Linear（线性切线）：** 去除动画曲线的圆滑效果，更改为折线状态，如下图所示。

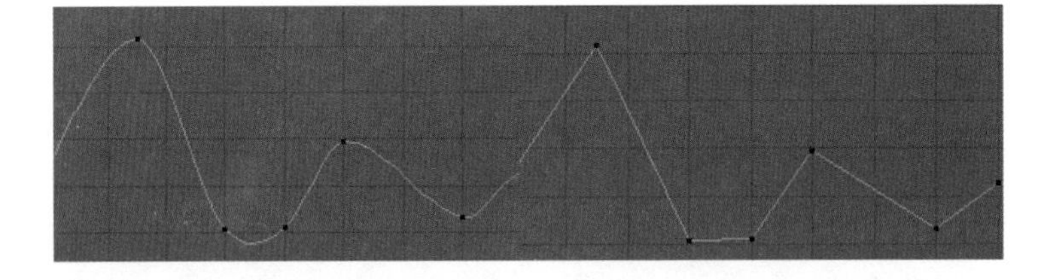

- **Flat（平坦切线）：** 将关键帧切线控制手柄更改为平坦状态，如下图所示。

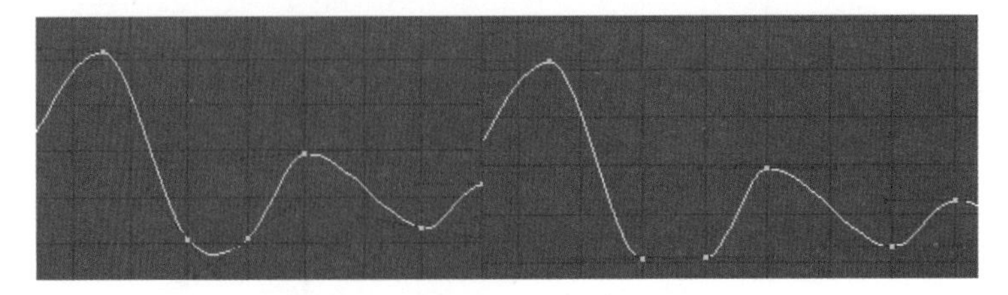

- **Stepped（阶跃切线）：** 将动画曲线更改为阶梯形状，去除关键帧与关键帧之间的过渡，形成切换、突变的效果，如下图所示。

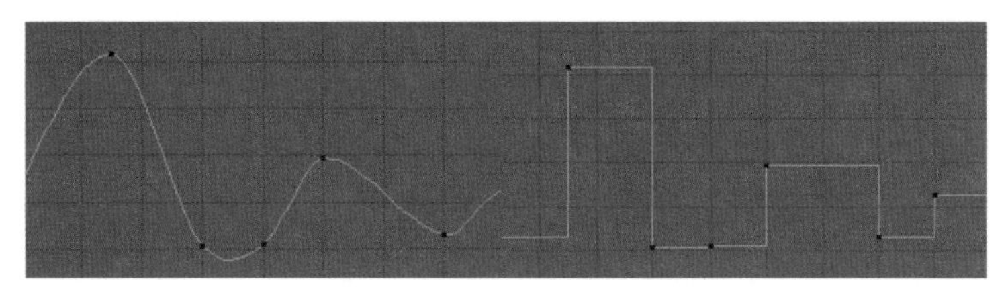

- **Stepped Next（阶跃下一个）：** 功能与 Stepped（阶跃切线）功能相似，将阶梯的方向进行反向处理。
- **Plateau（高原切线）：** 控制曲线波动变化，使最大值（波峰）、最小值（波谷）不会被延伸。

以上工具和命令，都可以在Tangents（切线手柄）菜单组中找到。它们同时对关键帧两侧的两个手柄产生作用。如果只想对一侧的手柄使用这些命令，可以在Tangents（切线手柄）菜单组中找到In Tangent（入切线）、Out Tangent（出切线）两组菜单。In Tangent（入切线）菜单组中含有以上所有命令，但这些命令只针对关键帧左侧的手柄，即入切手柄产生作用。Out Tangent（出切线）菜单组中的命令只针对关键帧右侧的手柄，即出切手柄产生作用。

- **Break Tangents（断开切线）：** 将关键帧两侧的手柄关联打断，使动画曲线不再平滑关联，一般用在运动变化十分剧烈的情况下。在切线手柄被打断后，一侧以蓝灰色显示，然后就可以对每一侧的手柄进行单独的控制了，如下图所示。

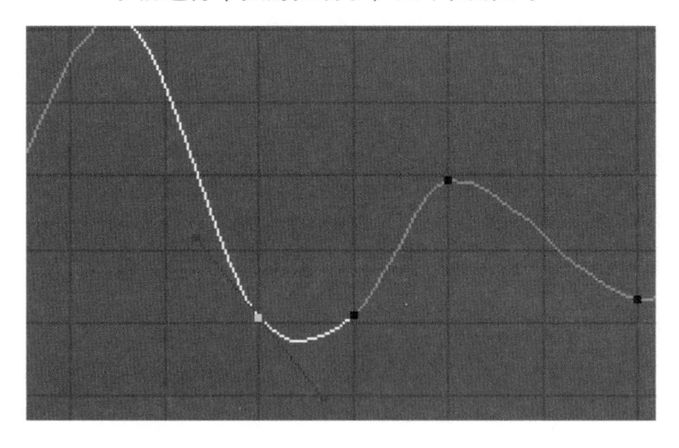

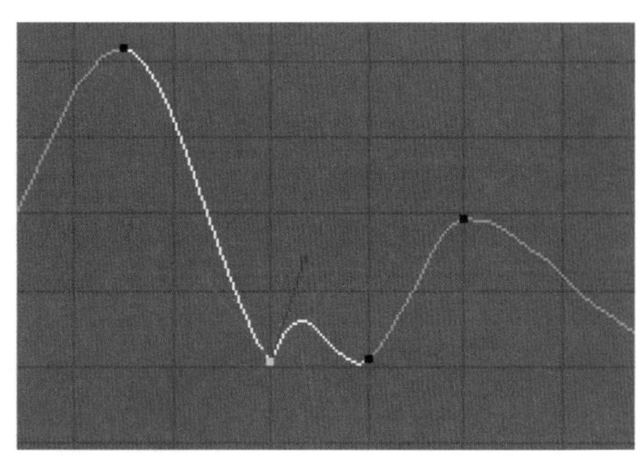

- **Unify Tangents（统一切线）：** 将被打断的切线手柄重新关联。若关联时两个手柄呈夹角状态，则在之后调节时仍会保持此夹角不变。
- **Free Tangents Weight（释放动画曲线切线权重）：** 释放切线手柄的权重，使切线手柄的长度可以自由延伸或缩短，更自由地调整动画曲线。如下图所示。

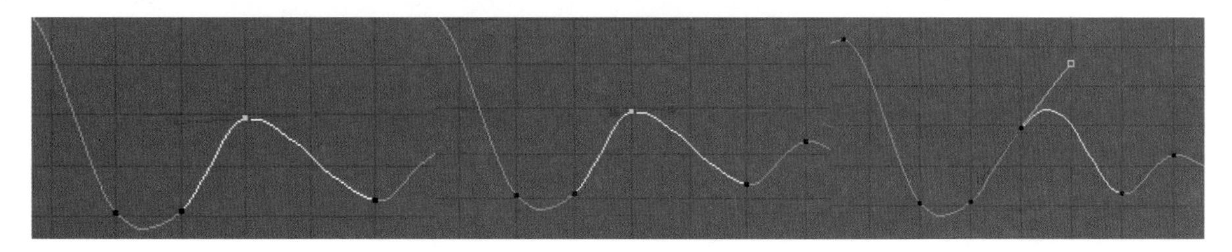

在默认情况下，切线手柄是不具有权重的。要释放切线手柄的曲线，首先需要执行Graph Editor（曲线图编辑器）面板中Curve（曲线）>Weighted Tangents（加权切线）命令为切线手柄添加权重。添加权重后的手柄长度会发生变化，手柄尾端的圆点也会增大显示。然后使用释放切线命令，手柄尾端的圆点变为以空心矩形的方式显示，并且长度可以自由控制。利用这样的手柄能够更加随心所欲地控制曲线形状。

- **Lock Tangents Weight（锁定切线权重）：**锁定切线手柄的权重，使切线手柄的长度不可改变。

以上4个命令是对切线手柄本身进行的设置，包含在Keys（关键帧）菜单组下。

在对动画曲线进行调节时，可能出现需要对比两种曲线效果的情况。Graph Editor（曲线图编辑器）为应对这种情况预备了缓冲曲线。首先执行View（视图）>Show Buffer Curve（显示缓冲区曲线）命令，将缓冲曲线显示出来。这时还看不到缓冲曲线，因为缓冲曲线默认是与当前的动画曲线重合的。如果改变当前的动画曲线形状，就会看到一条深灰色曲线停留在原始曲线的位置。如下图所示。

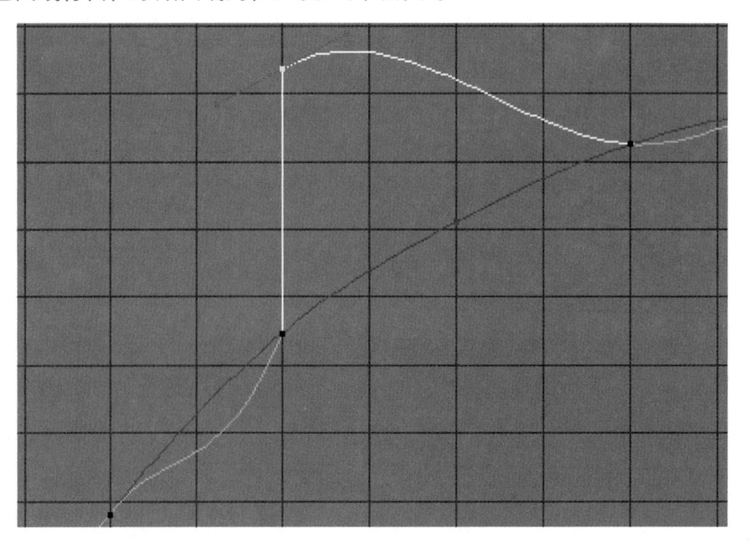

提 示

这条曲线的颜色与曲线图编辑器视图区的背景色比较相近，我们在使用时需要仔细观察。

缓冲曲线可以作为新动画曲线的参考，也可以用于两种动画效果的对比。使用交换缓冲曲线工具可以对运动曲线和缓冲曲线进行互换。想要更改缓冲曲线，需要使用吸附到运动曲线工具将缓冲曲线更改为与当前动画曲线重合。

Graph Editor（曲线图编辑器）是非常常用的曲线编辑工具，需要熟练掌握。具体及如何应用我们将在后面的实例章节中为大家进行演示。

Chapter 03 路径动画和烘焙动画

※ 本章概述

自然界中经常会遇到物体沿着某条既定的曲线进行运动的情况，在Maya中，可以使用路径动画的方法实现这一效果。本章主要介绍路径动画和烘焙动画。路径动画可以使对象沿路径运动，并可以伴随歪斜、偏移等，还可以让对象沿路径运动的同时沿路径产生变形。烘焙动画可以对某段动画进行烘焙和保留，例如对路径动画进行烘焙后继续编辑后续动画。

※ 核心知识点

1. 制作对象沿路径运动的动画
2. 对路径动画中的对象的歪斜、编移、方向的修改
3. 制作对象沿路径运动且变形的动画
4. 对沿路径运动且变形动画平滑程度的修改
5. 对路径动画进行烘焙并进行简化

在实际制作动画的过程中，我们常常会遇到需要让对象沿着某一条规定好的路线运动的情况，例如让蝴蝶在空中翩翩起舞，然后落在一朵花上，如右图所示；又比如让一条蛇沿着某条路线蜿蜒前进。这种情况下，我们就要用到Maya中路径动画的相关技法。

路径动画制作完成之后，有可能需要对象继续做其他动作，有时需要将路径动画转换为关键帧动画，这时我们就要对路径动画进行烘焙，然后对烘焙动画进行简化处理，最终达到完美的关键帧动画效果。不只是路径动画，只要我们需要，任何动画都可以进行烘焙。

下面我们就开始学习路径动画和动画的烘焙。

3.1 路径动画

路径动画有两种，一种是单纯沿着路径运动的动画，如上面提到的蝴蝶；一种是沿路径运动并沿路径变形的动画，如上面提到的蛇的动画。

3.1.1 沿路径运动的动画

制作路径动画，首先要绘制一条路径，然后选择对象，再加选路径，指定对象沿路径运动。具体在Maya中的步骤如下。

01 在 Maya 中使用 Ep Curve Tool（Ep 曲线工具）创建一条曲线，如右图所示。

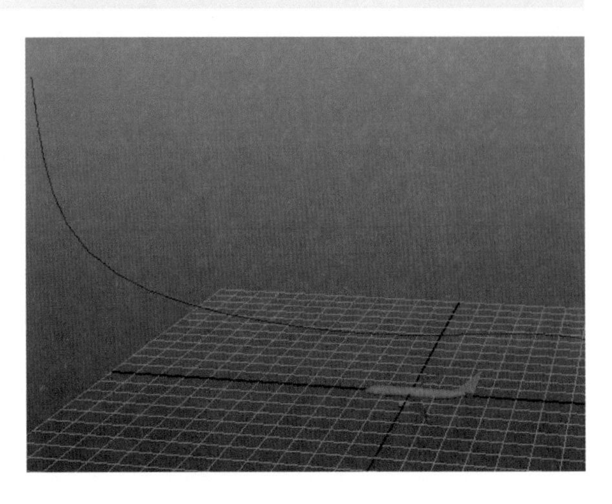

02 选择对象（如果有多个对象沿路径同时运动，则将它们群组后选择组），按住Shift键加选路径，在Maya模块下拉列表中选择Animation（动画）模块，执行Animate（动画）> Motion Path（运动路径）> Attach to Motion Path（连接到运动路径）后面的选项设置按钮，弹出如右图所示的对话框。

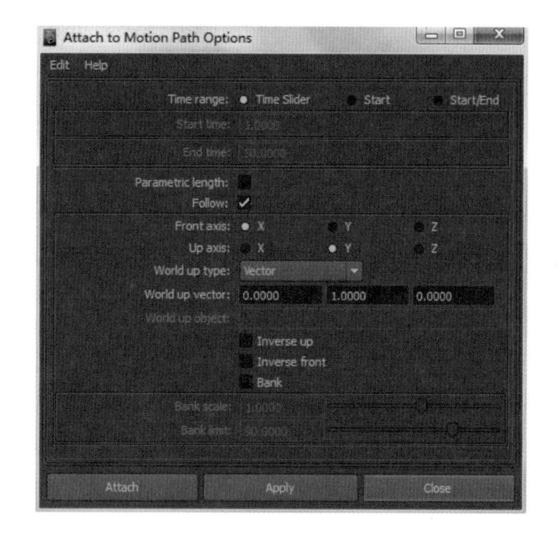

下面简单介绍一下该对话框中的各选项。

- **Time range（时间范围）：** 设定对象沿路径运动的时间范围，有三种方式：Time Slider（时间滑块）、Start（起点）、Start/End（开始 / 结束）。选择“时间滑块”，则以当前的时间轴上时间范围为路径动画的开始和结束点；选择“起点”或“开始 / 结束”，则下方的 Start time（开始时间）、End time（结束时间）数值框被激活，用户可以自己设置路径动画的开始时间或同时设置开始时间和结束时间。
- **Parametric length（参数化长度）：** 使对象按照路径长度以百分比计算进行匀速运动。
- **Follow（跟随）：** 默认为勾选。使对象跟随路径方向而改变运动方向。取消勾选则对象沿路径运动但不改变方向，其下方所有参数不可设置。勾选与取消勾选时对象状态如下图所示。

勾选“跟随”复选框

取消勾选“跟随”复选框

- **Front axis（前方向轴）：** 选择 X, Y, Z 其中一个轴向作为沿路径前进的方向。
- **Up axis（上方向轴）：** 设定对象运动时向上的方向。选定 X, Y, Z 其中之一。
- **World up type（世界上方向类型）：** 设定物体路径动画的向上的方向的类型。其类型如下。
- **Scene up（场景上方向）：** 使用场景世界坐标系向上方向作为对象向上方向。
- **Object up（对象上方向）：** 使用对象自身坐标系的向上方向作为路径动画向上方向。
- **Object rotation up（对象旋转上方向）：** 使用对象自身坐标系旋转后向上方向作为路径动画向上方向。
- **Vector（向量）：** 使用向量坐标系设置对象路径动画向上方向。选择该项则下方的 World up vector（世界上方向向量）数值框被激活，可以分别设置 X, Y, Z 三个轴向上的向量值来综合决定方向向量。
- **Normal（法线）：** 选择此项，则物体的上方轴总是尽量匹配路径曲线的法线方向，即指向该曲线的曲率中心。
- **World up object（世界上方向对象）：** 指定世界上方向向量尝试对齐的对象。例如，可以将世界上方向对象指定为一个可以根据需要旋转的定位器，以便在对象沿曲线移动时防止任何突然的翻转问题。选择该选项，则下方 World up object 被激活，可输入对象名称指定对象物体。

- **Inverse up（反转上方向）：** 向上方向反向。
- **Inverse front（反转前方向）：** 向前方向反向。
- **Bank（倾斜）：** 沿路径运动且产生倾斜效果。例如在飞机飞行保持平衡时、摩托车转弯保持平衡时均可设置倾斜。设置路径动画对象倾斜后效果如下图所示。勾选Bank（倾斜）复选框后其下方属性被激活。
- **Bank scale（倾斜比例）：** 设置路径动画对象倾斜的程度。
- **Bank limit（倾斜限制）：** 设置路径动画对象倾斜的最大角度。

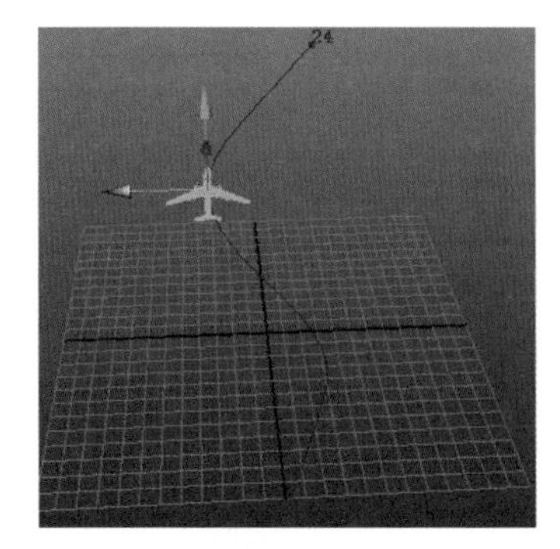

取消勾选“倾斜”复选框

勾选“倾斜”复选框并设置“倾斜比例”为3.7

03 修改路径动画。选择路径，右键选择 Control Vertex，用移动工具对路径进行编辑，编辑完成后，播放动画，则动画随着路径的改变发生了改变。如下图所示。

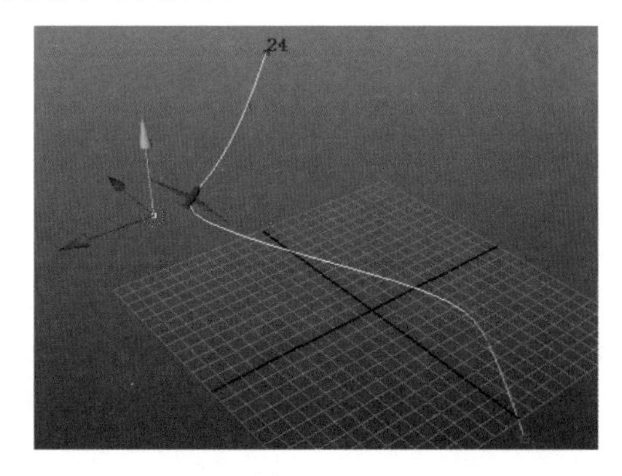

04 如果对路径动画整体时间不满意，即如果觉得动画整体太快或太慢，则可以在动画曲线图编辑器中进行修改。在视图窗口中选择对象（如果是群组沿路径运动，则在大纲视图中选择群组），则在曲线图编辑器中会显示其动画曲线，在曲线图编辑器中按 A 键可以显示全部关键帧，如下图所示。

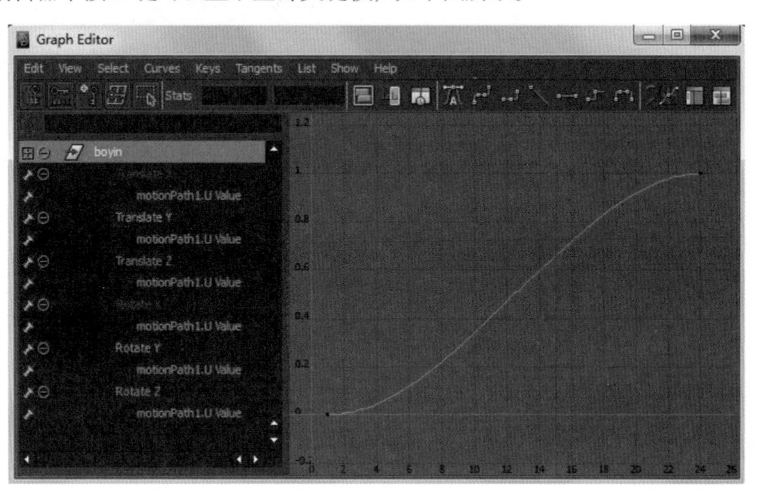

05 选择曲线末端的关键帧，在曲线图编辑器如下图所示的输入栏中输入新的时间帧数，即可改变整个路径动画的持续时间。

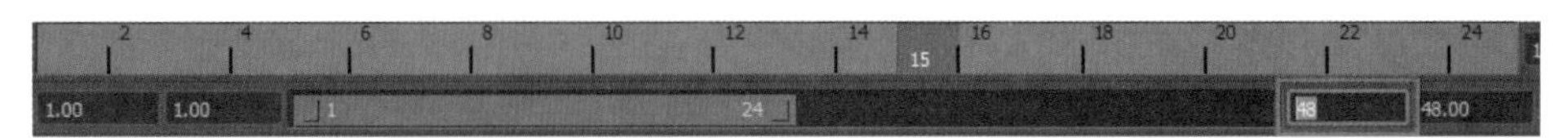

06 修改之后，同时要在视图窗口下方将回放的时间也修改为一致，才能看到所有动画。修改完成之后，视图窗口中路径末端会显示修改之后的帧数，如下图所示。

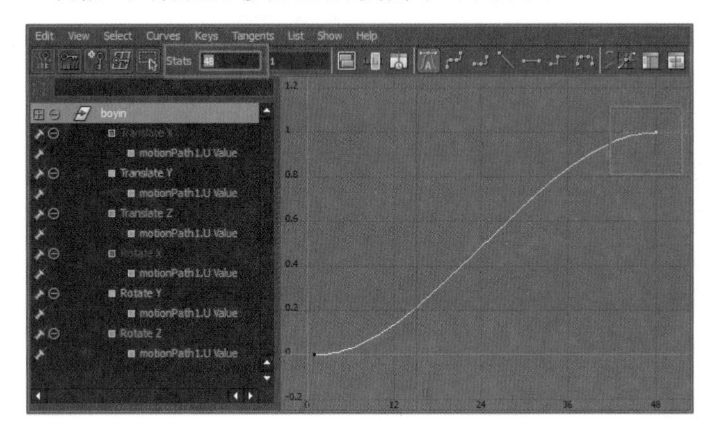

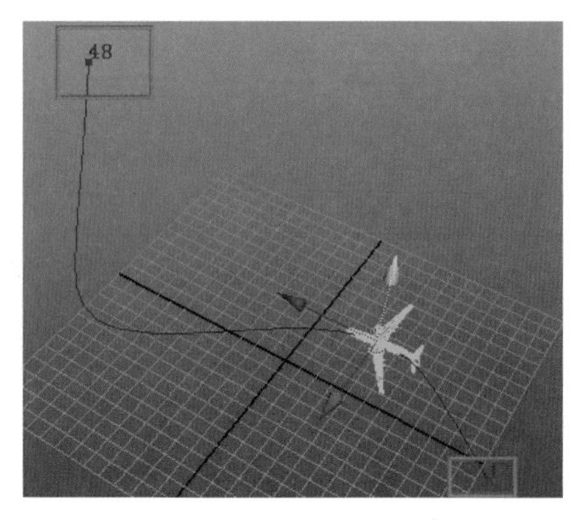

07 如果要在路径动画中间加入关键帧，可以把时间轴播放头移动到某个时间点，执行 Animate（动画）> Motion Path（运动路径）> Set Motion Path Key（设置运动路径关键帧），如下图所示。

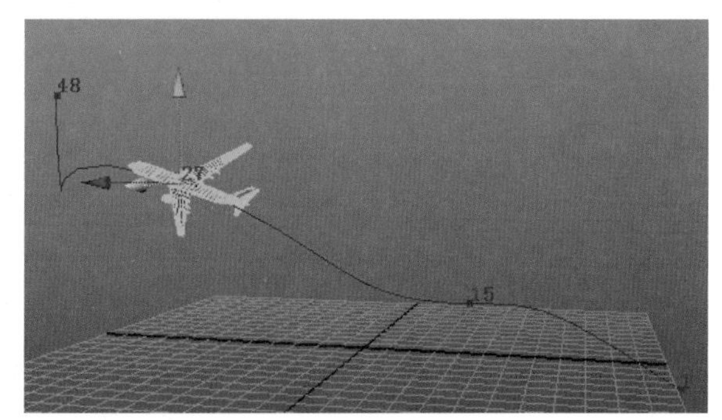

加入关键帧之后，动画曲线图编辑器中的显示如下图所示。

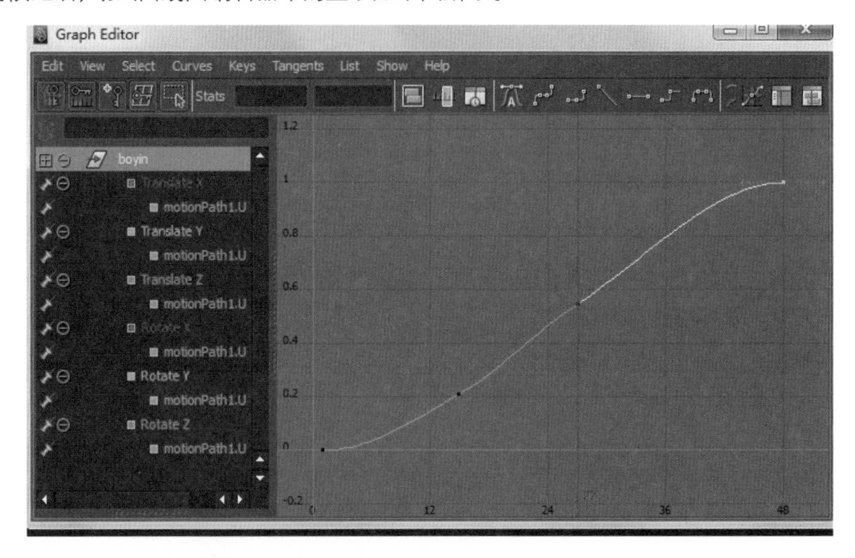

对其进行编辑，播放动画，在第15-27 帧之间能明显感觉到飞机飞行速度变慢，如下图所示。

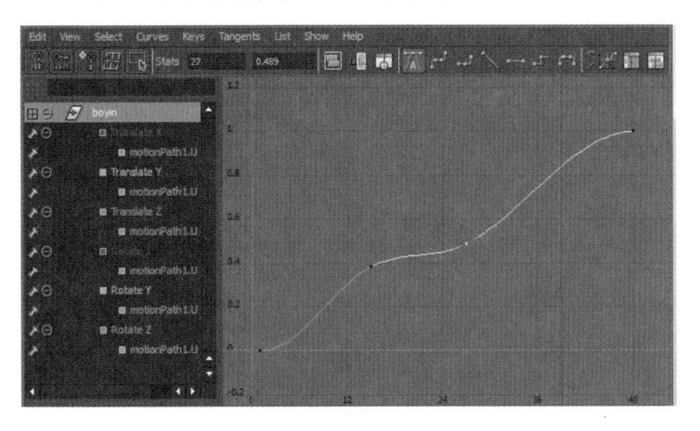

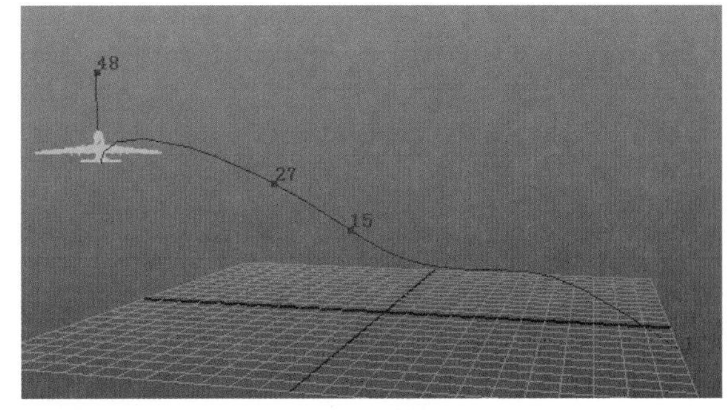

3.1.2 沿路径运动且变形的动画

除了沿路径运动的动画，还有一种不仅沿着路径运动，而且对象本身还随路径的方向产生变形的动画，例如蛇、蚯蚓等蜿蜒前进的动画。我们这里以一个面片为例，讲解沿路径运动的动画。具体的蛇等柔体对象的运动，在后面的实例章节中我们将详细讲述。

01 首先创建一个 Nurbs 面片，将参数设置如下图所示。

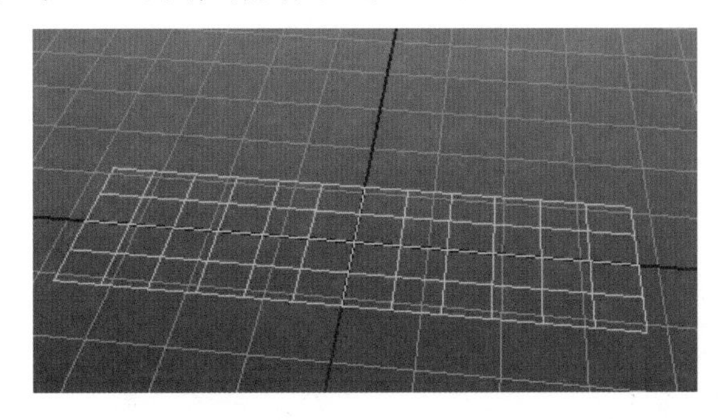

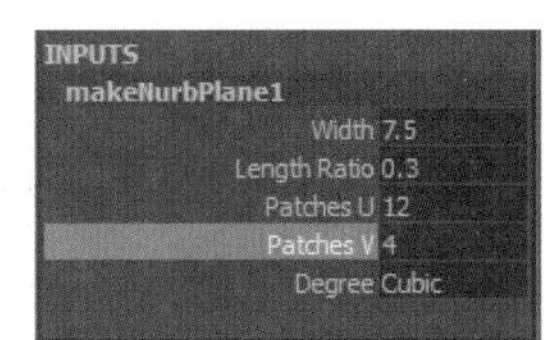

02 绘制一条曲线，选择曲面，按住 Shift 键加选路径，单击 Animate（动画）> Motion Path（运动路径）> Attach to Motion Path（连接到运动路径）后面的选项设置按钮，设置参数并播放动画，如下图所示。

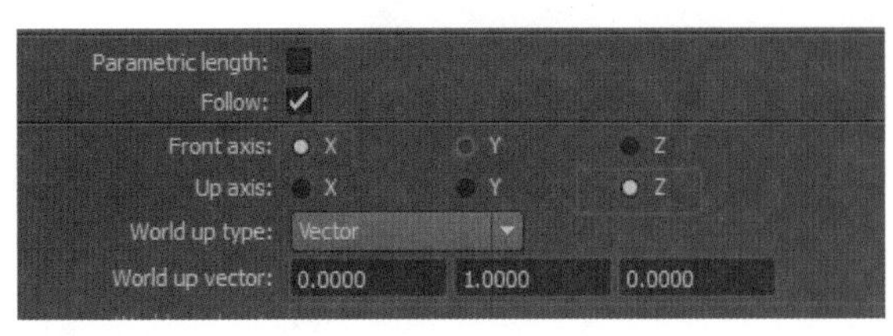

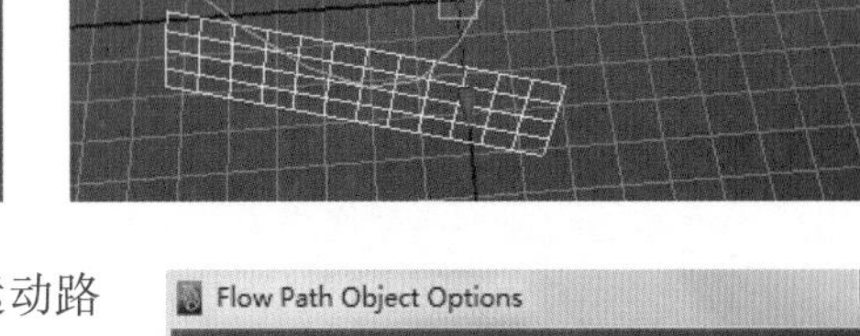

03 选择面片，单击 Animate（动画）> Motion Path（运动路径）> Flow Path Object（流动路径对象）后面的选项设置按钮，弹出如右图所示的对话框。

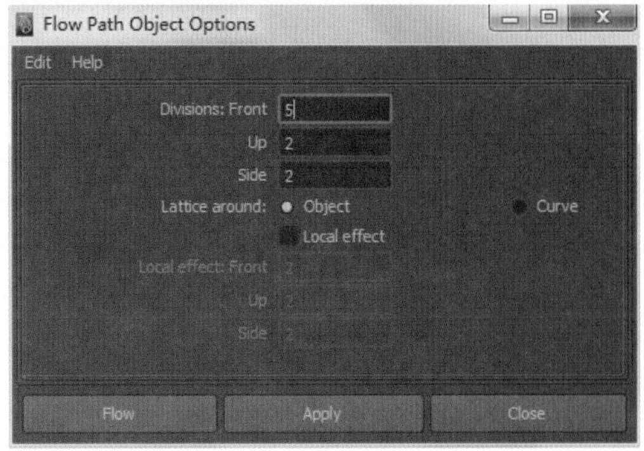

下面简单介绍一下对话框中的各选项。

- **Divisions（分段）：** Front（前）、Up（上）、Side（侧）分别用于设置面片变形晶格前、上、侧面的分段数，段数越多，面片变形越接近路径的形状。这里将Front（前）设为30。效果如下图所示。

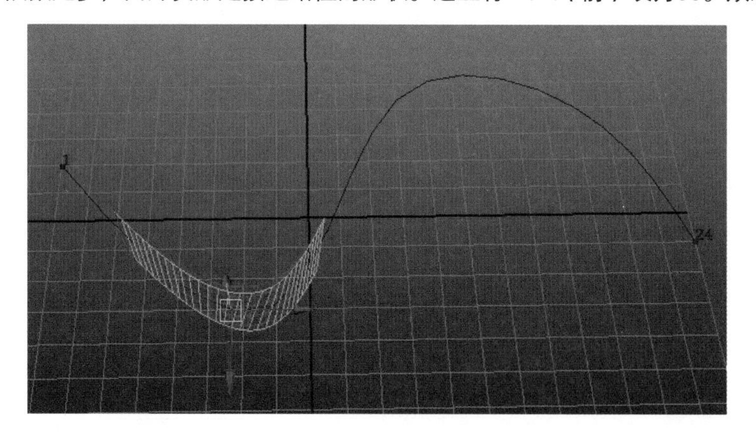

- **Lattice around（晶格围绕）:**默认为Object（对象），晶格对对象环绕使之变形。如果选择Curve（曲线），则会激活下方的Local Effect（局部效果）复选框，晶格会对路径进行环绕，局部效果下分别设置晶格围绕在Front（前）、Up（上）、Side（侧）的细分数。这里将Front（前）设置为50，得到的效果如下图所示，晶格围绕曲线，晶格数越多，曲面变形越接近曲线的形状。播放动画，面片沿路径前进并贴合路径变形。

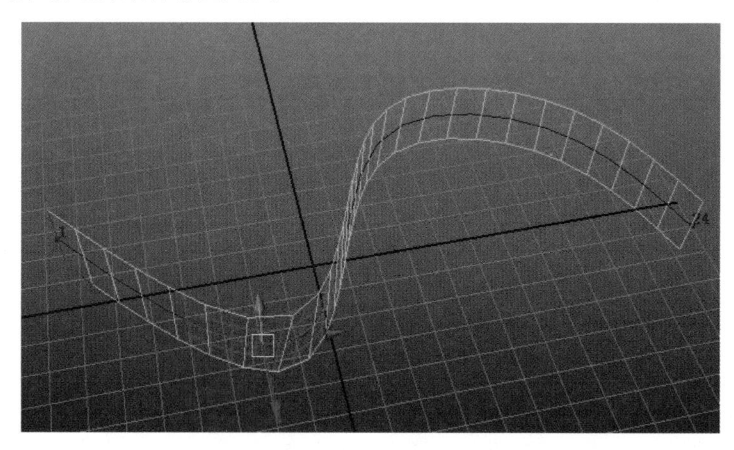

3.2 烘焙动画

前面我们介绍了飞机路径动画的例子，如果我们在沿路径动画之后再对飞机添加关键帧进行动画，则会发现飞机之前沿路径运动的动画不再起作用了。那么怎样解决这个问题呢？这就需要用到动画的烘焙了。简单地讲，就是把之前沿路径运动的动画曲线通过烘焙保留下来，这样即使删除了路径，对象沿路径运动的动画仍然保留下来了，然后在此基础上我们就可以继续给对象添加关键帧进行动画了。下面我们介绍一下对象动画的烘焙。

01 重做或打开之前制作的飞机沿路径飞行的动画。如右图所示。

02 在大纲视图中，选择飞机的群组，打开动画曲线图编辑器。动画曲线如下图所示。

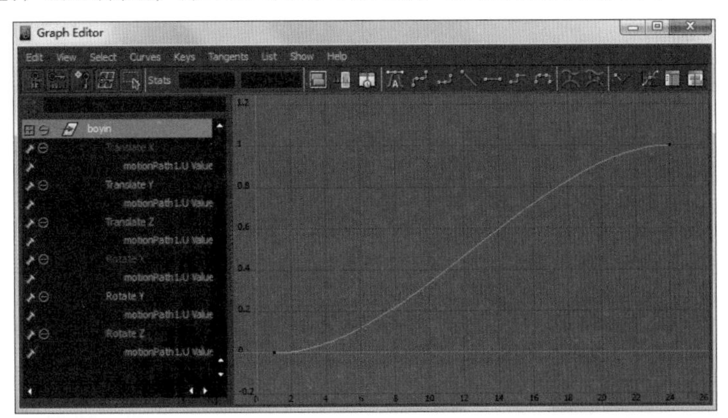

03 执行 Edit（编辑）> Keys（关键帧）> Bake simulation（烘焙模拟）命令。则可以看到视图窗口下的时间滑块上每帧都显示为关键帧，如下图所示。

而动画曲线图编辑器中的曲线图也变成了如下图所示的效果。

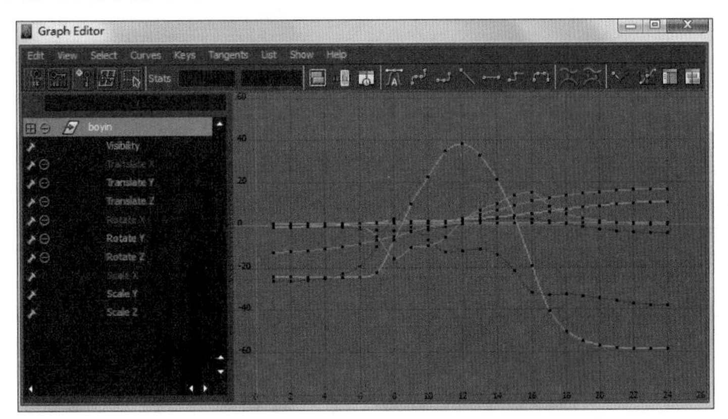

04 此时，在视图窗口中删除路径曲线，然后播放动画，则可以看到飞机仍然沿原来的轨迹飞行，沿路径动画没有随着路径曲线的删除而消失，如下图所示。以上即为动画曲线的烘焙。之后我们就可以对飞机群组继续设计动画了。

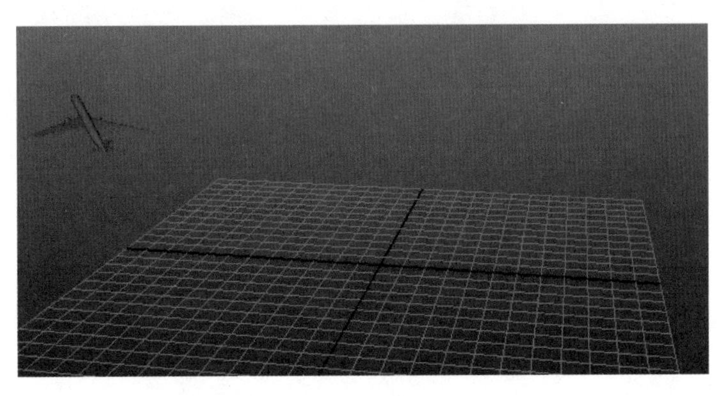

05 动画烘焙之后，每一帧上都转换为关键帧，这样如果要调整的动画很多，计算机运行起来会非常占用系统资源。所以我们有必要对烘焙关键帧进行简化。在动画曲线图编辑器中查看烘焙好的动画曲线，可以发现Scale X

(缩放X)、Scale Y(缩放Y)、Scale Z(缩放Z)和Visibility(可见性)选项的动画曲线基本上是水平的，如下图所示。表明其值在动画过程中没有发生改变。对这些关键帧，我们直接框选全部关键帧，删除即可。

06 对于其他属性，如 Translate Y(平移 Y)，其动画曲线如下图所示。

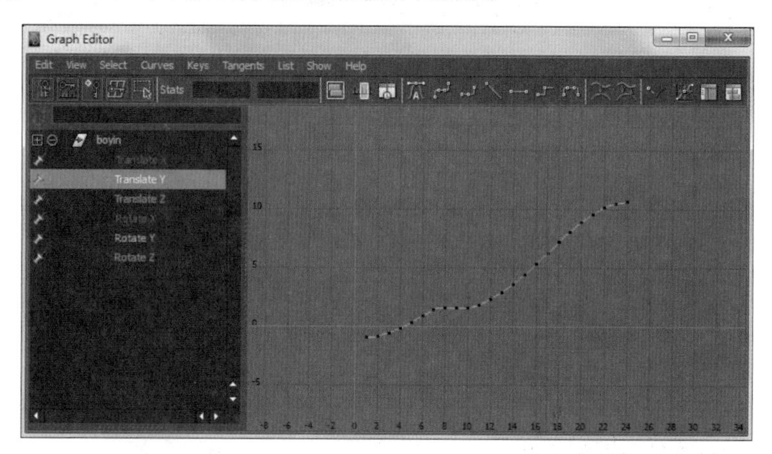

此时在动画曲线图编辑器菜单中，单击Curves(曲线)>Simplify Curve(简化曲线)后面的选项设置按钮。弹出如下图所示的对话框。

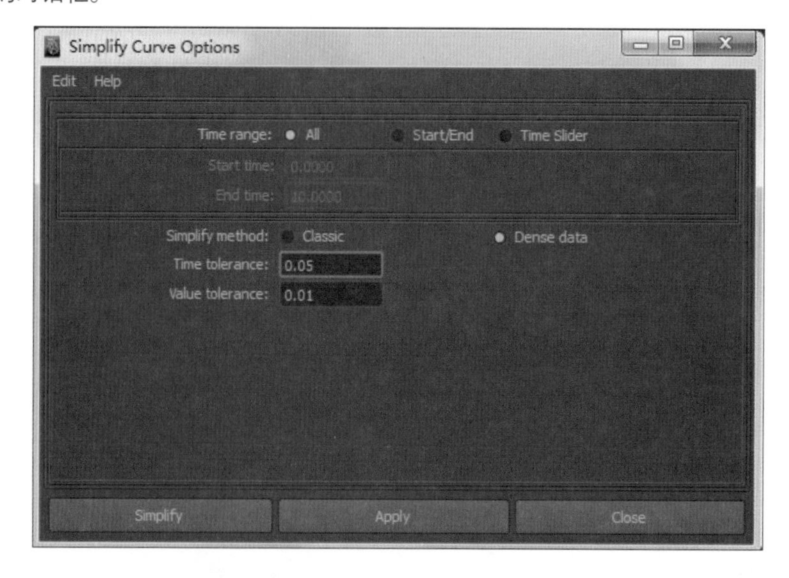

下面简单介绍一下该对话框中的选项。

- **Time range（时间范围）:** 简化曲线的时间范围。
- **All（全部）:** 曲线全部简化。
- **Start/End（开始 / 结束）:** 设置简化曲线时间起始段，选择该项会激活下方的起始和结束时间数值框。
- **Time slider（时间滑块）:** 以当前时间滑块的时间范围简化曲线。
- **Simplify Method（简化方法）:** Classic（经典）是以前版本的简化方法，Dense data（稠密数据）是新版本简化方法，通过关键帧的密度差来简化曲线。默认为 Dense data（稠密数据）。
- **Time tolerance（时间容差）、Value tolerance（值容差）:** 设置曲线上多长时间间隔的相邻关键帧的数值容差值，在此范围的关键帧会被删除。从而简化曲线。

这里我们取其默认值，单击Apply（应用）按钮，可以看到曲线被简化了，但是曲线的形状并没有发生较大变化，表明动画没有发生改变，曲线简化成功。如下图所示。

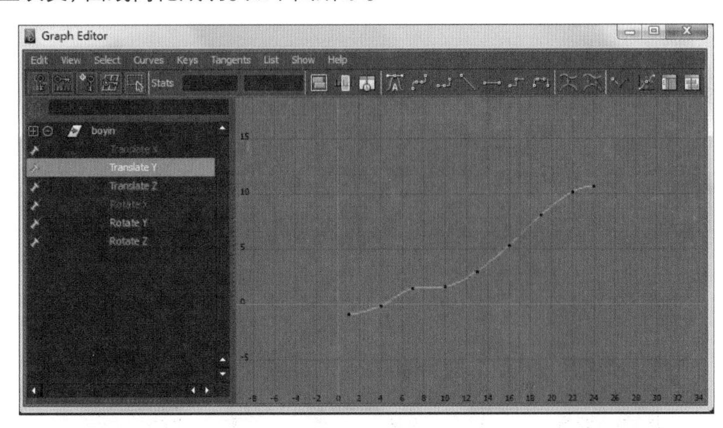

07 同理，对于其他属性，我们可以通过调整 Time Tolerance（时间容差）、Value Tolerance（值容差）的组合对其进行曲线的简化。甚至有时对于变化不大的关键帧，可以进行手动删除，但前提是要保证曲线形状不发生变化，这样才能保证简化曲线和关键帧的同时，动画不会发生改变。例如下图即为对 Translate Z 的动画曲线进行简化前和简化后的曲线形状对比图。

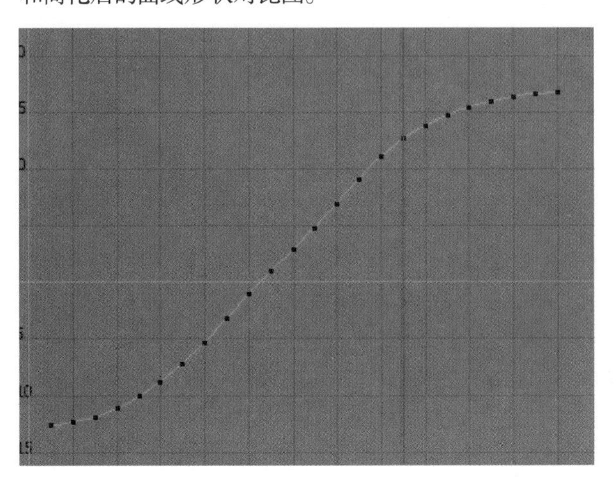

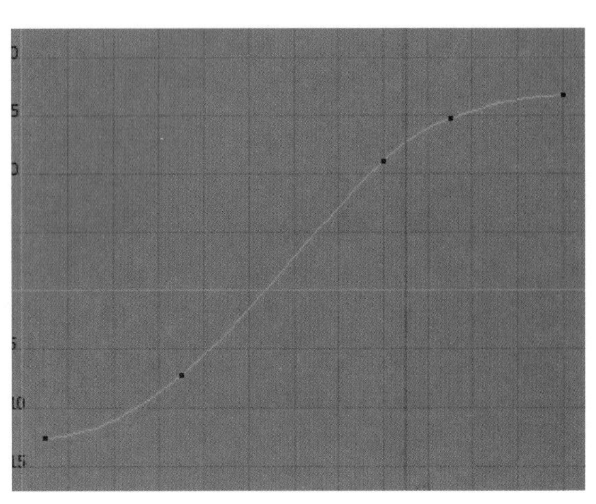

Chapter 04 变形动画

※ 本章概述

变形动画是自然界和日常生活中常见的一类动画，例如物体的扭转、弯曲、拉伸以及面部表情动画都属于这方面的范畴。本章主要介绍一些常见的变形动画，包括在制作表情动画上应用广泛的混合变形的制作，以及变形器中常见的簇变形、晶格变形等变形器的使用等，对其参数及其变形动画的制作方式进行详细的讲解。

※ 核心知识点

❶ 制作混合变形动画
❷ 混合变形参数的调节
❸ 制作簇变形动画
❹ 簇的权重的分配
❺ 制作晶格变形动画

除关键帧动画和路径动画外，动画中还有一种变形动画，就是随时间的改变，对象形状发生变化的动画。这类动画有角色表情动画、口型动画及其他表面发生变化的动画等，如下图为典型的表情动画。表情动画一般是利用Maya的Blend Shape（混合变形）功能制作出表情的变化。

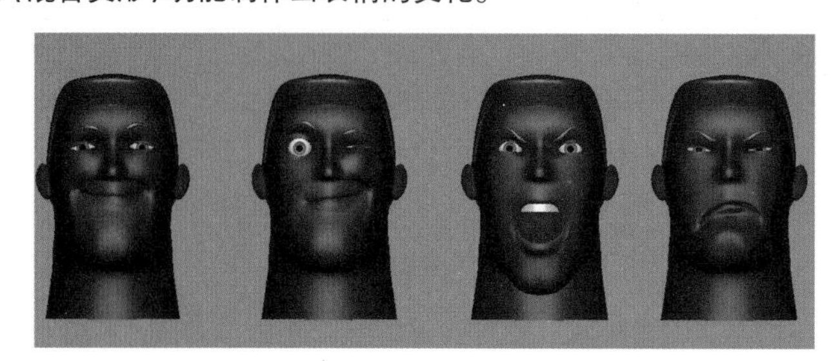

除了表情动画等变形动画，还有一类变形动画是对对象表面上的点的位置进行更改从而形成动画效果的动画。对象上的点成千上万，如果要一个一个点实现动画，工作量无疑非常巨大，Maya提供了一些变形器来提高操作效率，利用变形器可以制作出丰富的动画效果。

下面我们就开始学习变形动画。

4.1 混合变形

混合变形可以将具有相同的顶点（或 CV点）的图形进行混合，从而将一个对象的形状融合变形为另一个形状。在角色动画中，混合变形器通常用于面部动画设置。

混合变形有一个编辑器，通过这个编辑器可以控制每个混合变形目标对象的变形程度，创建新的混合变形，以及设置关键帧等。通常在使用混合变形编辑器之前，我们事先要准备好原始对象，以及由原始对象变形而产生的一个或多个新的目标模型，然后在混合变形编辑器中导入并制作混合变形动画。

在Maya模块下拉列表中选择Animation（动画）模块，先选择一个或多个目标对象，再加选原始对象，然后通过执行Create Deformer（创建变形器）>Blend Shape（混合变形）命令，可以创建混合变形。执行Window（窗口）>Animation Editor（动画编辑器）>Blend Shape（混合变形）命令，可以打开混合变形编辑器。执行Edit Deformers（编辑变形器）>Blend Shape（混合变形）下的级联命令可以对混合变形的某一属性进行编辑。

下面我们以如右图所示的人物表情为例讲解混合变形的一些具体的参数设置。

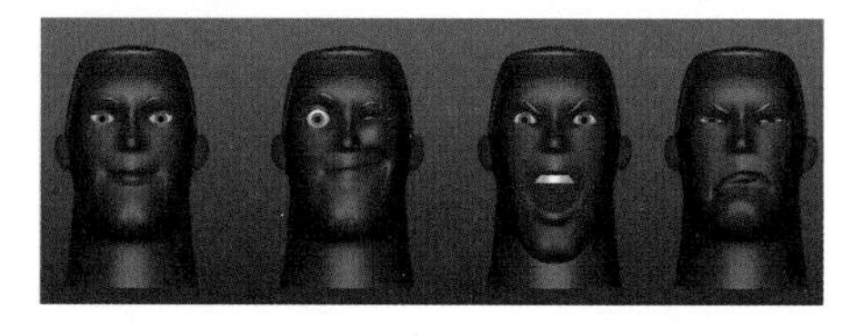

这是四个表情，按Shift键选择右边3个表情，再加选第一个表情。

单击Create Deformer（创建变形器）>Blend Shape（混合变形）后的选项设置按钮，弹出如下图所示的创建混合变形选项对话框，其中各选项功能如下。

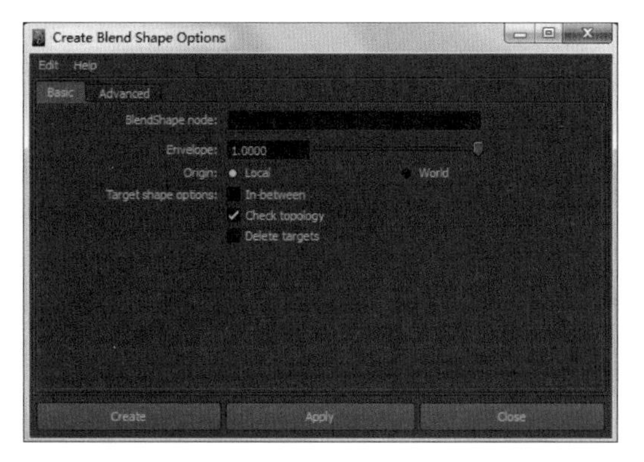

- **Blend Shape Node（混合变形节点）：**设置混合形状节点名称。
- **Envelop（封套）：**设置目标影响原始对象的大小，滑块设置范围为 1 至 0，但输入时可输入其他值，例如输入 2 则最后的混合变形影响程度会翻倍而不是目标物体的形状。默认为 1，影响最大时转变为目标对象形状。
- **Origin（原点）：**设置混合变形中控制变形是否受目标的位置、旋转或缩放的影响；选中 Local（局部）单选按钮会忽略，选中 World（世界）单选按钮则会考虑这些影响。
- **Target shape options（目标形状选项）**中各选项功能如下。
- **In-between（介于中间）：**所选择的几个目标形状将在一个混合变形中顺次进行。
- **Check topology（检查拓扑）：**默认为勾选，检查目标对象与原始对象拓扑结构是否相同。
- **Delete Target（删除目标）：**勾选时，在创建之后删除目标形状。如果需要继续修改目标对象，建议不勾选；如果目标对象形状不需要修改了可以勾选以删除，能够节约内存资源。

属性设置完毕后，单击Create（创建）按钮，再执行Window（窗口）> Animation Editor（动画编辑器）>Blend Shape（混合变形）命令，会弹出Blend Shape混合变形对话框，如下图所示。

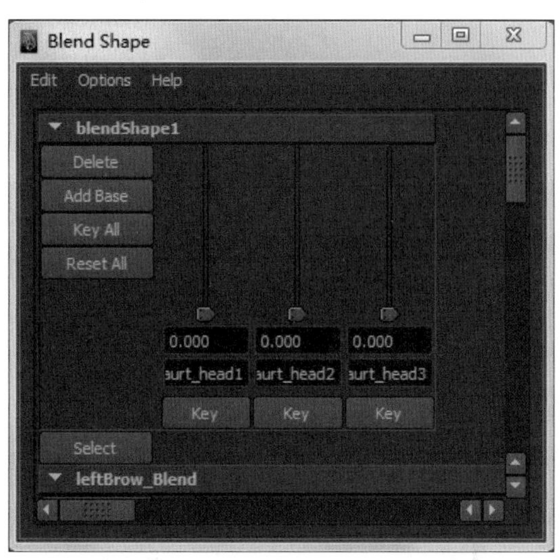

我们可以分别对滑块进行操作，可以得到不同的变形效果。

- **Key（关键帧）：**单击该按钮可以对关键帧做一种表情到另一种表情变化的动画效果。
- **Delete（删除）：**单击该按钮会删除当前混合变形。
- **Add Base（添加基础）：**移动滑块到一定位置，单击该按钮，在与基础相同的位置会创建一个新目标。该目标所对应的滑块会显示在编辑器中。

- **Key All（所有项设置关键帧）**：对当前所有滑块位置设置关键帧。
- **Reset All（全部重置）**：单击该按钮，则所有滑块返回到默认位置。

混合变形中某个变形的移除：在当前创建好的混合变形中，选择第二个表情，按住Shift键加选第一个表情，执行Edit Deformers（编辑变形器）>Blend Shape（混合变形）>Remove（移除）命令。此时再次打开Blend Shape（混合变形）对话框，只剩下两个滑块的变形。

混合变形中某个变形的增加：重新选择第二个表情，按Shift键加选第一个表情，执行Edit Deformers（编辑变形器）>Blend Shape（混合变形）>Add（添加）命令。则此时会在Blend Shape（混合变形）对话框中，加入第二个表情的变形。

混合变形中两个变形的互换：选择第3个和第4个表情，执行Edit Deformers（编辑变形器）>Blend Shape（混合变形）>Swap（交换）命令。则此时Blend Shape（混合变形）对话框中，第三个和第四个表情的变形互换。

4.2 簇变形

簇变形，是指通过创建一个簇来控制一组对象上的指定点的变形动画，这些点包括CV点、顶点或晶格点。所创建的簇实际上是选定点（包括CV、顶点或晶格点）的一个集，而且可以为每个点指定受影响的权重，即这些点受到簇的位移、旋转或缩放的影响程度。当簇运动时，受影响的点会根据权重做出相应的反应。

下面我们以一个多边形平面上的点为例，讲解簇的创建及其权重的绘制。

01 创建一个多边形平面，如下图所示。大小为10×10，宽和高的分段数为10×10。

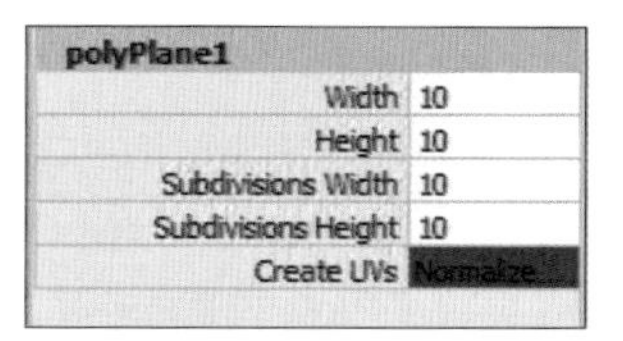

02 在平面上单击右键，进入Vertex（点选择）模式，选择如下图所示的点。

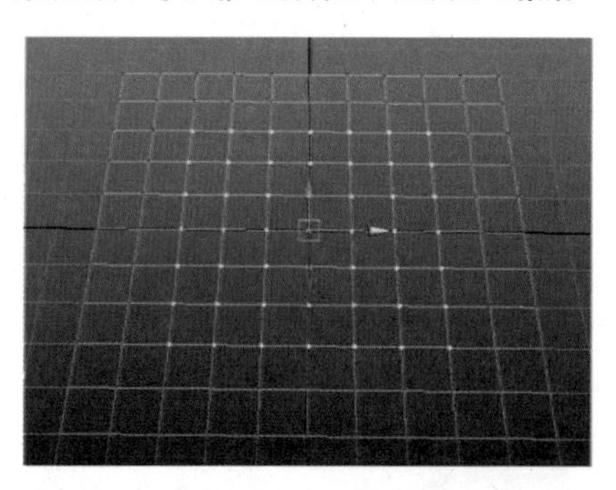

执行Create Deformers（创建变形器）>Cluster（簇）命令，则会生成一个C字样的簇变形器，如下图所示。

03 选择面片对象，按快捷键 5 使其实体显示，单击 Edit Deformers（编辑变形器）> Paint Cluster Wight Tool（绘制簇权重工具）后的选项设置按钮，则可以看到如下图所示的绘制权重的界面。

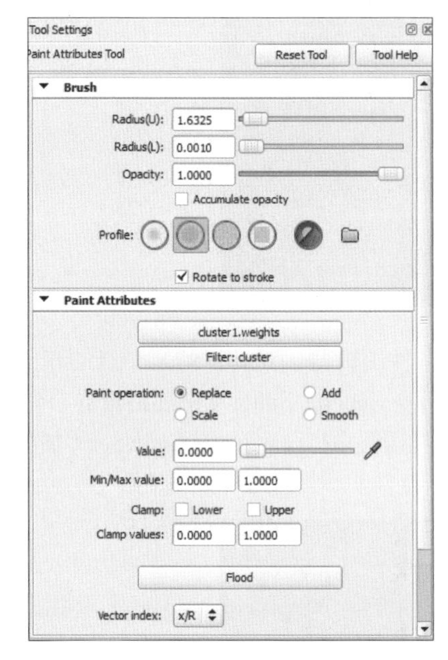

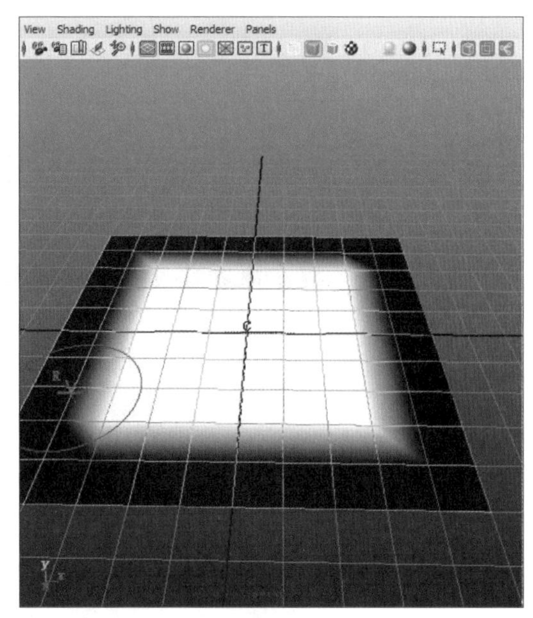

使用笔刷工具修改各点的权重，需要用到以下参数。

按住B键，滑动鼠标左键，可以改变笔刷的大小。

Paint Operation（绘制操作）中各选项如下。

- **Replace（替换）：** 以下面的 Value（值）值的权重大小替代当前点的权重。
- **Add（添加）：** 在当前点权重的基础上每画一笔增加一次下面的 Value（值）值的大小。
- **Scale（缩放）：** 在当前点权重基础上每画一笔减少一次下面的 Value（值）值的大小。
- **Smooth（平滑）：** 在当前各点权重的基础上使各点之间的权重平滑过渡。
- **Value（值）：** 每次使用笔刷修改的数量值的大小。

04 利用上面的参数，将面片上簇的权重绘制如下，中心点与中心点周围第一圈点的权重值为 1，中心点周围第二圈点的权重值为 0.6，中心点周围第三圈点的权重值为 1。

05 选择 C 字形的簇变形器，用移动工具在 Y 轴上移动一段距离，则可以看到效果如下图所示。

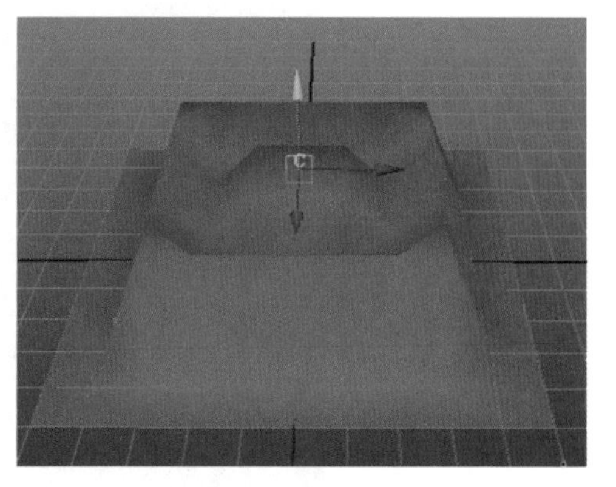

由此可见簇变形器对各点的权重的影响，我们可以继续用第3步的操作对点的权重进行修改，直到得到满意的效果为止。利用C字形的簇变形器的移动、旋转、缩放属性，我们可以对它所控制的点进行变形，并打关键帧进行动画的处理。如下页图所示。

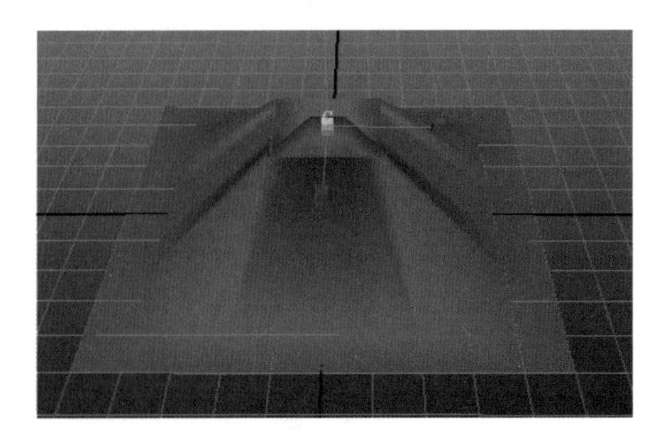

06 除了运用笔刷来调整点的权重值之外，我们也可以利用组件编辑器，对具体的某个点的权重值进行精确的控制。选择簇变形器控制的一些点，执行Window（窗口）> General Editor（常规编辑器）> Component Editor（组件编辑器）命令，弹出如下图所示的对话框，在该对话框中打开Wighted Deformer（加权变形器）选项卡，即可对所选择的各个点的权重值进行精确的更改。

这里我们把权重值全部更改为0，按Enter键，则效果如下图所示，说明当权重值为0时，这些点已经不受簇变形器控制了。

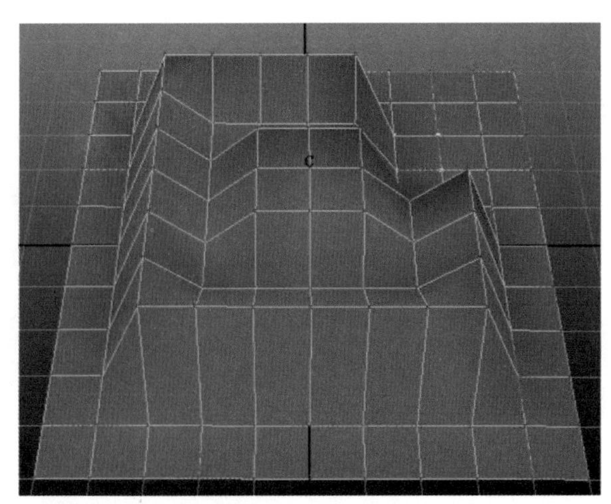

4.3 晶格变形

晶格变形，是指利用一个方形的不被渲染的晶格包裹着对象，通过控制晶格的变形来对所包裹的对象进行变形，如下图所示。

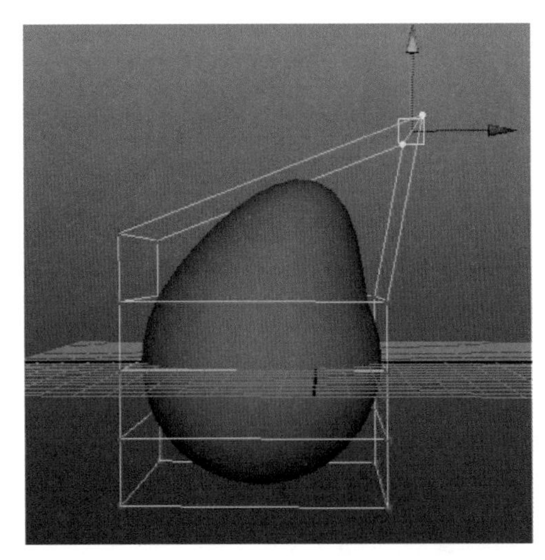

晶格是一种点状的结构，可对包裹的对象自由变形。要创建变形效果，可以通过移动、旋转或缩放晶格整体结构或通过直接操纵晶格的点来对晶格进行变形，从而对所控制的对象进行变形。

下面我们通过一个球体的变形来讲解晶格变形的创建及编辑。

01 创建一个多边形球体，单击 Create Deformers（创建变形器）> Lattice（晶格）后的选项设置按钮，弹出如下图所示的对话框。

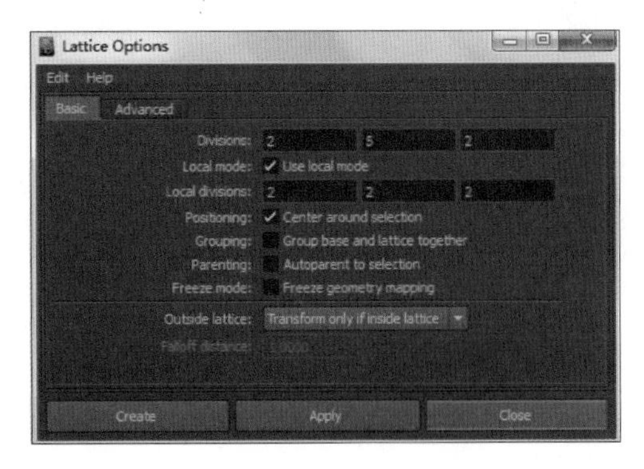

该对话框中的各选项如下。

- **Divisions（分段）：** 对晶格的 STU 坐标系的三个方向的分段数进行设置，此分段数在通道栏的 SHAPES（形状）> ffd1LatticeShape 下也可进行设置，默认为 2,5,2 的分段，因此共 20 个晶格点。
- **Local Mode（局部模式）：** 默认为勾选，勾选时，每个晶格点只影响附近（局部）的可变形对象的点，取消勾选则可以影响所有可变形对象的点。
- **Local divisions（局部分段）：** 通过分段数控制每个晶格点在晶格的局部 STU 空间方面的局部影响范围。默认为 2,2,2。
- **Positioning（位置）：** 用于设置所创建的晶格是以选定可变形对象为中心，还是放置在原点。勾选时以指定对象为中心，不勾选时以原点为中心。
- **Grouping（分组）：** 用于指定是否将影响晶格和基础晶格编组在一起。
- **Parenting（建立父子关系）：** 用于指定是否在创建变形器时将选定的变形对象作为晶格的父对象。勾选则指定变形物体为父对象，取消勾选则不产生父子关系。

- **Freeze Mode（冻结模式）：**用于指定是否冻结几何体映射。如果勾选，则将对象冻结在晶格内，并仅受影响晶格的影响。

Outside lattice（外部晶格）有三个选项。

- **Transform Only If Inside Lattice（仅在晶格内部时变换）：**默认选择该项。仅在基础晶格内的点变形。
- **Transform All Points（变换所有点）：**所有目标对象的点（晶格内部和外部）都由晶格变形。
- **Transform If Within Falloff（在衰减范围内则变换）：**指定衰减距离内的点将由晶格变形。
- **Falloff Distance（衰减距离）：**用于指定受晶格变形器影响点的距离。如果设置为2，则对其周围两个晶格宽度范围内的点起作用，其影响的衰减将线性降低。该选项仅在勾选Transform If Within Falloff（在衰减范围内则变换）复选框时可用。

02 我们采用默认值，单击 Create（创建），建立一个晶格变形器。下面我们改变晶格变形器的分段数。选择晶格在通道栏中的 SHAPES（形状）栏 下 ffd1LatticeShape，我们可以看到如右图所示的参数。

SHAPES
ffd1LatticeShape
S Divisions 3
T Divisions 4
U Divisions 3

分别对S、T、U分段数进行修改，设置为3,4,3，结果如下图所示。这样我们就对可控制的晶格变形点的分段数进行了修改。分段数越多，晶格点越多，控制变形越精细。

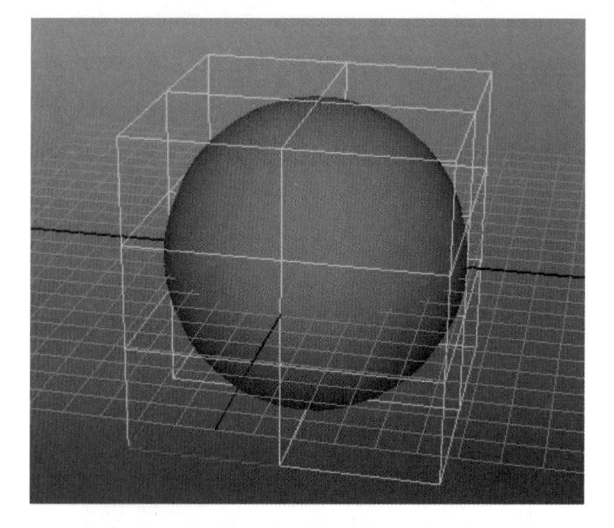

03 下面通过改变晶格的变形来对球体进行变形。选择晶格，对晶格进行移动、旋转、缩放，观察球体的变化，可以得知球体会随晶格的运动和变形整体地发生运动和变形。如对晶格整体在 Y 轴上缩放 0.5，即将晶格的 Scale Y（缩放 Y）更改为 0.5，效果如下图所示。

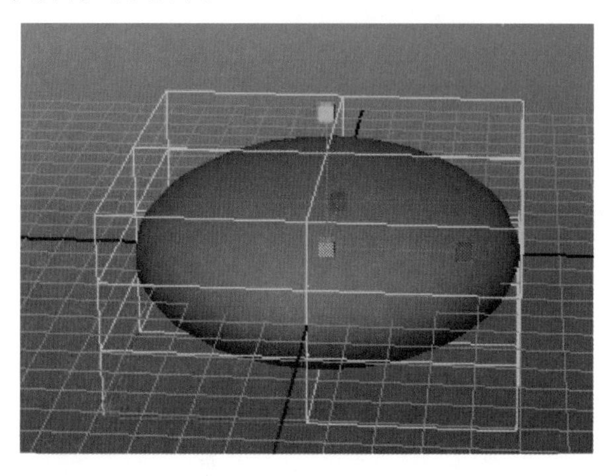

04 除了可以对晶格整体进行变化来变形球体之外，我们还可以控制晶格点的变形来控制球体的局部变形。将晶格的 Scale Y（缩放 Y）更改为原来的 1，在晶格上单击右键，弹出右键菜单如下图所示。

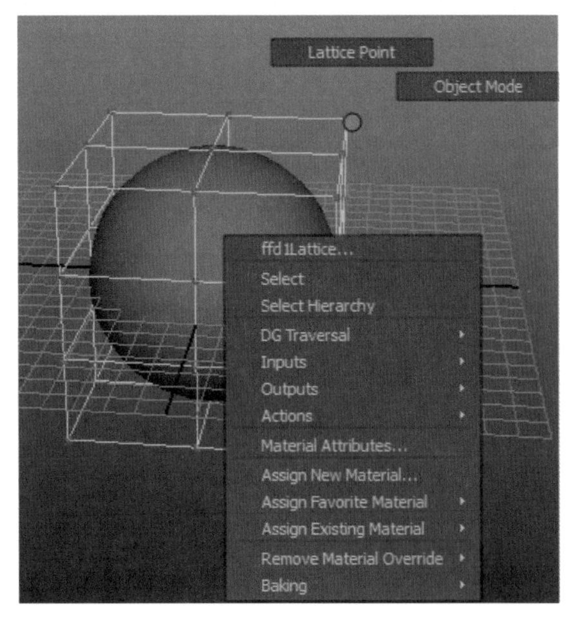

选择Lattice（晶格点），进入晶格点选择模式。选择晶格上的一个点进行移动，可以看到球体的某一部分发生了变形。如下图所示。

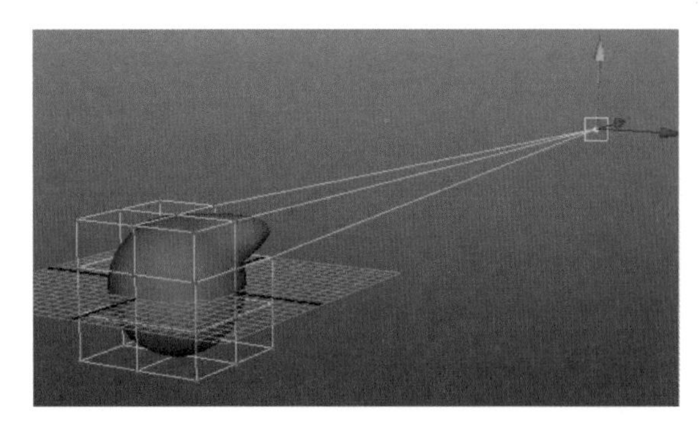

05 按快捷键 Ctrl+Z 返回上一步，选择上两排晶格点，然后运用缩放工具进行缩放，如下图所示，我们可以创建一个简单的蘑菇模型。

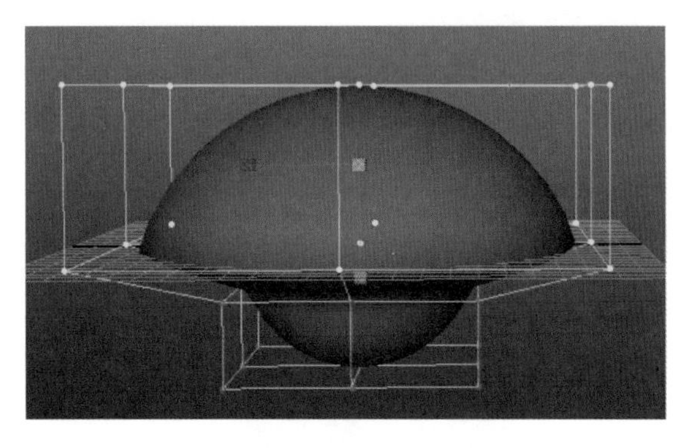

06 若要进行变形动画，可以选择若个点，对这些点按 S 键设置关键帧，然后在另一个时间点对这些晶格点变形，再按 S 键设置关键帧，这样即可产生变形动画。

Chapter 05 约束

※ 本章概述

本章主要讲述动画及绑定中常用的辅助工具：约束。约束可以对动画效果进行限制，从而达到理想的状态。本章讲述了约束中经常用到的点约束、方向约束、目标约束、父子约束、缩放约束、法线约束、极向量约束等，对相关的参数进行了详细的解释，并用不同的动画案例对其用法进行了介绍。

※ 核心知识点

❶ 约束相关概念及其作用的理解
❷ 约束的创建方法及其作用的方式
❸ 常见约束的参数设置及其作用
❹ 约束的权重及其影响
❺ 常见类型约束在动画中的应用

约束是指将某个对象的某些属性，例如位置、方向或缩放属性约束到其他对象上，在其他对象运动和变化的同时，此对象被约束的这些属性也相应发生改变。因此，可以说约束是对动画的一种限制。例如，一只手拿着一本书放到桌上，那么书要随着手的运动而运动，这就需要用到父子约束，而在放到桌上后，手离开书的时候则需要解除父子关系。再例如，眼睛看着一个移动的物体，如苍蝇，则需要用到目标约束将瞳孔的目标方向约束到苍蝇上。

在学习约束之前需要了解几个概念：被约束对象、目标对象、目标点、目标对象权重。

- **被约束对象：**位置、方向、缩放等属性被其他对象约束的对象。
- **目标对象：**用来约束被约束对象的一个或多个对象，被约束对象的某些属性以目标对象的属性为目标。
- **目标点：**目标对象的枢轴点的位置。如果目标对象为多个对象，那么所有对象枢轴点的平均位置就是目标点。
- **目标对象权重：**被约束对象受目标对象影响的程度。当目标对象的权重为 0 时，目标对象不会对被约束对象产生影响。当目标对象的权重为 1 时，约束会完全影响被约束对象。

除这几个概念之外，约束的操作顺序也需要注意：创建一个约束时，需要先选择目标对象，再加选被约束对象，然后创建约束。

下面开始学习Maya中几种常见的约束。

5.1 点约束

点约束使被约束对象向着并跟随目标对象目标点的位置移动，目标对象可以是一个对象，也可以是几个对象。点约束用于使一个对象跟随或匹配其他对象的运动。

点约束是对被约束对象的位置属性进行约束，即对被约束对象的Translate X（平移X）、Translate Y（平移Y），以及Translate Z（平移Z）的数值进行约束，在创建了点约束后通道栏里被约束对象的这3个属性会变成蓝色，以示区别。

下面以一个简单的例子来介绍点约束的创建。

01 创建两个多边形球体，一大一小，选择小的球体，再按住Shift键加选大的球体，单击Constrain（约束）>Point（点）后的选项设置按钮，弹出如右图所示的对话框。

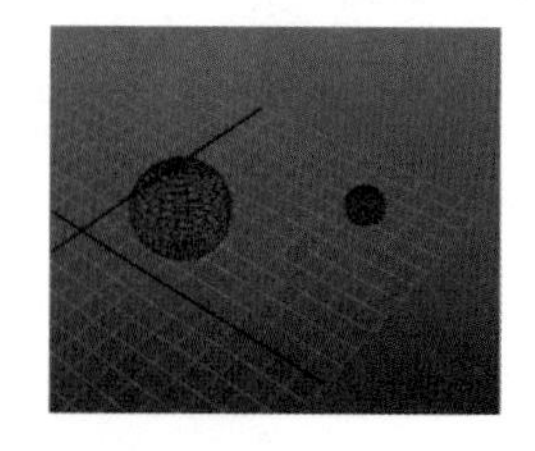

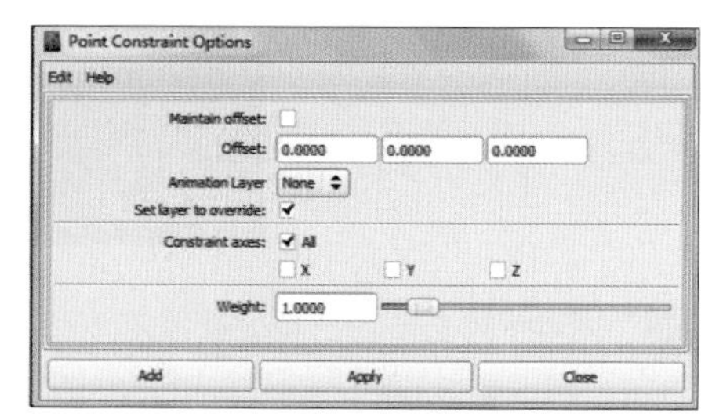

该对话框中的各选项功能如下。

- **Maintain Offset（保持偏移）：**保持被约束对象与目标对象间的原始相对位移。取消勾选则受约束对象位置会改变原始位置而与目标点位置重合。如下图所示。默认为取消勾选。

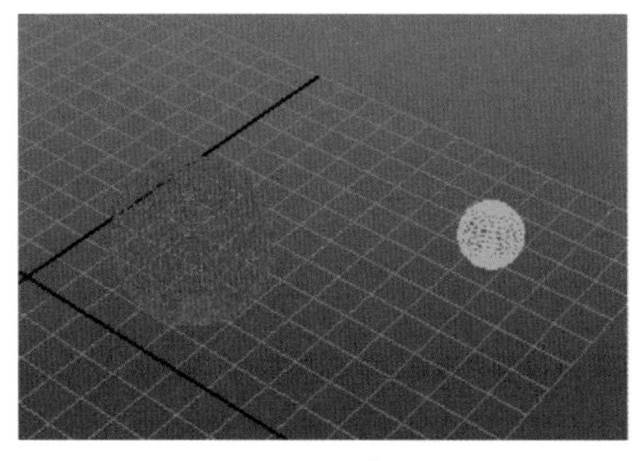

勾选“保持偏移”复选框

取消勾选“保持偏移”复选框

- **Offset（偏移）：**指定被约束对象相对于目标点的偏移距离，即平移 X、Y 和 Z 的偏移量。默认值为 0。勾选“保持偏移”复选框时此项不可用，不勾选时可自由设定偏移量。如下图所示为取消勾选“保持偏移”复选框时，将 Y 方向偏移量设置为 5 时的结果。

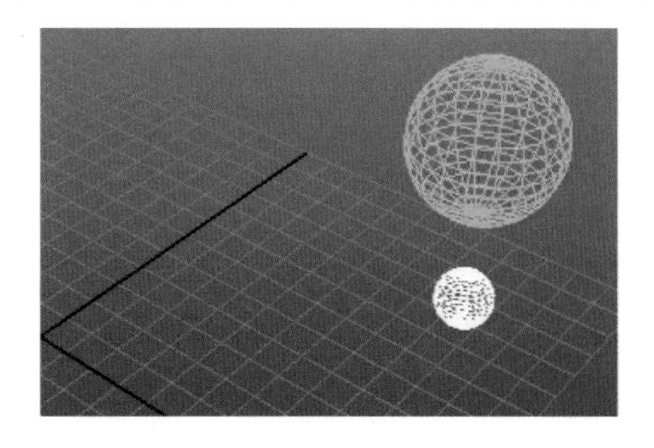

Maintain offset: ☐
Offset: 0.0000 5.0000 0.0000

- **Animation Layer（动画层）：**选择添加点约束的动画层。
- **Set Layer To Override（将层设置为覆盖）：**启用时，将约束添加到动画层时设定为覆盖模式。默认启用。禁用时，层模式会设定为相加模式。
- **Constraint Axes（约束轴）：**确定是否将点约束限制到特定轴（X、Y、Z）或 All（全部）轴。
- **Weight（权重）：**设定被约束对象的位置受目标对象影响的程度。滑块值范围在 0.0000 到 10.0000 之间。默认值为 1。

02 假如目标对象为多个对象，则点约束以多个对象的平均位置为目标点，建立大、中、小三个小球。选择小和中两个小球，按 Shift 键加选大球，单击 Constrain（约束）> Point（点）后的选项设置按钮，不勾选 Maintain Offset（保持偏移）复选框，如下图所示。

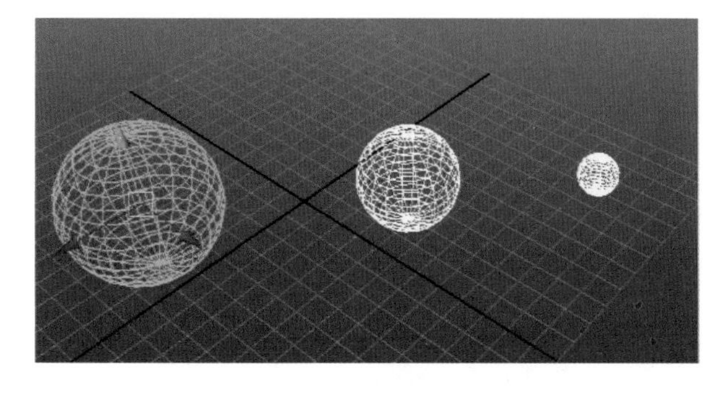

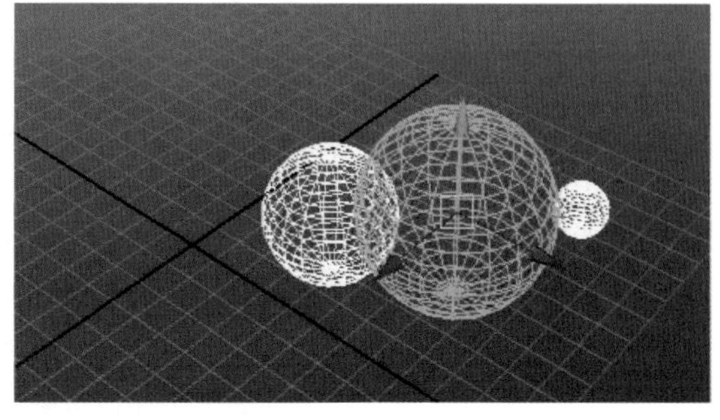

从上图中可以看出，受约束对象大球以小球和中球的平均位置为目标点创建了约束。

此时在大球的通道栏里展开SHAPES（形状）栏里的pSphere4_pointConstraint1（大球的点约束栏），如下图所示，则在红框标注的位置可以分别设置小球和中球对大球点约束的权重值的大小。

如果将小球的权重P Sphere 3W0设置为1000，则结果如下图所示，此时大球受小球影响要比受中球影响大很多，移动小球，大球跟随移动；而移动中球，大球则不为所动。

SHAPES
pSphereShape4
pSphere4_pointConstraint1

Node State	Normal
Offset X	0
Offset Y	0
Offset Z	0
P Sphere 3W0	1
P Sphere 2W1	1

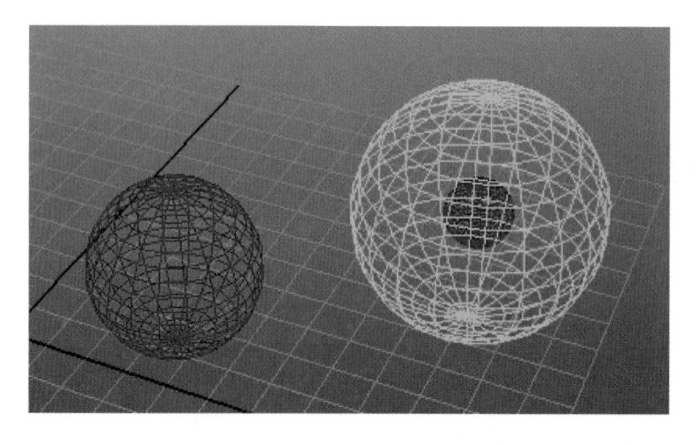

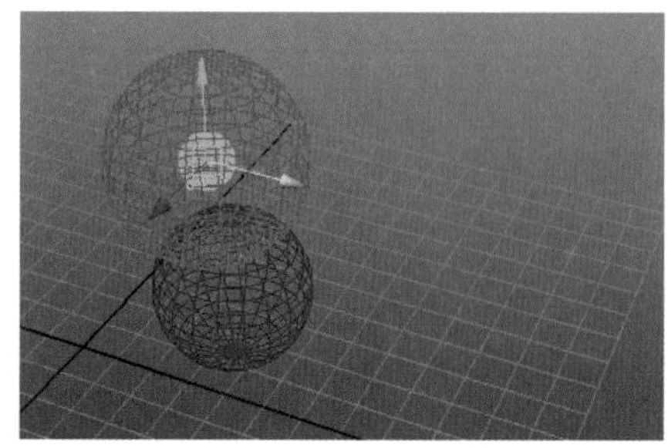

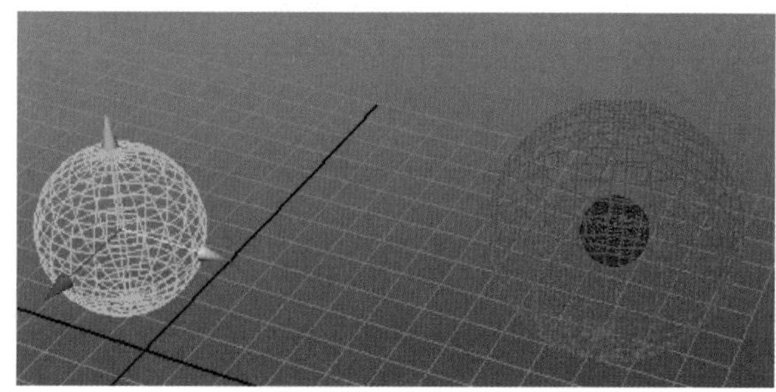

03 创建完点约束后，移动目标对象，则受约束对象会根据点约束权重的大小，跟随目标对象产生位移。创建点约束的目的即在此。

5.2 方向约束

方向约束是指将被约束对象的方向与目标对象的方向进行匹配，以此来对被约束对象的方向进行约束。方向约束可以同时约束几个被约束对象的方向。例如，一排军人执行命令“向右看”，可以为最边上军人的头部设置转头的动画，再对军人头部创建方向约束，这样可以使这一排军人同时转头向右看齐。

下面以多边形长方体为例讲解方向约束的创建。

01 创建一小一大两个长方体，赋予不同颜色材质以便于观察，如下图所示。

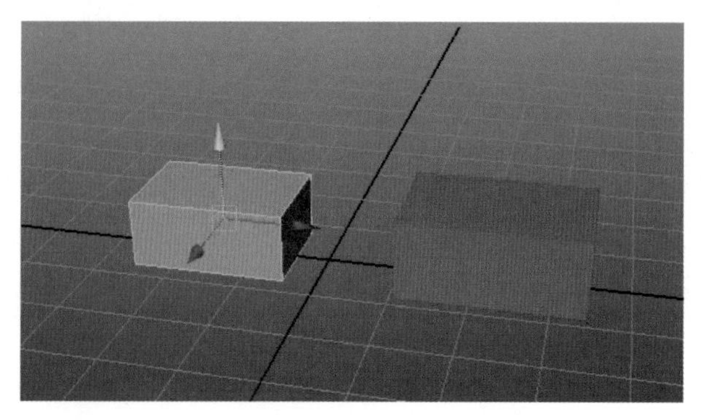

02 选择较小的长方体，按住 Shift 键加选较大的长方体，单击 Constrain（约束）> Orient（方向）后的选项设置按钮，弹出的对话框如下图所示。

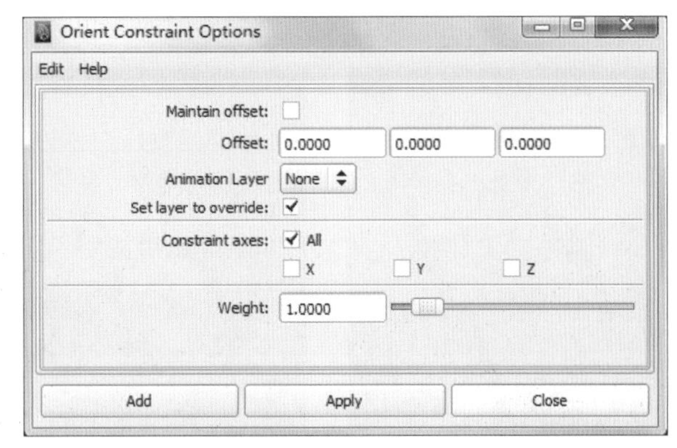

该对话框中的参数基本上与点约束设置对话框，这里就不再赘述。

只对Maintain Offset（保持偏移）进行解释，对于方向约束而言，勾选该复选框，则被约束对象会在之前自身旋转角度和方向的基础上，与目标对象旋转的方向相匹配，其方向并不一定会与目标对象完全一致；而不勾选复选框，则被约束对象的方向会完全与目标对象匹配。

如下图所示，在创建方向约束之前，先将较大的长方体沿Y轴旋转一定角度。再选择较小的长方体，按住Shift键加选较大的长方体，执行Constrain（约束）> Orient（方向）后的选项设置按钮，在打开的对话框中勾选Maintain Offset（保持偏移）复选框，旋转小长方体之后的结果如下图所示。

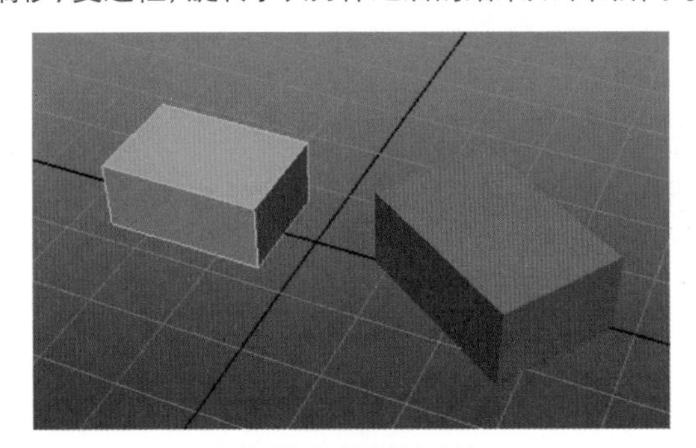
勾选“保持偏移”复选框

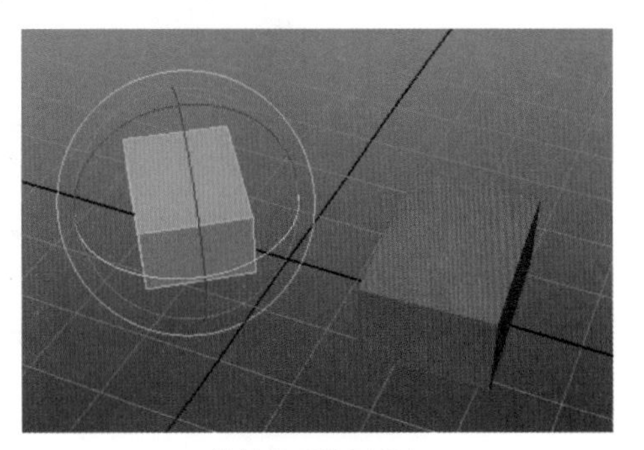
旋转之后结果（1）

不勾选Maintain Offset（保持偏移）复选框，选择小长方体之后的结果如下图所示。

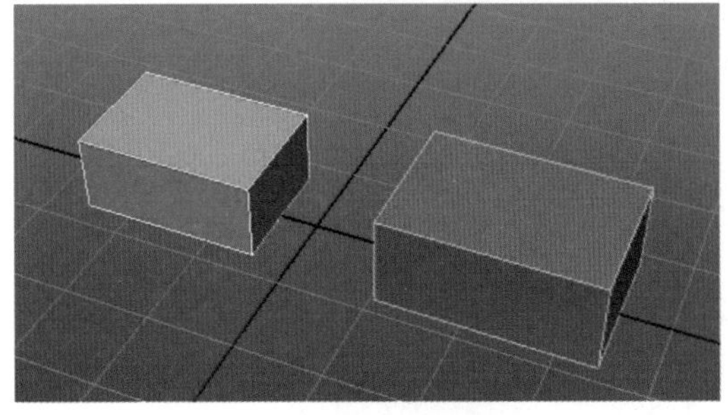
不勾选“保持偏移”复选框

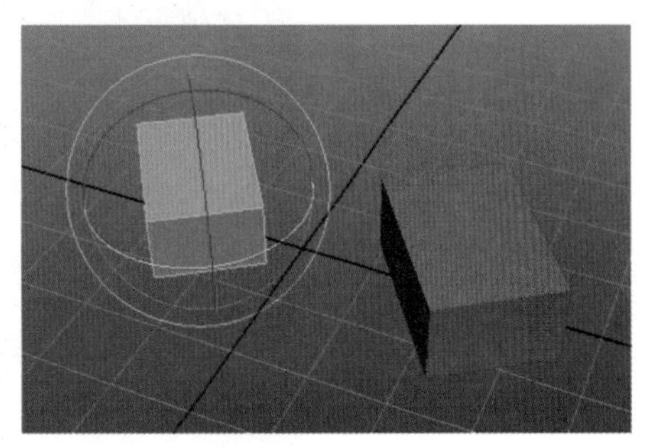
旋转之后结果（2）

03 除了对单个对象的方向进行约束之外，还可以对多个受约束对象的方向进行约束。有一个小长方体，后面有若干较大长方体。分别均以小长方体为目标对象，对后面较大长方体创建方向约束。然后旋转小长方体，结果如下图所示。

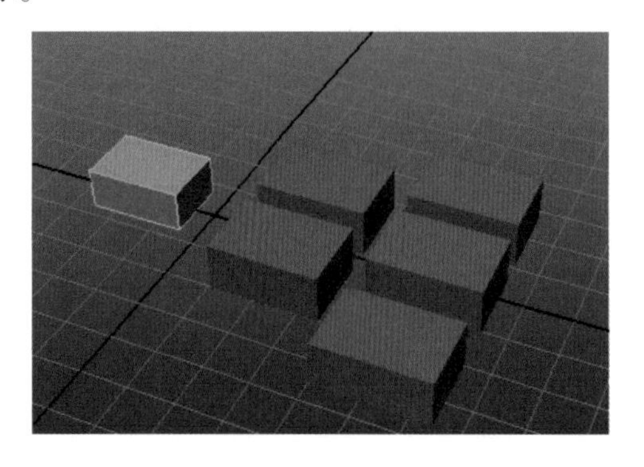

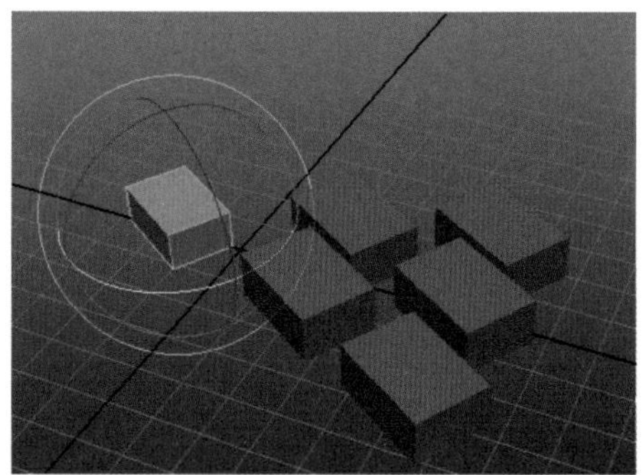

5.3 目标约束

目标约束可对被约束对象的方向进行约束，使其始终对准目标对象。例如，使用目标约束使舞台灯光对准舞台上的人，或使摄影机始终跟踪某个对象。在角色绑定中，使用目标约束可以设置定位器控制眼球转动的方向。

下面以两只眼球为例讲解目标约束的创建。

01 如下图所示，场景中创建了一个头部，头部前有一个小球。

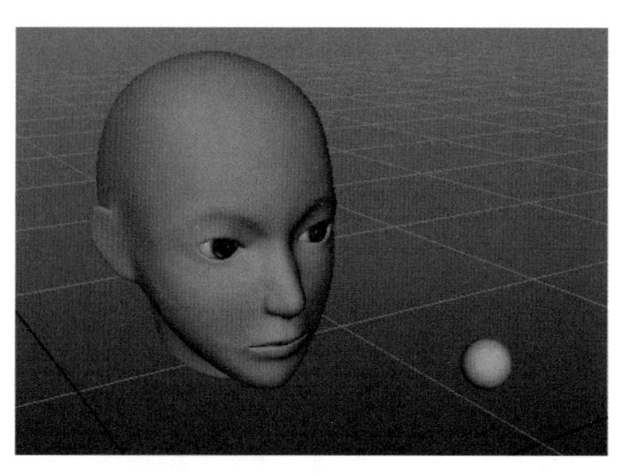

02 选择球体，按住 Shift 键加选左侧眼球，单击 Constrain（约束）> Aim（目标）后的选项设置按钮，弹出的对话框如下图所示。

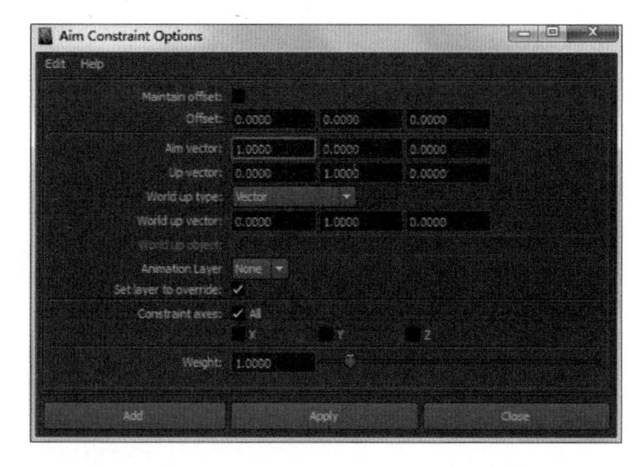

上图的大多数参数与之前的点约束相同，这里仅针对目标约束特有的参数进行讲解。

- **Maintain Offset（保持偏移）：**保持被约束对象被约束之前的状态，如位移和旋转等。勾选该复选框可以保持被约束对象的空间位置和旋转方向。
- **Aim Vector（目标向量）：**指定目标向量相对于被约束对象的局部空间的方向。目标向量将指向目标点。默认值为（1.0000, 0.0000, 0.0000），指定对象在X轴正半轴的局部旋转与目标向量对齐，以指向目标点。
- **Up Vector（上方向向量）：**指定上方向向量相对于受约束对象的局部空间的方向。默认值为（0.0000, 1.0000, 0.0000），指定对象在Y轴正半轴的局部旋转与上方向向量对齐，尝试与世界上方向向量对齐，即世界坐标系的正Y轴正半轴的方向。
- **World Up Vector（世界上方向向量）：**指定世界上方向向量相对于场景的世界空间的方向向量。默认指向世界空间的Y轴正轴的方向（0.0000, 1.0000, 0.0000）。
- **World Up Object（世界上方向对象）：**指定上方向向量所指向的对象的原点。如果未指定世界上方向对象，则上方向向量会尝试对准场景的世界空间的原点。

03 在上图的对话框中，勾选Maintain Offset（保持偏移）复选框，单击Add（添加）按钮，为眼球创建一个目标约束，对右侧的眼球重复以上操作，使小球也作为右侧眼球所对准的目标对象。移动小球，发现眼球始终会随着小球的运动而转动。如下图所示。

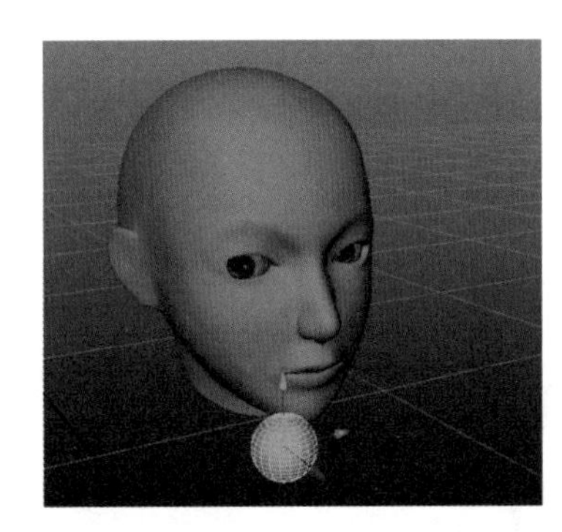

5.4 父子约束

父子约束，是指一个对象的位移和旋转属性同时受到另一个对象的约束，这个对象与另一个对象关系类似于父子关系，但是却不同于父子关系。一方面父子关系没有权重可以设置，如果需要在某个时间点临时解除父子关系，则需要复制对象，重新设置动画；另一方面父子关系里一个子对象只能有一个父对象，如果这个对象要同时受好几个对象的影响，父子关系就没办法实现。这两点在父子约束里均可以简单地实现。

父子约束的创建方法同前面的约束的创建方法相似，参数设置也基本相似，不再赘述。

下面以一个小例子来说明父子约束的作用。

01 如下图所示，场景中有一枚磁铁，地面上有一块铁板，还有一个方形工作台，现在要用磁铁将铁板吸起，带到工作台后，磁性消失，铁板放到工作台，磁铁离开。当前制作了磁铁第0帧起始，第8帧到铁板上空位置，第16帧到工作台位置，第24帧离开结束位置的移动关键帧动画。下面将利用父子约束将铁板送到工作台。

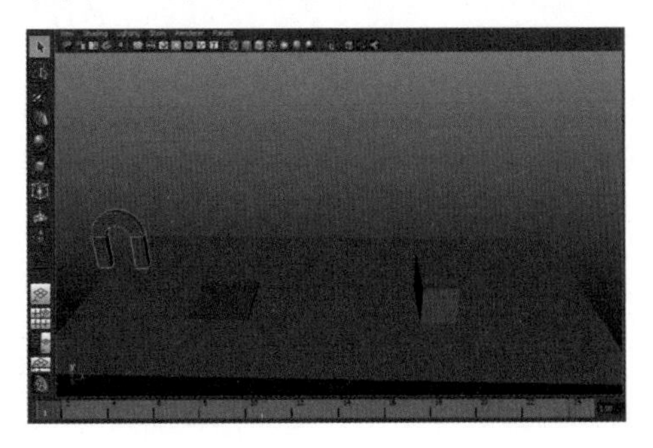

02 将时间轴移动到第 8 帧，选择地面，按住 Shift 加选铁板，单击 Constrain（约束）> Parent（父对象）后的选项设置按钮，勾选 Maintain Offset（保持偏移）复选框，单击 Add（添加）按钮，创建铁板的父子约束 1；接着选择磁铁，按住 Shift 加选铁板，执行 Constrain（约束）> Parent（父对象）后的选项设置按钮，取消 Maintain Offset（保持偏移）复选框的勾选，单击 Add（添加）按钮，创建铁板的父子约束 2；现在地面和磁铁是铁板的两个父目标对象，如下图所示。

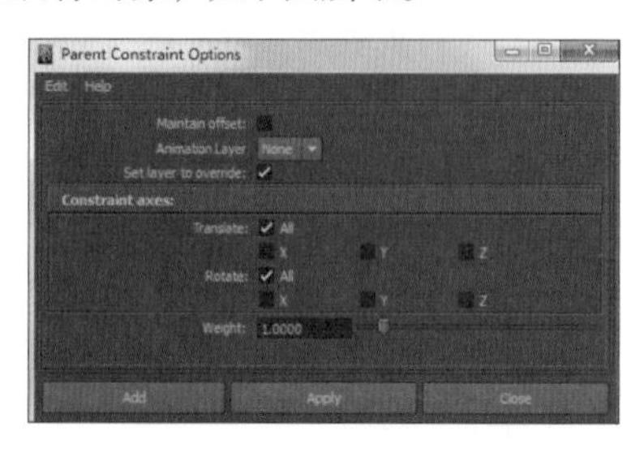

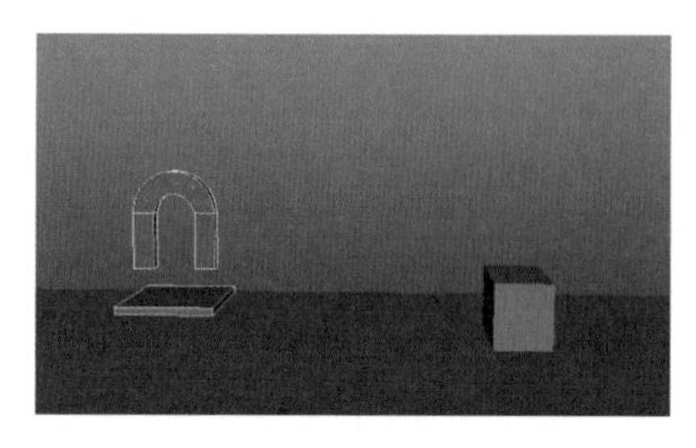

03 由上图可以看出，铁板是浮在半空中的，这是因为两个父目标对象同时起作用，权重效果是一半一半。选择铁板，在通道栏的 SHAPES（形状）栏中可以看到有两个权重值，如右图所示。

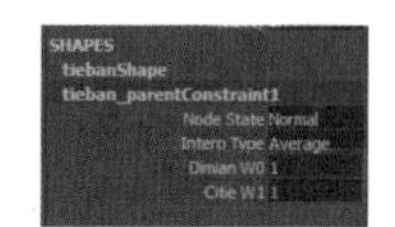

通道栏中红色框内，Diman W0和Citie W1分别表示地面和磁铁对铁板父约束的权重。当前我们将地面的权重更改为0，让磁铁的权重完全发挥作用，这样铁板就被吸引到磁铁上去了。即Diman W0为0，Citie W1为1，在这两个属性名称上右击，在弹出菜单中选择Key Selected（为选定项设置关键帧）命令，为这两个属性记录关键帧。更改完之后的效果如下图所示。

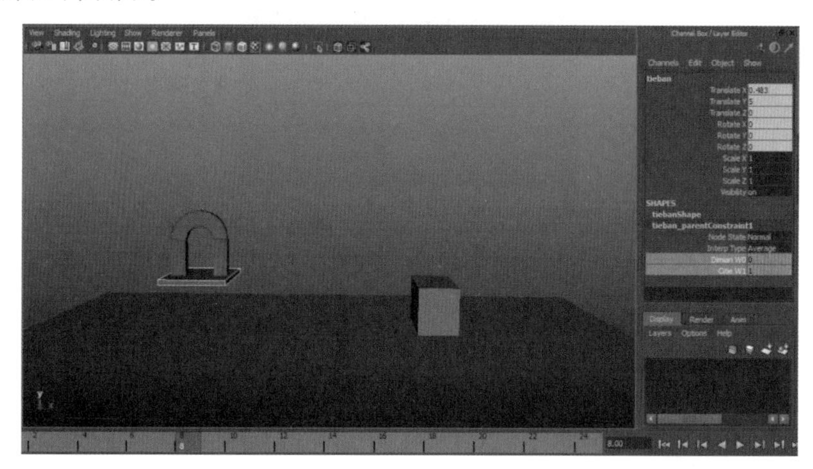

04 将时间轴移到第 16 帧，此时磁铁吸着铁板到了工作台上空，下一帧磁铁需要松开铁板。将通道栏中 Diman W0 和 Citie W1 上右击，在弹出菜单中选择 Key Selected（为选定项设置关键帧）命令，再次记录关键帧，如下图所示。

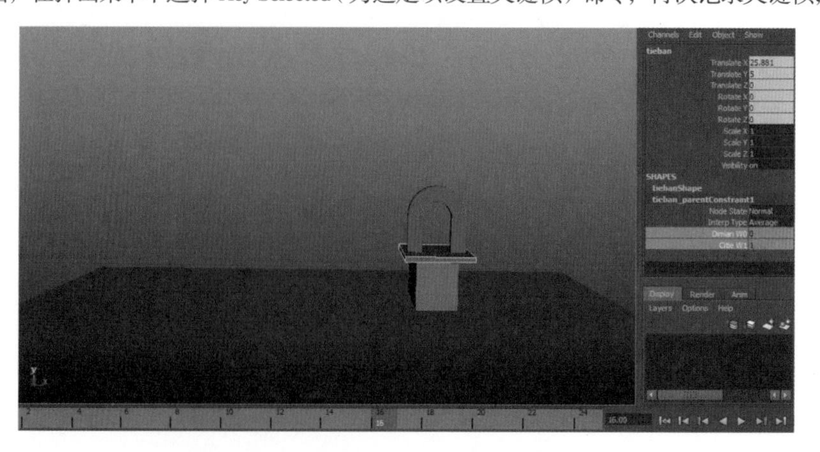

05 将时间轴移到第 17 帧，此时磁铁松开铁板，将通道栏中 Diman W0 更改为1，Citie W1 更改为10；则此时磁铁对铁板不起作用，铁板放置在了工作台。在 Diman W0 和 Citie W1上右击，在弹出菜单中选择 Key Selected（为选定项设置关键帧）命令，记录关键帧。效果如下图所示。

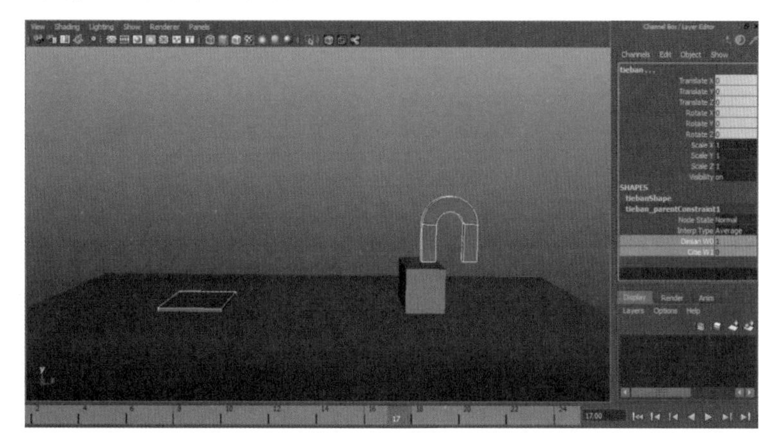

06 由上图可以看出，铁板又回到地面上，没有关系，接下来可以通过节点属性来修复。现在先回到第 7 帧，如下图所示。

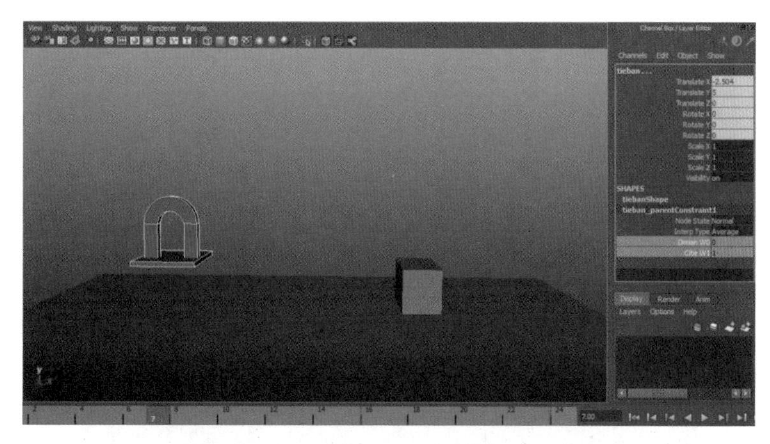

可以看到，第7帧的磁铁也吸着铁板，再往前到第1帧，仍然吸着铁板，因为磁铁到铁板上空才让它吸引铁板，所以在第7帧我们要让铁板回到地面，将通道栏中的Diman W0更改为1，Citie W1更改为10，在Diman W0和Citie W1上右击，在弹出菜单中选择Key Selected（为选定项设置关键帧）命令，记录关键帧。效果如下图所示。

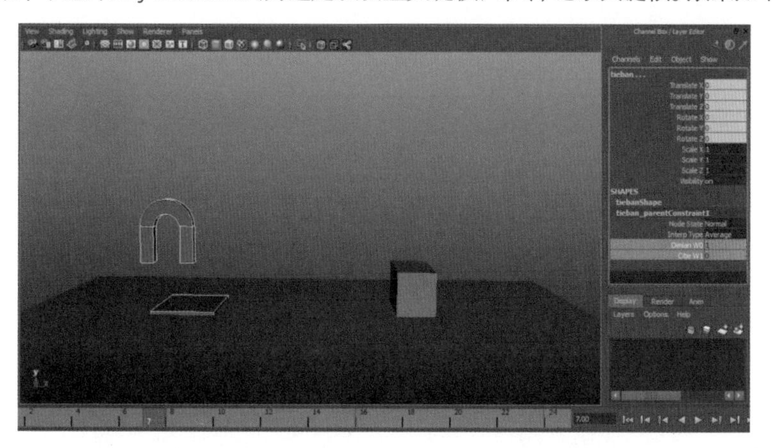

07 接下来，来解决第17帧后铁板回到原处的问题。选择铁板，将时间轴移到第16帧，在Node State（节点状态）上右击，在弹出菜单中选择Key Selected（为选定项设置关键帧）命令，记录关键帧；将时间轴移到第17帧，将Node State（节点状态）更改为Waiting Normal（等待-正常），右击，在弹出菜单中选择Key Selected（为选定项设置关键帧）命令，记录关键帧，如下图所示。播放动画，至此，利用父子约束将铁板放到工作台上的案例制作完成了。

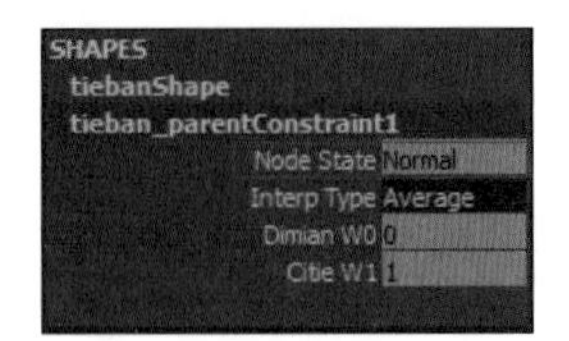

第16帧

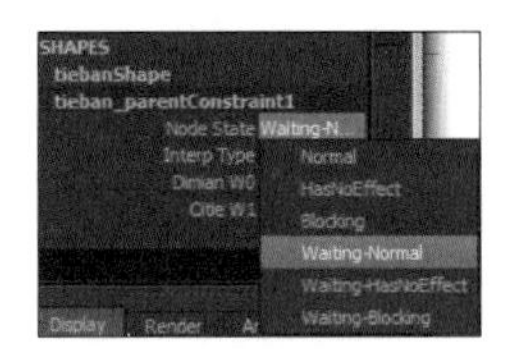

第17帧

5.5 缩放约束

缩放约束可以约束一个缩放对象，使其缩放的程度与另外一个或多个对象的缩放相匹配。该约束在同时缩放多个对象时非常有用。

缩放约束的创建方式与点约束相同，基本参数也相同，在此不再赘述。

下面以一个案例来讲解其创建过程。

01 如下图所示为4根圆柱，现在以最左边第一根为目标对象，使其他柱子的缩放受第1根柱子的缩放所约束。

02 选择第1根柱子，按住Shift键加选第2根，单击Constrain（约束）> Scale（缩放）后的选项设置按钮，弹出的对话框如下图所示。取消勾选Maintain Offset（保持偏移）复选框，单击Add（添加）按钮，创建缩放约束。缩放第1根柱子，则第2根随之缩放，且比例相同。

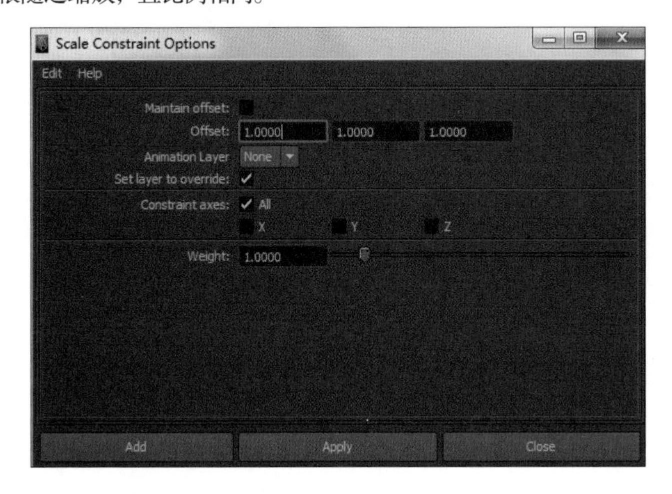

03 选择第 3 根柱子，先对其进行缩放，在通道栏中将 Scale（缩放）X\Y\Z 设置为 0.5，如下图所示。

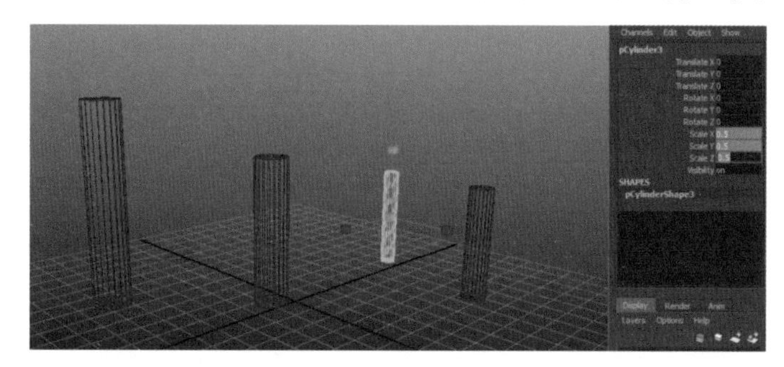

选择第1根柱子，按住Shift加选第3根，单击Constrain（约束）> Scale（缩放）后的选项设置按钮，弹出对话框，取消勾选Maintain Offset（保持偏移）复选框，单击Add（添加）按钮，可以看到第3根柱子的Scale（缩放）X\Y\Z值均变为1，表明取消勾选Maintain Offset（保持偏移）复选框，则会以目标对象为准进行缩放。如下图所示。

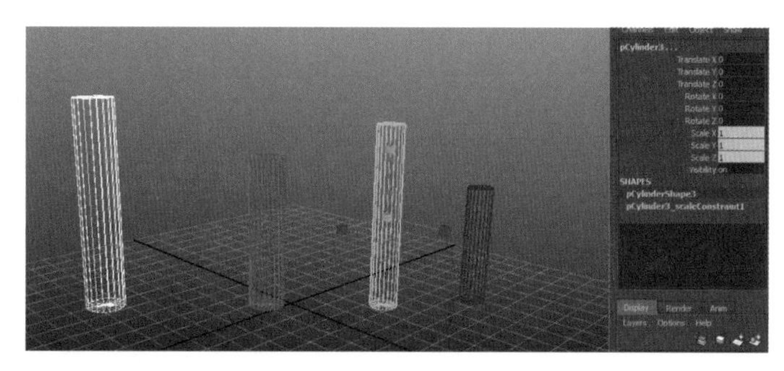

04 选择第 4 根柱子，先对其进行缩放，在通道栏中将 Scale（缩放）X\Y\Z 设置为 0.5，如下图所示。

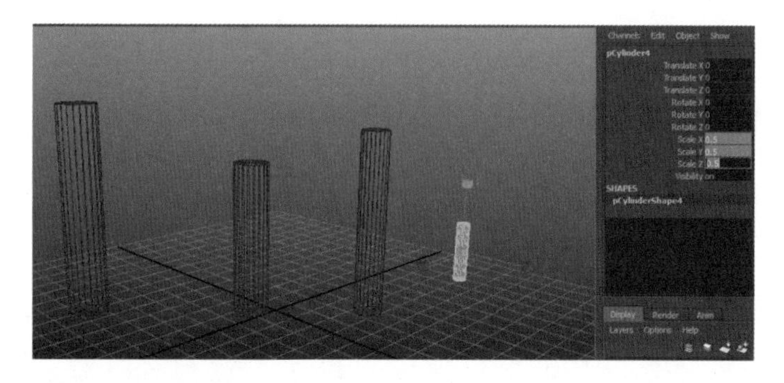

选择第1根柱子，按住Shift键加选第4根，单击Constrain（约束）> Scale（缩放）后的选项设置按钮，弹出对话框，勾选Maintain Offset（保持偏移）复选框，单击Add（添加）按钮，可以看到第3根柱子的Scale（缩放）X、Scale（缩放）Y、Scale（缩放）Z值均变为1，表明勾选Maintain Offset（保持偏移）复选框，则在保留自身缩放的基础上受目标对象缩放约束。如下图所示。

05 现在，选择第 1 根柱子，缩放，可以看到第 2、3、4 根柱子随之同比例缩放。如下图所示。

5.6 法线约束

法线约束可约束被约束对象的方向，以使其与 NURBS 曲面或多边形面（网格）的法线向量对齐。当对象在某个复杂形状的曲面表面上移动，而不发生穿面现象时，例如让一辆车在曲折颠簸的路面上行使，此时法线约束很有用。

法线约束通常与几何体约束结合使用。

法线约束的创建方式为：选择目标对象，加选被约束对象，选择Constrain（约束）> Normal（正常）命令。

下面以一个方块在曲面上运动为例讲解法线约束和几何体约束。

01 如下图所示为一个曲面和一个长方体。长方体的坐标轴点在其底面。选择曲面，按住 Shift 加选长方体，选择 Constrain（约束）> Geometry（几何体）命令。这样会创建一个几何体约束，使长方体移动时沿着曲面表面运动而不至于穿过曲面。

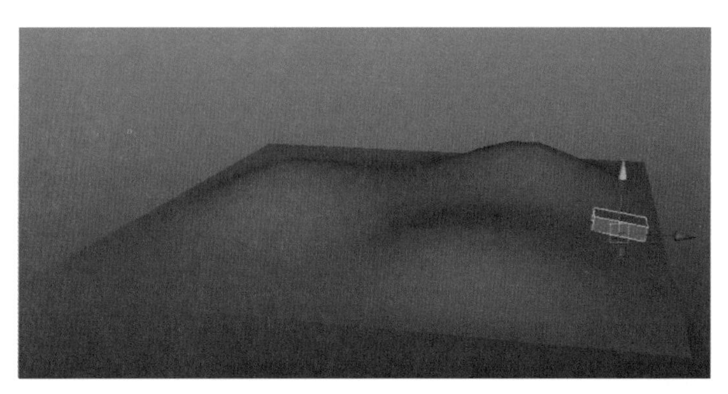

02 选择长方体，在第 1 帧按 S 键记录关键帧，在第 24 帧，使长方体沿 X 轴在曲面表面运动到另一侧，按 S 键记录关键帧，播放动画，可以看到长方体在表面上平移，但是旋转方向上没发生变化。如下图所示。

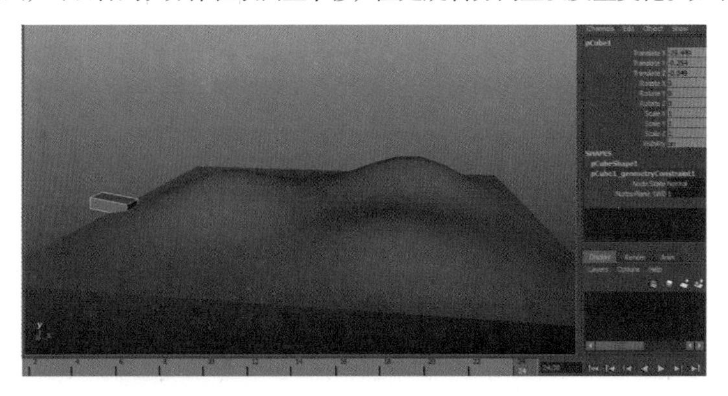

03 回到第 1 帧，选择曲面，按住 Shift 加选长方体，单击 Constrain（约束）> Normal（法线）后的选项设置按钮，弹出如下图所示的对话框。

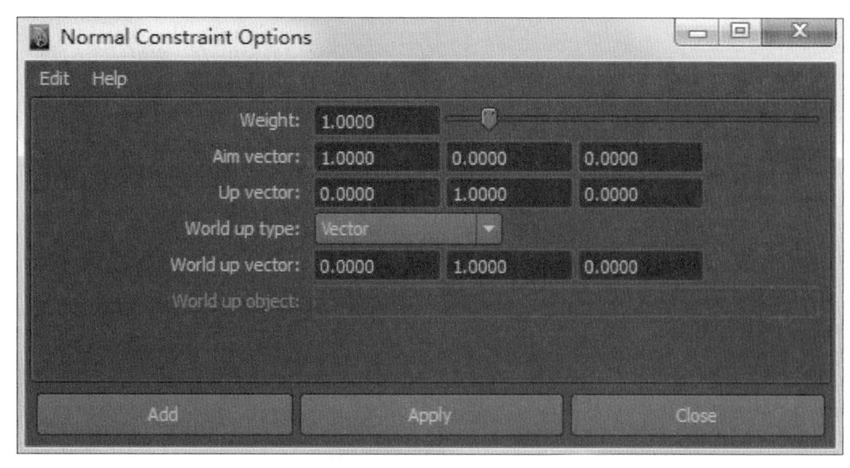

将Aim Vector（目标向量）第一个数值框改为0，第2个数值框改为1，如下图所示，单击Add（添加）按钮，创建法线约束。

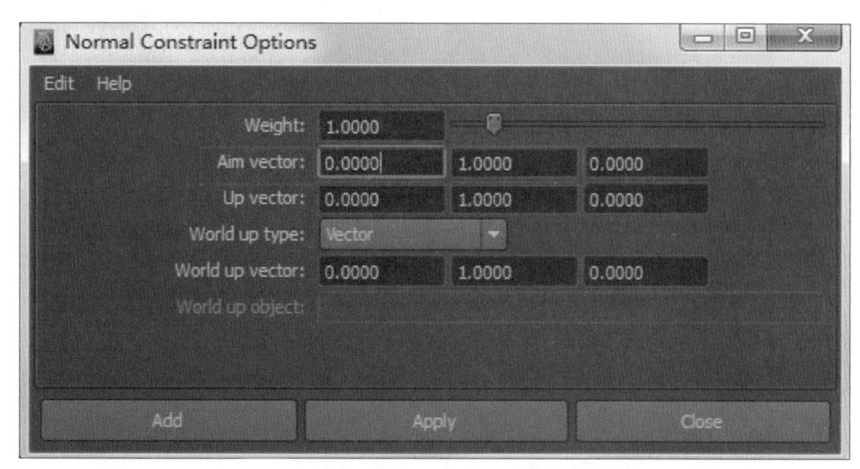

播放动画，效果如下图所示，可以看到长方体沿着曲面的方向完美地贴合曲面进行运动。

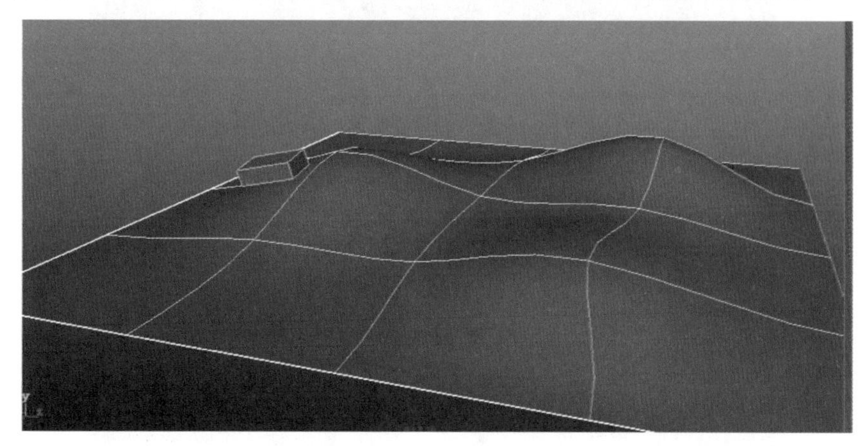

5.7 极向量约束

极向量通常用在控制IK旋转平面的极向量，从而使得骨骼链不会发生意外翻转。控制柄向量接近或与极向量相交时会发生翻转，所以要约束极向量，使控制柄向量不会与其交叉。

下面以膝部关节的弯曲为例，说明极向量约束的作用。

01 如下图所示，分别为一个腿的模型以及为腿创建骨骼的效果。

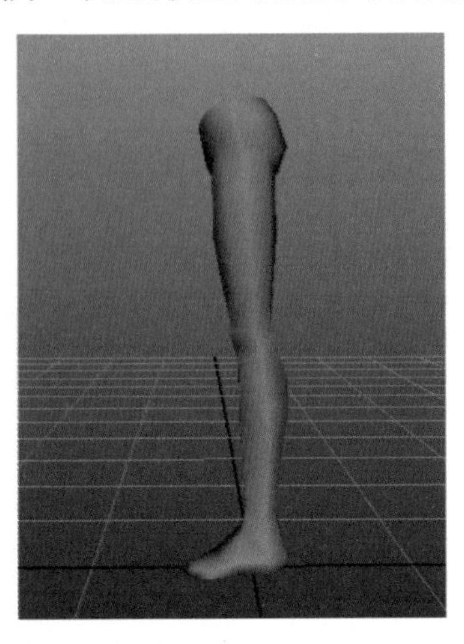

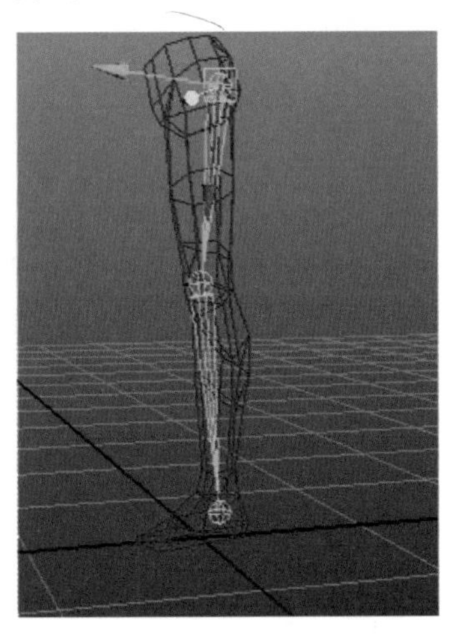

02 选择骨骼，加选腿模型，单击 Skin（蒙皮）> Bind Skin（绑定蒙皮）> Smooth Bind（平滑绑定）进行蒙皮；选择骨骼，选择 Skeleton（骨架）> IK Handle Tool（IK 控制柄工具）命令，则可以绑定创建一个 IKRpSolver 控制器。如下图所示。

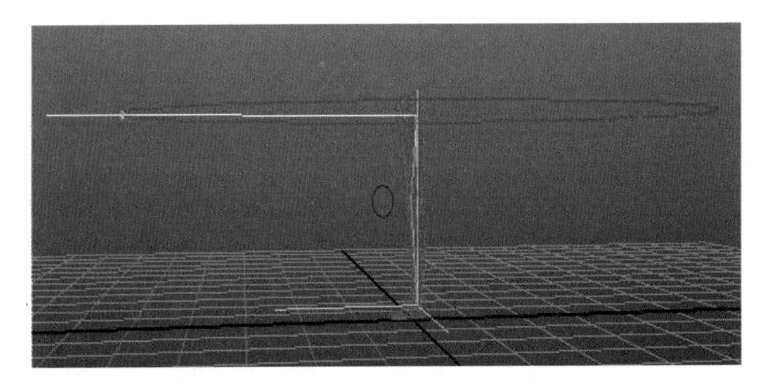

03 此时，向上移动 IK 手柄，膝部弯曲。为了防止发生膝部弯曲时膝部往后翻转的情况，我们需要给 IK 手柄的极向量加上极向量约束。创建一个圆环，移动圆环的同时按 V 键，捕捉到膝部关节的骨骼上。如下图所示。

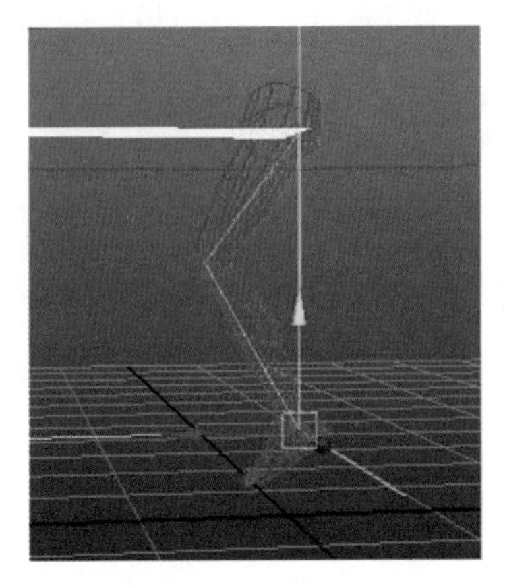

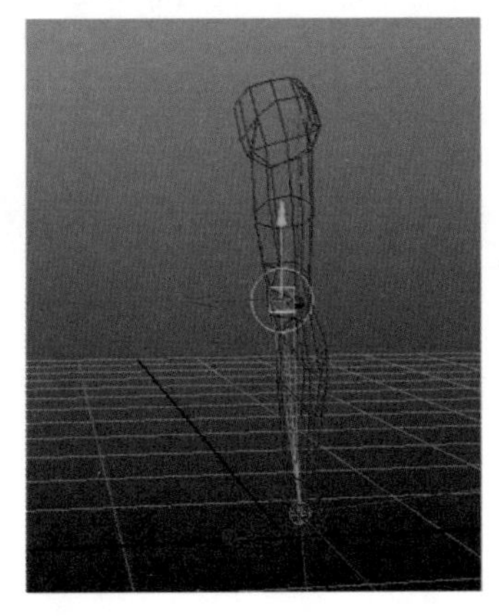

04 将圆环沿 Z 轴方向移动一段距离，选择 Modify（修改）> Freeze Transformations（冻洁变换）命令，将圆环的通道栏参数归零，选择 Edit（编辑）> Delete by Type（按类型删除）> History（历史）命令，删除圆环历史，如下图所示。

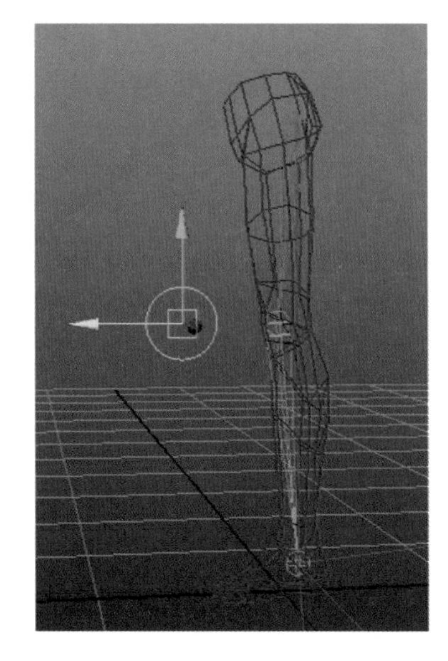

选择圆环，按住Shift键加选IK手柄，选择Constrain（约束）> Pole Vector（极向量）命令，即为IK创建一个极向量约束来限制其旋转方向。最终效果如下图所示。

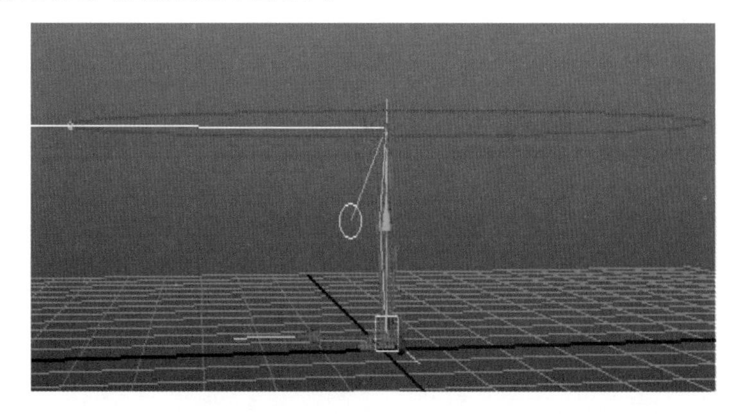

05 极向量约束创建完毕之后，选择脚部的 IK 手柄，用移动工具上下左右移动手柄则可以看到，不管怎么动，膝关节的骨骼弯曲方向始终是向前的，这也是极向量约束在其背后所起的作用，如下图所示。

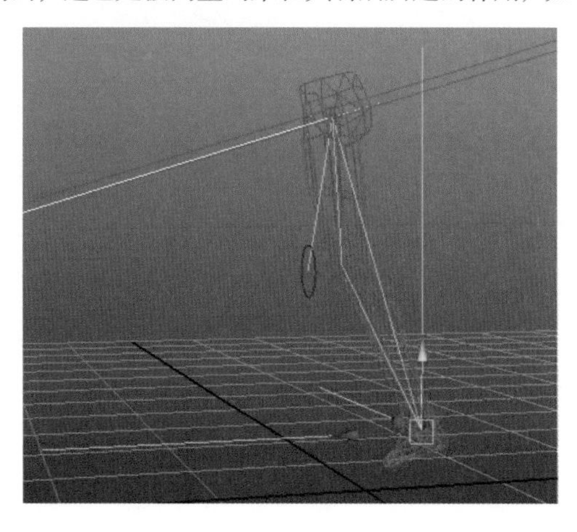

Chapter 06 驱动动画与表达式动画

※ 本章概述

本章主要介绍驱动动画与表达式动画。驱动动画可以用某些对象的属性来驱动其他对象的属性，从而使动画发生关联；表达式动画是运用表达式的方法使动画呈现一定的规律。本章用两个案例来详细地说明了驱动动画和表达式动画的制作。

※ 核心知识点

❶ 驱动动画的适用条件
❷ 驱动动画的作用方式
❸ 驱动动画的设置
❹ 材质颜色变化动画的制作
❺ 表达式的作用及其适用场合
❻ 表达式的创建及表达式动画的制作

自然界的物体运动并不是孤立的，都要与周围的环境发生关联。很多时候，一个物体的运动会引起另一个物体的相应变化，例如人走近时，商场的自动门感应到并打开；再如打开开关，灯泡点亮；扭转钥匙，锁扣弹开等，这些动画在Maya中都可以用驱动动画技术来实现。

在Maya中，除了驱动动画技术，物体之间的动画关联还可以以动画表达式的方式来表现，特别是一些比较符合自然规律的运动，例如车轮的滚动距离与其自身的旋转之间具有固定的方程式，因此可以用表达式的方式来实现。此外，表达式还可以对粒子的运动和状态进行较为精确的控制，但这个属于粒子的部分，结合粒子自身来讲比较合适。因此本章仅用一个简单的例子对表达式动画进行介绍。

6.1 驱动动画

驱动动画是Maya中比较特别的一种设计动画的方式，其基本的原理是用一个对象的属性来控制另一个对象的属性，从而使这两个对象之间产生关联，达到联动的动画效果。驱动动画仍然是建立在关键帧动画的基础上的，是以甲对象的某个关键帧动画来影响乙对象的某个属性，从而使乙对象的属性随着甲对象的运动而发生变化，形成联动的动画效果，看起来似乎是甲对象驱动乙对象来进行运动，因而称为驱动动画。

驱动动画中关键帧动画运动驱动其他对象的甲对象称为驱动对象，而被驱动的乙对象称为被驱动对象。驱动动画的设置是在设置驱动动画关键帧对话框中进行的。选择Animate（动画）> Set Driven Key（设置受驱动关键帧）> Set（设置）命令，即可打开设置驱动关键帧对话框。

下面以一个简单的例子来介绍驱动动画的设置。

01 如下图所示为一个场景，场景中在一个电梯门前有一个立方体，电梯门上方有一个球状的灯泡，现在我们将设置一个比较有意思的动画，让立方体向前移动，电梯门关闭，灯泡变为红色；立方体后移，电梯门打开，灯泡变为绿色。

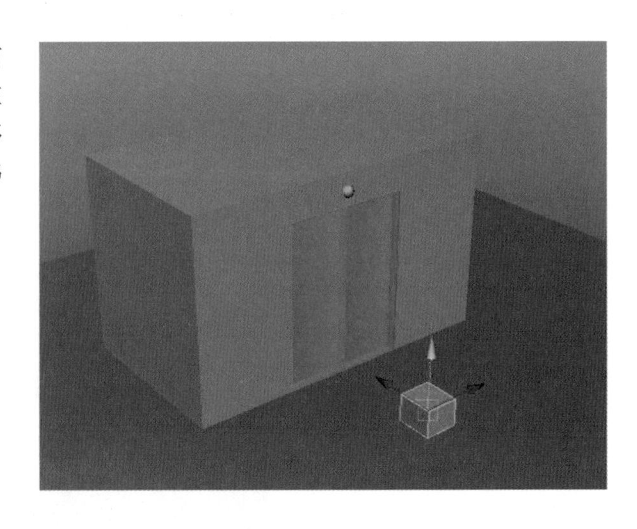

02 为立方体设置关键帧动画：第1帧，设置Translate X（平移X）为0，在Translate X（平移X）属性名称上右击，选择Key Selected（为选定项设置关键帧）命令，创建关键帧；第10帧，设置Translate X（平移X）为4，在Translate X（平移X）属性名称上右击，选择Key Selected（为选定项设置关键帧）命令，创建关键帧；第16帧，立方体停止不动，直接在Translate X（平移X）属性名称上右击，选择Key Selected（为选定项设置关键帧）命令，创建关键帧；第24帧，设置Translate X（平移X）为0，在Translate X（平移X）属性名称上右击，选择Key Selected（为选定项设置关键帧）命令，创建关键帧；如下图所示。

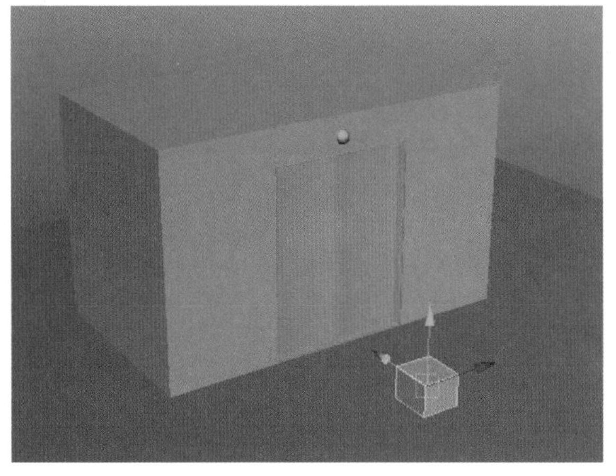

第1帧和第24帧，平移X为0

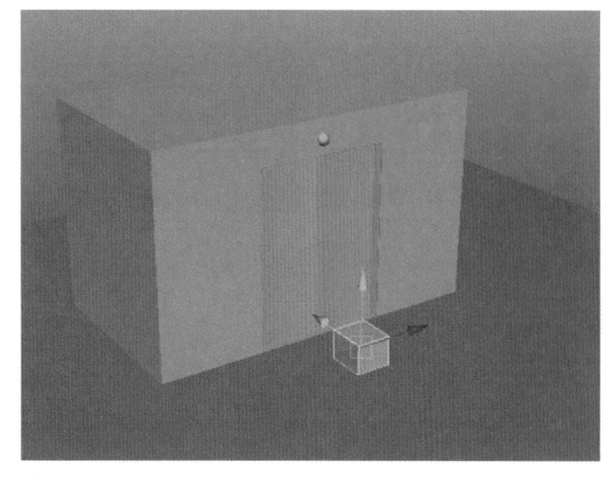

第10帧和第16帧，平移X为4

03 选择立方体，执行 Animate（动画）> Set Driven Key（设置受驱动关键帧）> Set（设置）命令，打开设置驱动关键帧对话框。如下图所示。
单击Load Driver（加载驱动者）按钮将立方体设置为驱动对象，选择电梯的两扇门Men_L、Men_R，单击Load Driven（加载受驱动项）按钮将两扇门设置为被驱动对象，如下图所示。

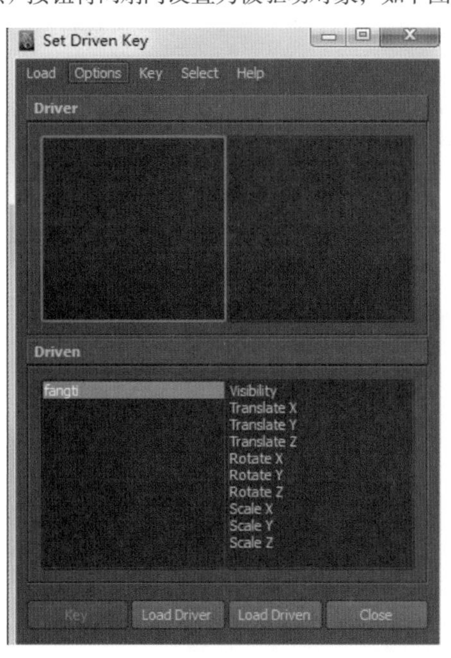

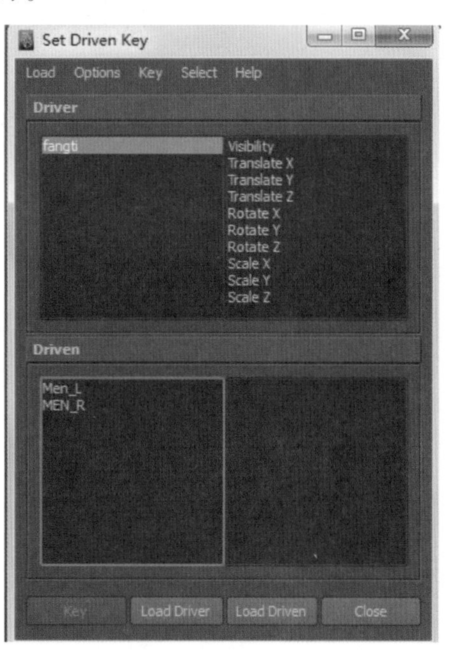

04 将时间轴播放头移动到第1帧，选择Men_L，在通道栏中将Translate Z（平移Z）设置为-4.5；选择Men_R，在通道栏中将Translate Z（平移Z）设置为4.5，如下图所示。

在设置驱动关键帧对话框中，选择右上方栏中的Translate X（平移X），按住Shift键单击左下方栏的Men_L和Men_R，右下方栏中出现参数，选择Translate Z（平移Z），单击Key（关键帧）按钮，创建关键帧，如下图所示。

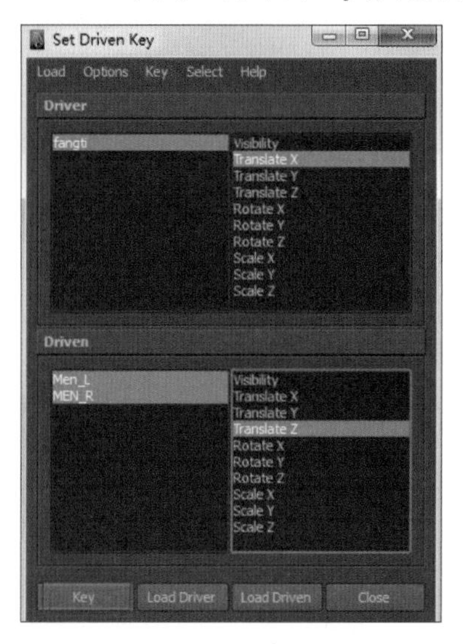

05 将时间轴播放头移动到第 10 帧，选择 Men_L，在通道栏中将 Translate Z（平移 Z）设置为 0；选择 Men_R，在通道栏中将 Translate Z（平移 Z）设置为 0；如下图所示。

在设置驱动关键帧对话框中，选择右上方栏中的Translate X（平移X），按住Shift键单击左下方栏中的Men_L和Men_R，在右下方栏中单击Translate Z（平移Z），单击Key（关键帧）按钮，创建关键帧，如下图所示。以上步骤是用立方体的Translate X（平移X）属性来驱动左右门的Translate Z（平移Z）属性，以驱动门做出开关的效果。

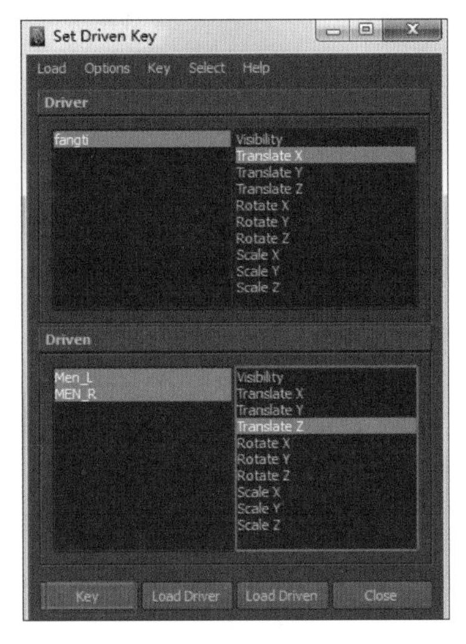

06 播放动画，发现方块远离门时，门自动打开，方块靠近门时，门自动关闭，由此即完成门的驱动动画。下面接着完成门上方灯的颜色变换动画的驱动动画。回到第1帧，还是选中立方体，在设置驱动关键帧对话框中，单击Load Driver（加载驱动者）按钮，将立方体设置为驱动对象。执行Window（窗口）>Rendering Editors（渲染编辑器）>Hypershade（材质超图）命令，打开材质超图对话框，选择门上的灯泡，在材质超图对话框中单击■按钮，则在右下角的材质工作区域显示灯泡的材质球。点选该材质球，在设置驱动关键帧对话框中单击Load Driven（加载受驱动者）按钮将灯泡设置为被驱动对象，如下图所示。

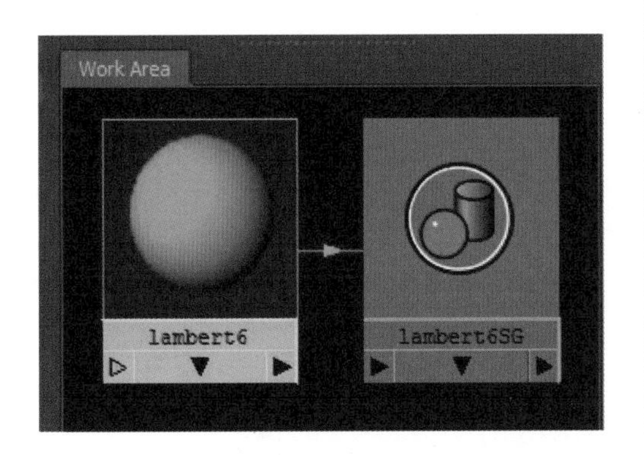

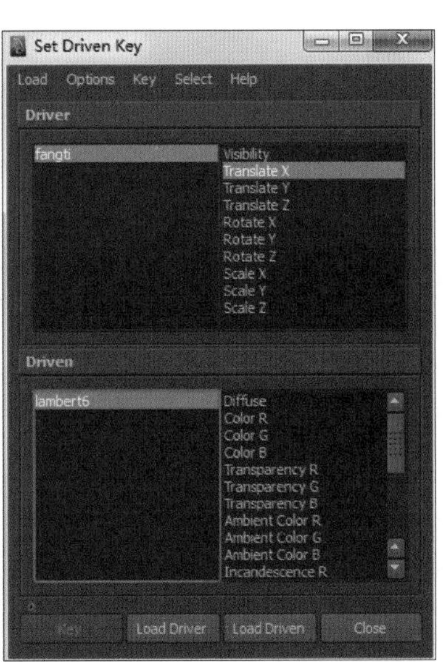

07 在设置驱动关键帧对话框中，在右上方栏中选中Translate X（平移X），在右下方栏中按住Shift键选择Color R（颜色R）、Color G（颜色G）、Color B（颜色B），单击Key（关键帧）按钮，创建关键帧，如下图所示。

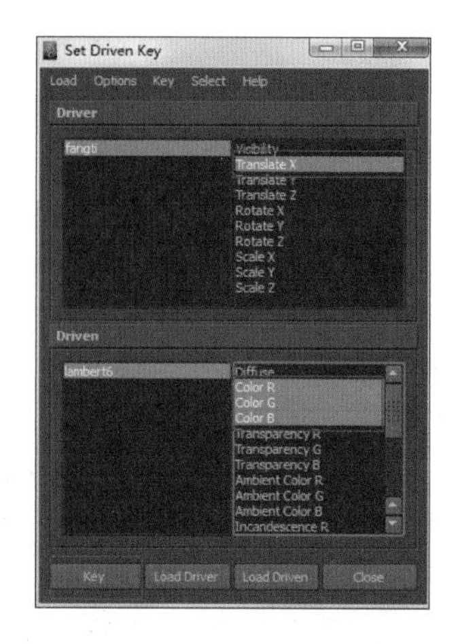

把时间轴播放头移动到第10帧，选中灯泡材质球，在通道栏中修改参数，Color R（颜色R）设置为1、Color G（颜色G）设置为0、Color B（颜色B）设置为0，回到设置驱动关键帧对话框，点选lambert 6，保持右下角的Color R（颜色R）、Color G（颜色G）、Color B（颜色B）为选中状态，单击Key（关键帧）按钮，创建关键帧。此步骤用立方体的Translate X（平移X）属性驱动灯泡的材质球的颜色属性发生变化，由绿色变为红色。播放动画可以看到颜色的改变，如下图所示。至此，该案例制作完成。

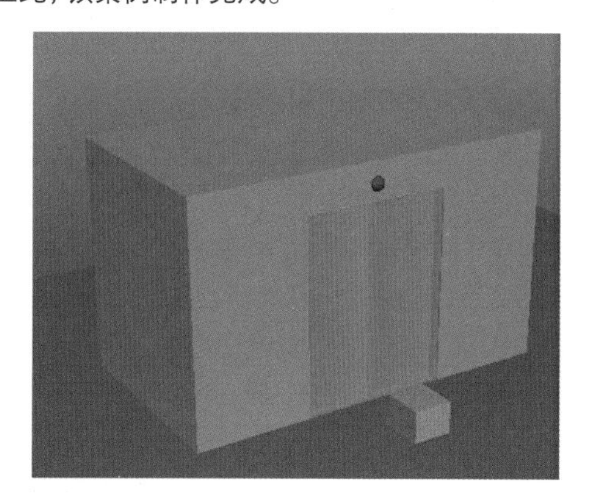

6.2 表达式动画

表达式动画可以较精确地控制动画的效果，适用于一些具有一定规律的动画。表达式动画由程序自己运行，可以有效地节省调节动画的时间。

下面以滚铁环为例讲解表达式动画。

01 如下图所示为一个铁环，其外半径为1，为了便于观察，给铁环赋予了材质。我们的目的是用表达式制作滚铁环的动画。滚铁环虽然可以用手动调节关键帧的方法，先对铁环的位移进行关键帧设置，再对铁环的旋转进行关键帧设置，但是这样制作的缺陷在于，铁环的位移是要与铁环的旋转成一定比例的，旋转的角度的多少每次都需要人工进行计算，相当麻烦。既然有固定的方程式比例，那么就可以利用表达式，让程序自动进行计算，提高了工作效率，而且比较精确。

02 选择圆环，制作圆环的旋转动画。将时间轴播放头移动到第1帧，选择圆环，在通道栏中设置 Rotate X（旋转 X）为 0，在 Rotate X（旋转 X）名称上右击，在弹出快捷菜单中选择 Key Selected 命令，对所选属性创建关键帧；将时间轴播放头移动到第 48 帧，在通道栏中设置 Rotate X（旋转 X）为 -720，在 Rotate X（旋转 X）名称上右击，在弹出菜单中选择 Key Selected（为选定项设置关键帧）命令，对所选属性创建关键帧，如下图所示。这样即制作了圆环在 48 帧内顺时针旋转两圈的动画。

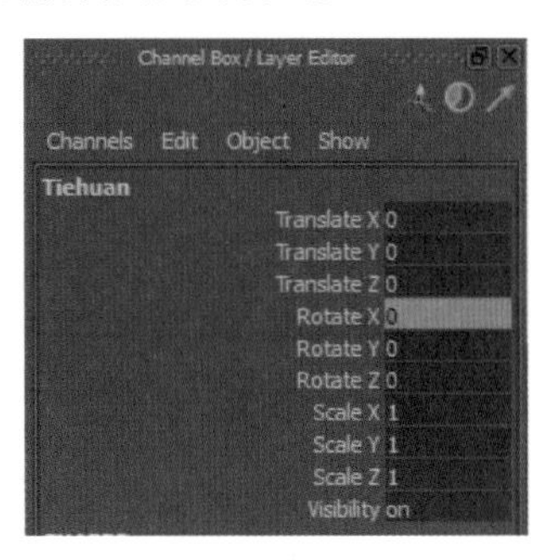

第1帧

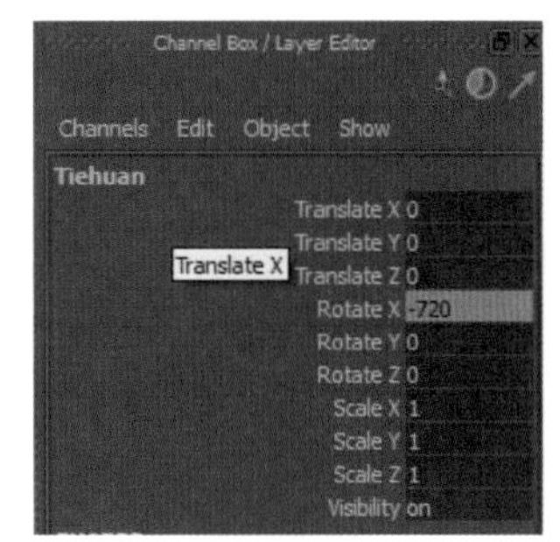

第48帧

03 第 2 步虽然制作了旋转的动画，但是播放动画时却看到铁环只是在原地旋转。故还需要对铁环的水平方向的位移设置动画。此时我们采用表达式的方式进行制作。

选择铁环，执行 Window（窗口）> Animation Editors（动画编辑器）> Expression Editor（表达式编辑器）命令，弹出表达式编辑器对话框，如下图所示。

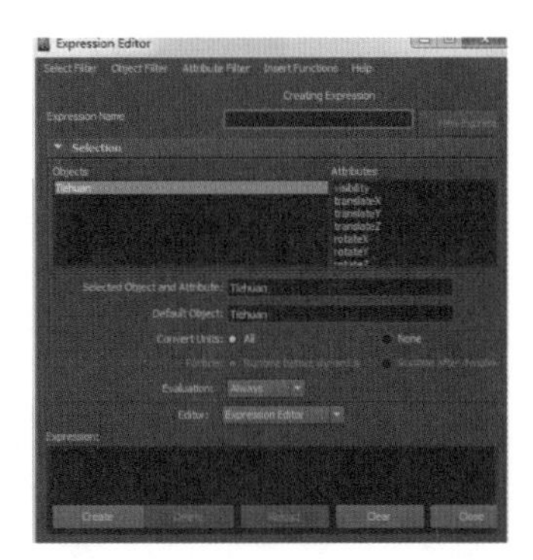

04 在表达式编辑器对话框的右上方单击 Translate Z（平移 X，即铁环前进的轴向），在最下方的空白区域，输入表达式"Tiehuan.translateZ = 2 * 3.1415926 * 1 * (Tiehuan.rotateX/360);"表达式要注意大小写，最后要加上分号结尾。该表达式是根据圆周长 =2*PI* 半径（此处创建的圆环半径为 1）的数学公式得出的。表达式的意思即为：前进的距离（Tiehuan.translateZ）= 铁环圆周长（2 * 3.1415926 * 1）* 旋转的圈数（Tiehuan.rotateX/360）。表达式输入完成之后，单击 Create（创建）按钮，表达式动画即创建完成。参数设置及动画效果如下图所示。

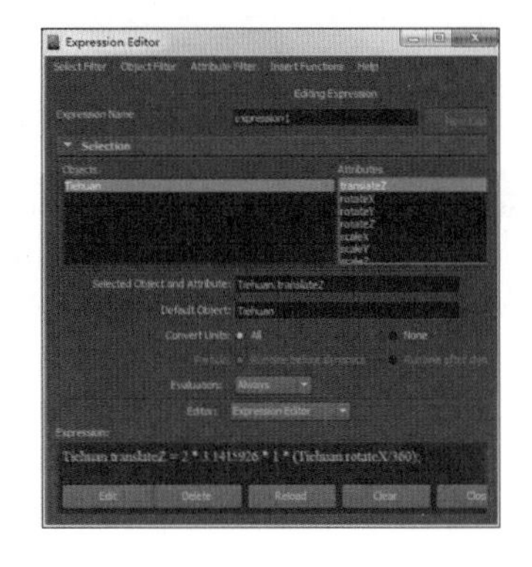

Chapter 07 非线性动画

※ **本章概述**

对于大型动画项目，可以对角色建立常见动作库，在此基础上创建动画剪辑，并进行非线性的编辑，将动作进行组合，从而完成较复杂的动作。本章主要介绍非线性动画的原理及其制作。非线性动画是对动画的一种非线性编辑，可以方便地制作、修改、复制和混合动画剪辑，它可以节约时间，提高效率。本章运用一个简单案例介绍了非线性动画的制作方法。

※ **核心知识点**

❶ 非线性动画的理解
❷ 动画剪辑的创建
❸ 对动画剪辑的编辑和操作
❹ 对复杂动作进行分解以创建单独动画剪辑
❺ 非线性动画的实例制作

前面几章探讨了几种动画的方式：关键帧动画、路径动画、变形动画、驱动动画、表达式动画等，这些动画都是根据动作本身的需要直接进行设置的，可以看成是一种线性的过程。而本章将要探讨是一种新的动画方式——非线性动画。

非线性动画借鉴了后期非线性编辑里的非线性概念，即这种动画的制作方法可以不是一种线性的过程，可以像后期非线性编辑一样进行插入、分层、混合、重复调用等。这种动画方式可以节省较多的时间，提高工作效率并提高了修改的可能性。本章将用一个简单的例子来对非线性动画进行介绍。

非线性动画所编辑的对象是动画剪辑。动画剪辑是关键帧动画或某一段其他动画所转换成的一个可以进行编辑的动画片段。转换为动画剪辑后，时间轴上的关键帧会消失，动画效果在动画剪辑中体现。

非线性动画是在非线性动画编辑器中进行的，我们以一个简单的案例来说明其具体的制作过程。在这个简单的案例里，将制作一个小球飞行位移过程中变形、旋转的动画。

01 如下图所示为一个小球，现在要让小球飞行过程中变扁并旋转，如果单纯用关键帧动画，则需要为位移、缩放、旋转属性同时创建关键帧，这样如果对其中某个变化不太满意，例如对压扁的程度不太满意，则需要在某些关键帧处对所有的属性重新设置一遍，这样会相对比较麻烦一点。使用非线性动画则会节省很多时间，非线性动画的基本步骤是：先创建小球位移的动画剪辑，再创建小球变形的动画剪辑，然后创建小球旋转的动画剪辑，最后在非线性动画编辑器中对这三个动画剪辑进行编辑，这种编辑方式是较为灵活而便捷的。

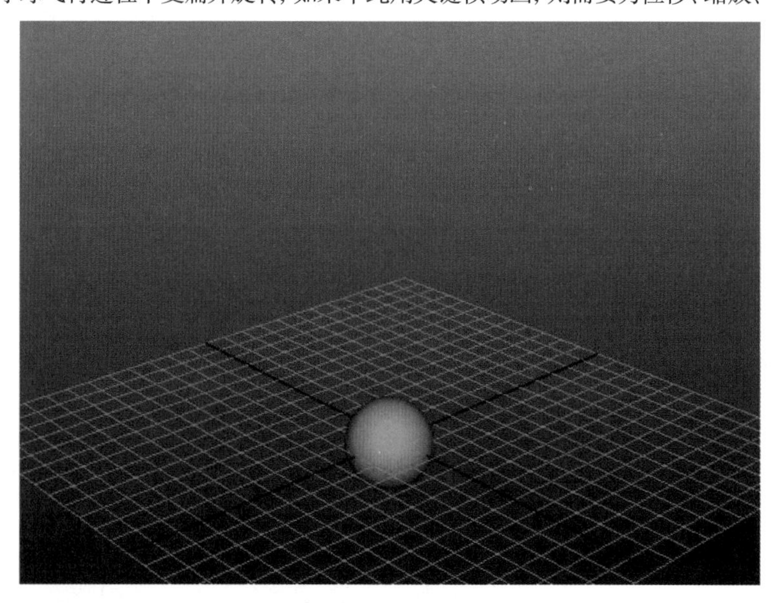

02 对小球设置位移动画:第 1 帧设置小球 Translate X(平移 X)、Translate Y(平移 Y)、Translate Z(平移 Z) 均为 0,小球处于原点,在这三个属性名称上右击,在弹出菜单中选择 Key Selected(为选定项设置关键帧) 命令记录关键帧;第 24 帧,设置小球 Translate X(平移 X) 为 0,Translate Y(平移 Y) 为 18,Translate Z(平移 Z) 为 7,在这三个属性名称上右击,在弹出菜单中单击 Key Selected(为选定项设置关键帧) 命令记录关键帧;第 12 帧,设置小球 Translate X(平移 X) 为 4,Translate Y(平移 Y) 为 9,Translate Z(平移 Z) 为 -4 在这三个属性名称上右击,在弹出菜单中单击 Key Selected(为选定项设置关键帧) 命令记录关键帧,如下图所示。

第12帧

第24帧

单击Window(窗口)>Animation Editors(动画编辑器)>Graph Editor(曲线图编辑器)命令,打开曲线图编辑器,对小球的动画曲线进行平滑,使小球的轨迹为弧线平滑运动,如下图所示。

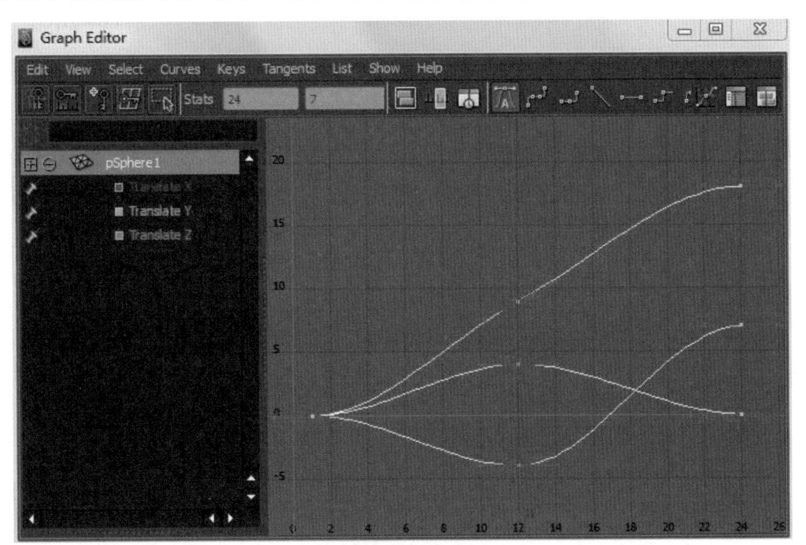

平滑的动画曲线

03 单击 Window(窗口) >Animation Editors(动画编辑器) >Trax Editor(Trax 编辑器) 命令,打开非线性动画编辑器。如下页图所示。

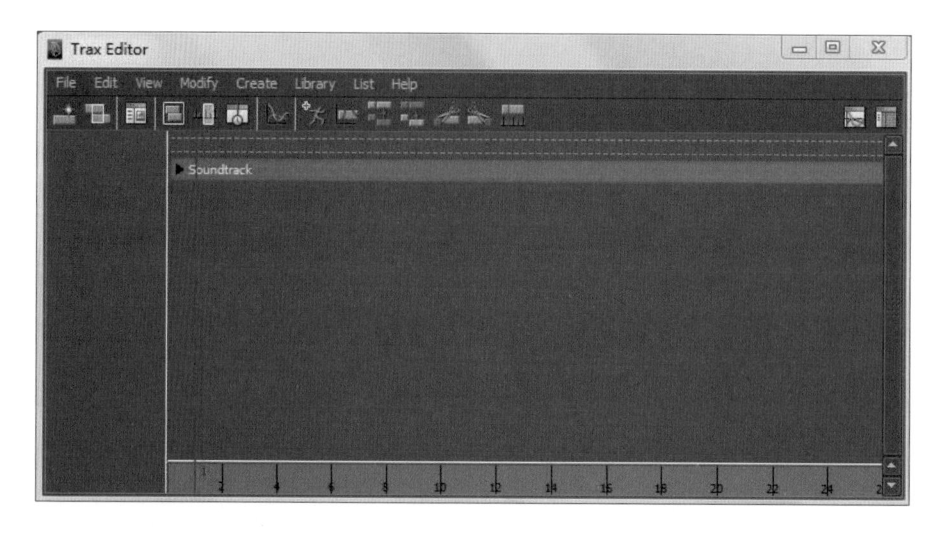

下面先介绍一下该编辑器中的各选项。

- **Create Clip（创建片段）：**将动画转换为影片剪辑。
- **Create Blend（创建混合）：**在动画剪辑之间进行混合。
- **Get Clip（获取片段）：**从动作库中获取已事先创建好的影片剪辑。
- **Frame All（框显全部）：**显示所有影片剪辑。
- **Frame Playback range（框显播放范围）：**显示动画回放时间段内的影片剪辑。
- **Center The view about Current time（使视图围绕当前时间居中）：**居中显示当前播放头位置。
- **Graph Anim Curves（图形动画曲线）：**显示当前动画剪辑的动画曲线。
- **Load Selected Characters（加载选定角色）：**载入所选择角色的影片剪辑。
- **Graph Weight Curves（图形权重曲线）：**显示所选择剪辑权重曲线。
- **Group（分组）：**将多段剪辑成组。
- **Ungroup（解组）：**取消组。
- **Trim Clip Before Current Time（修剪当前时间之前的片段）：**将播放头之前的片段剪去。
- **Trim Clip After Current Time（修剪当前时间之后的片段）：**将播放头之后的片段剪去。
- **Key into clip（将当前帧处的关键帧设置到片段中）：**在播放头处设置关键帧，插入到影片剪辑中。
- **Open the Graph Editor（打开曲线图编辑器）：**将视图切换至曲线图编辑器。
- **Open the Dope Sheet（打开摄影表）：**将视图切换至摄影表面板。

04 选中小球，在非线性动画编辑器中单击按钮，当前小球的位移动画转化为了动画剪辑，此时视图工作区下的时间轴上小球的关键帧消失，如下图所示。

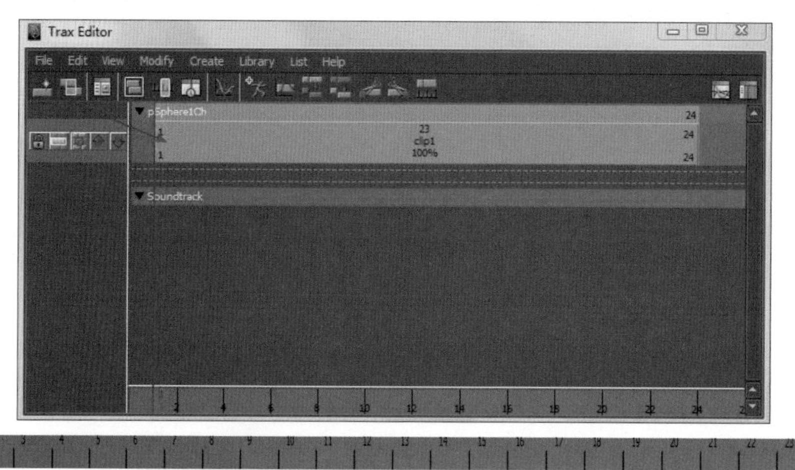

此时在动画剪辑的左边栏有5个按钮。

- **Lock（锁定）：**锁定该轨道上的动画剪辑。无法对轨道上的动画剪辑进行操作。
- **Solo（独奏）：**单独播放轨道上的动画剪辑。其他轨道上的动画剪辑暂时关闭。
- **Mute（关闭）：**按下该按钮，该轨道上所有动画剪辑都不播放。
- **Move up（上移）：**将选中的轨道在视图区向上移动。
- **Move down（下移）：**将选中的轨道在视图区向下移动。

05 创建小球的变形动画剪辑。将时间轴播放头移动到第1帧，选择小球，在通道栏中将Scale X（缩放X）、Scale Y（缩放Y）、Scale Z（缩放Z）设置为1，在这三个属性名称上右击，在弹出菜单中选择Key Selected（为选定项设置关键帧）命令，记录关键帧；将时间轴播放头移动到第16帧，选择小球，在通道栏中将Scale X（缩放X）、Scale Y（缩放Y）、Scale Z（缩放Z）设置为1，在这三个属性名称上右击，在弹出菜单中单击Key Selected（为选定项设置关键帧）命令，记录关键帧；将时间线移动到第8帧，选择小球，在通道栏将Scale X（缩放X）设置为1，Scale Y（缩放Y）、Scale Z（缩放Z）设置为0.7，在这三个属性名称上右击，在弹出菜单中单击Key Selected（为选定项设置关键帧）命令，记录关键帧，如下图所示。

在非线性动画编辑器中单击按钮，创建小球的变形动画剪辑，如下图所示。

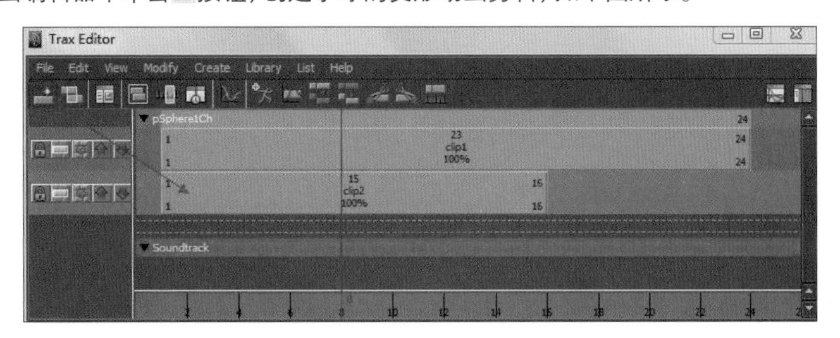

在非线性动画编辑器中，将时间轴播放头移动到第8帧，在小球的变形动画剪辑上右击，在弹出菜单中选择Split Clip（分离片段）命令，将变形动画剪辑剪成两段，如下图所示。

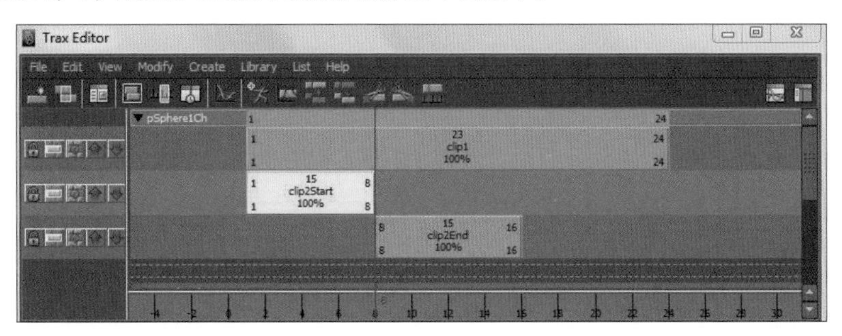

选择下面的半段，使末端移动到第24帧，如下图所示。播放动画，可以看到小球在飞行过程中，第1-8帧变扁的变形动画，第9-16帧无变形动画，第17-24帧又由扁变化成圆球形的变形动画。

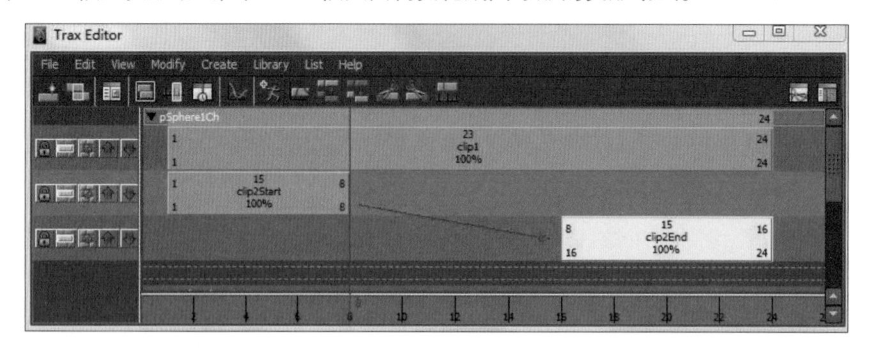

06 创建小球旋转动画。将时间轴播放头移动到第1帧，选择小球，在通道栏中将Rotate X（旋转X）、Rotate Y（旋转Y）、Rotate Z（旋转Z）设置为0，在这三个属性名称上右击，在弹出菜单中单击Key Selected（为选定项设置关键帧）命令，记录关键帧；将时间轴播放头移动到第24帧，选择小球，在通道栏将Rotate X（旋转X）、Scale Z（旋转Z）设置为0，Rotate Y（旋转Y）设置为720，在这三个属性名称上右击，在弹出菜单中单击Key Selected（为选定项设置关键帧）命令，记录关键帧；在非线性动画编辑器中点击按钮，创建小球的变形动画剪辑，如下图所示。播放动画，可以看到小球飞行时，变形并旋转的动画，此时小球的动画用非线性的方式编辑完毕。

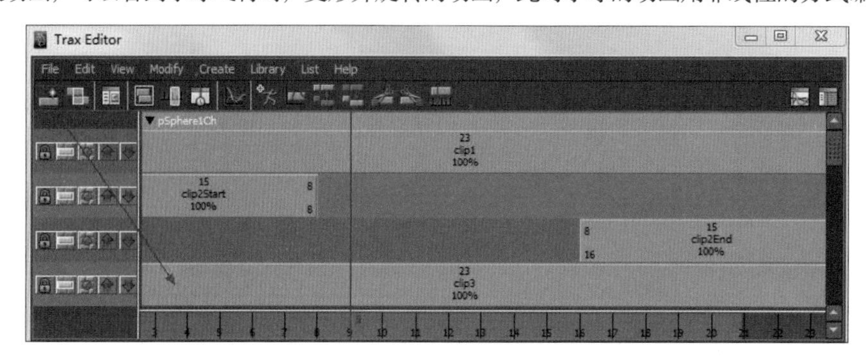

07 如果要继续修改，可以单击右上角的图标进入该剪辑的曲线图编辑器进行调节，读者可以自行尝试。由这个案例可以看出，运用非线性的方式，可以制作单独动作的动画剪辑库，或者对复杂的动作进行分解，分别进行设置，方便管理和调用，并且可以重复使用动画剪辑，实在是非常方便的一种设置动画的方法。例如，读者可以尝试制作一个人物走路的动画剪辑，一个该人物点头的动画剪辑，以及一个该人物挥手的动画剪辑，这样在走路的过程中，读者可以在非线性编辑器中随意决定何时该角色边走边点头和挥手，对这三套动作可以根据需要任意进行组合。

PART 02

实战篇

本篇导引

实战篇分为7章，是结合了理论部分的讲解而设的综合实例。通过这些例子，我们可以将Maya的动画命令在各种案例中反复进行运用，从而真正领悟这些命令的实际用途，并且了解到在不同特点的实例中应当如何对这些命令进行选择性的使用，从而使书本上的知识活起来，让我们可以灵活地进行掌握。

实战篇中的每一个案例都有配套的教学视频和分步工程文件，方便大家直观地进行学习和使用。

关键技术	课堂练习
动画曲线曲率的编辑	小球的原地弹跳
动画曲线的灵活运用	弹性小球的向前弹跳
关键帧速率的调节	铅球的向前弹跳
夸张的动画制作	乒乓球的向前弹跳
关键帧设置	气球的向前弹跳
关键帧复制	阔翼鸟类飞行动画
动画曲线循环	雀鸟类飞行动画
动画曲线复制	蝙蝠飞行动画
动画曲线修改	走路循环动画
融合变形技术	跑步循环动画
骨骼蒙皮技术	跳跃动画
口型动画技术	融合变形表情设
沿路径动画	骨骼蒙皮表情设定
沿路径变形动画	四足动物动画
路径动画修改	蛇游动动画
变形器的使用	柔体变形球动画
属性的创建	
属性的连接	
属性动画	
综合技巧训练	

Chapter 08 非生命物体的运动

※ 本章概述

在动画及电影中，角色可以分为“有生命”角色和“非生命”角色。“有生命”角色如人、动物等，而“非生命”角色有时也起到至关重要的作用，如台灯、小球等。赋予非生命物体以生命，正是动画的绝妙之所在。

本章以“小球”为例，配合“迪斯尼动画规律”中的“拉伸与压缩”、“淡入淡出”、“曲线运动”等规律，对小球的弹跳运动做出分析讲解，再运用关键帧动画技术进行动画制作，完成若干种不同特点小球的弹跳动画，例如：弹力球、铅球、气球、乒乓球等。

※ 核心知识点

1. 动画规律——拉伸与压缩的理解及运用
2. 弹性小球的原地跳动及向前跳动
3. 不同种类小球的特点及运动对比

球体是我们生活中最常见的形体之一。从小时候起，我们就开始玩皮球、弹球、玻璃球……长大后我们会接触到更多的球，如足球、篮球、乒乓球、高尔夫球、铅球等。球在我们的生活中无处不在，并且起着重要的作用。如右图所示。

球体的运动主要分为三类：滚动、飞行、弹跳，其中最复杂的是弹跳，因为弹跳涉及到球本身的特性、球所受的外力以及与周围物体之间的碰撞关系。

本章以球体为主，详细介绍非生命物体的运动规律与利用Maya制作球体及相关联物体动画的方式。

8.1 小球的原地弹跳

小球的弹跳运动中，最基本的是原地上下弹跳。我们所制作的小球弹跳动画，是指在理想环境中，小球能量不损失的情况下进行的重复循环跳动。

8.1.1 小球原地弹跳的原理

要理解小球的弹跳，首先要理解小球的受力情况。

地球上所有的物体都要受到重力的影响，从而产生重力加速度。所以在理想状态下，任意一个物体在空中，只受重力的影响，做自由落体运动。重力的作用点在物体的重心（以密度均匀的小球为例，小球的重心正是小球的球心），方向竖直向下；重力加速度的方向也和重力一样，竖直向下。如右图所示。

加速度

重力

在中学的物理课中我们都学过做自由落体运动的物体的重力、速度与重力加速度之间的关系。物体下落的时间、位置、速度、加速度之间的关系如右图所示。

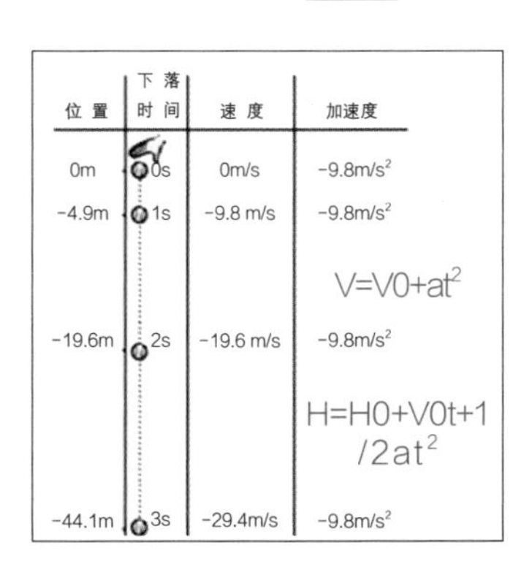

从公式中我们可以看出，小球掉落的速度会随着时间的增加而逐渐加快，每秒中坠落的距离也随之增长，直到小球落地的刹那停止。落地的刹那，受到地面的阻挡，小球的运动状态发生突然改变，小球瞬间速度为0，并且下一刻会重新弹起，改变方向，由下而上沿原路径弹起。

我们用直观的形式对小球下坠的速度以及每秒内坠落的距离进行观察，如下图所示。

从右图可以看出，假设球是由静止状态开始下落，每秒都记录一次下落位置，很明显，一开始小球下落速度很慢，到了4、5、6秒时下落速度明显加快，每一秒之间的坠落距离也越来越大，到第7秒落地。

除了速度的改变，另一个小球弹跳的重要特征是小球形状的改变。

小球的初始形状是正圆，随着下落速度的加快，为了体现速度感和运动模糊，我们往往将小球的形状处理成拉伸后的椭圆，如第6秒时的形状；而落地的刹那，小球瞬间被压缩拍扁，如第7秒时的形状。如下左图所示。

当小球再次弹起的时候，由于弹性的作用，瞬间速度达到最大，跳起最快，1秒内上升的距离也最长，如第8秒；随着时间的增加和重力的作用，小球的上升速度逐渐减慢，每秒中上升的距离也逐渐缩短，直到上升至顶端时速度为0，瞬间悬停在顶端；形状也从第7秒的压扁瞬间变成第8秒的拉伸，逐渐恢复成正圆。如下右图所示。

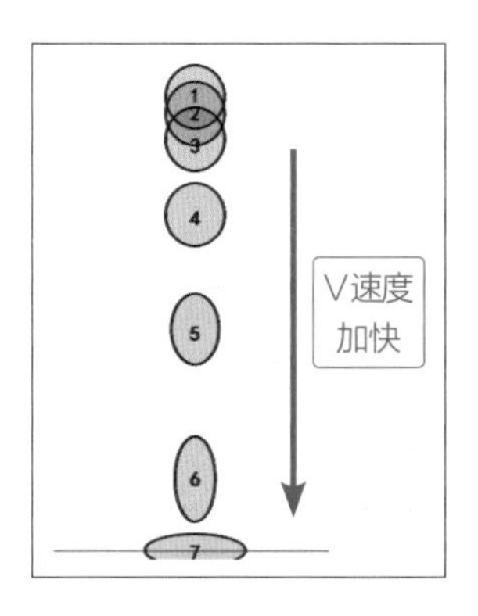

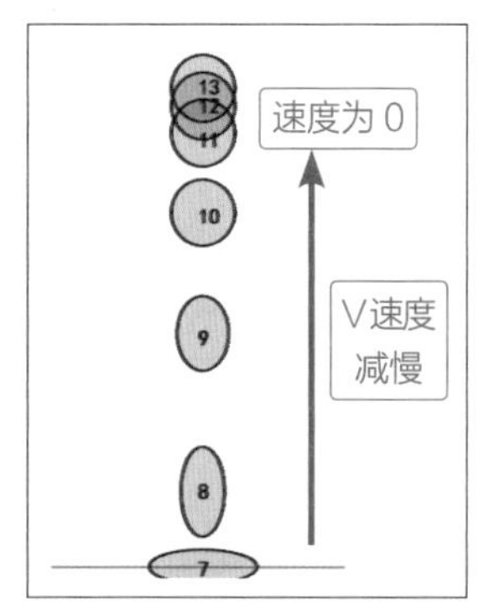

当小球在上升运动的顶点处速度降为0后，下一秒再次进行自由落体运动，坠落地面。如此反复，就形成了小球的弹跳运动。

提 示

这里需要注意的是，第 6 秒和第 7 秒之间小球的形变是突然的，之间没有过渡，只有通过这样拉伸与压缩的突变才能体现出小球的柔软和弹性；同理，第 7 秒和第 8 秒之间也是突然变化，没有过渡。小球的体积从始至终保持不变，故而拉伸与压缩时要注意形体的改变程度，既不可因为太过夸张而失去真实性，也不能变化太小而令弹跳失去生动性。

8.1.2 实例 小球的原地弹跳

本例中，我们假设小球处于理想状态，即能量永不损失，则小球会维持同一高度不断地重复进行弹跳。

原始文件	bouncingball_basic.mb
注意事项	小球的控制器的掌握
核心知识	关键帧动画的创建以及基本操作

01 打开光盘中的文件，可以看到文件中有地面、墙壁和小球。小球已经绑定完毕。

02 更改动画设置。单击 Maya 视图右下角的按钮，打开 Preferences（首选项）对话框，Time Slider（时间滑块）选项，将 Playback speed（播放速率）设置为 Real-time[24fps]（实时 [24 fps]）。

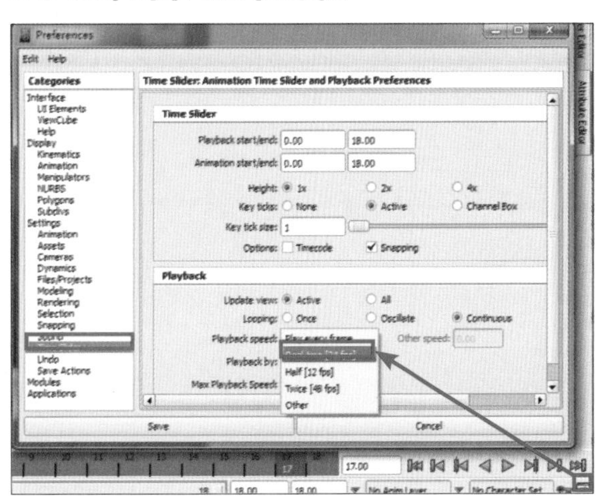

03 我们来看小球的控制器和操控方式。（详细过程解说见视频文件）

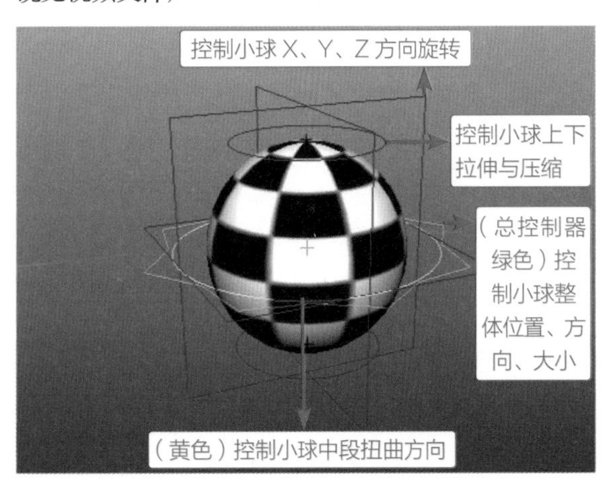

选中控制器，用“移动”手柄便可对控制器的位置进行调节。以下是几种控制器的效果。

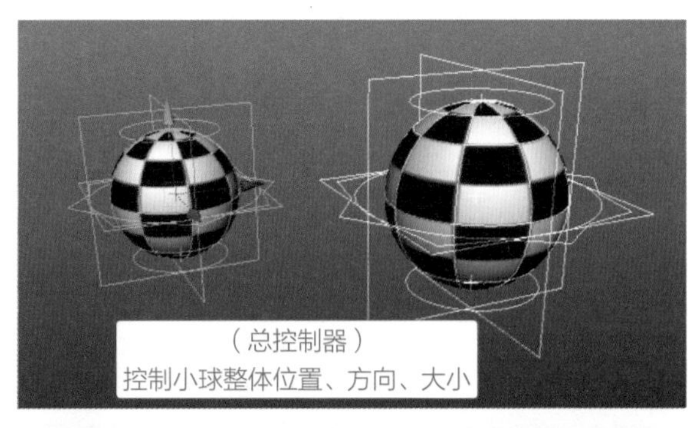

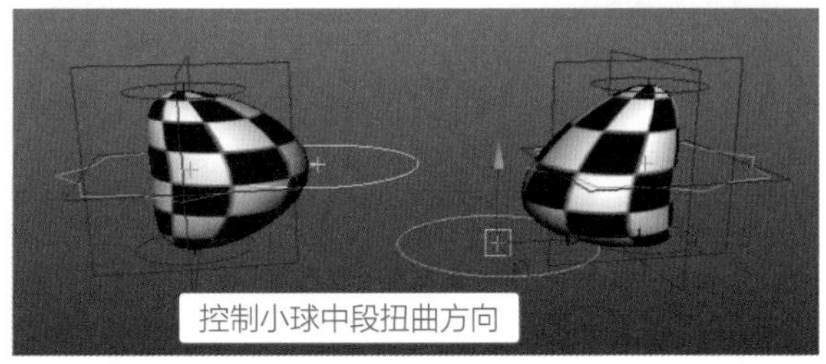

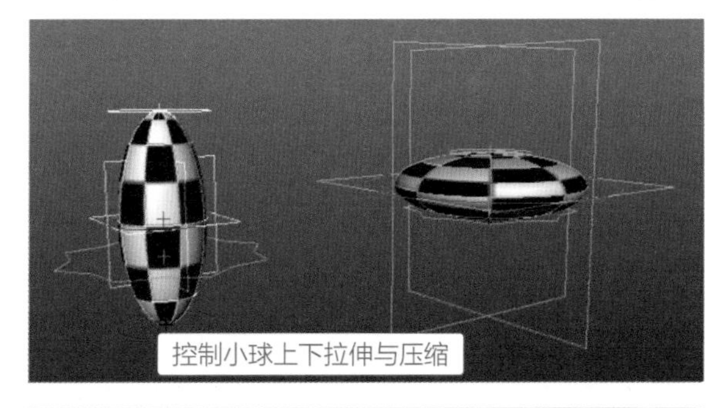

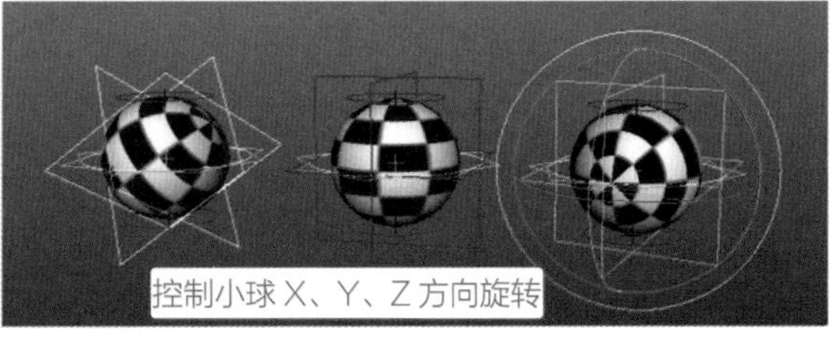

提 示

在动画制作中，我们要始终通过控制器来对对象属性进行调节，不可直接选中对象进行调节。

04 执行 Window（窗口）> Animation Editors（动画编辑器）> Graph Editor（曲线图编辑器）命令，打开曲线图编辑器面板。或按 Maya 面板中快捷按钮中的 Perps/Graph（透视 / 曲线图）按钮，同样可以打开曲线图编辑器面板。

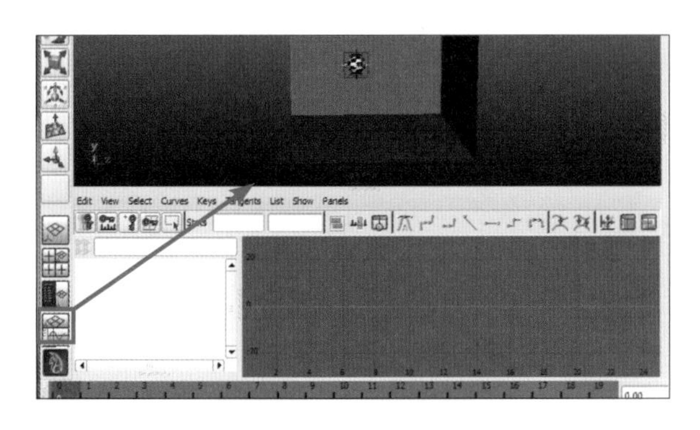

05 修改时间轴的范围，将时间范围修改为一次起落的帧数。本例中修改为19帧。时间轴是从0～19帧。

06 首先，确定小球的最高点与最低点的位置，并设置关键帧。我们将第0帧和第19帧设置为最高点，中间的第9帧和第10帧设置为落地点。

选中总控制器，将球调整到适当高度，时间轴放置在第0帧，按S键，进行关键帧设置。不移动小球，将时间轴放置在第19帧，按S键，进行关键帧设置。移动总控制器，将小球移至与地面接触的高度，在时间轴上选中第9帧，按S键，进行关键帧设置。同样，不移动小球位置，在时间轴上选中第9帧，按S键，进行关键帧设置。设置完成之后，我们看到Graph Editor（曲线图编辑器）中有总控制器的动画曲线图显示。

这时单击▶按钮播放动画，可以看到小球已经可以上下移动，但是移动速率比较平均，非常不真实。如下图所示。

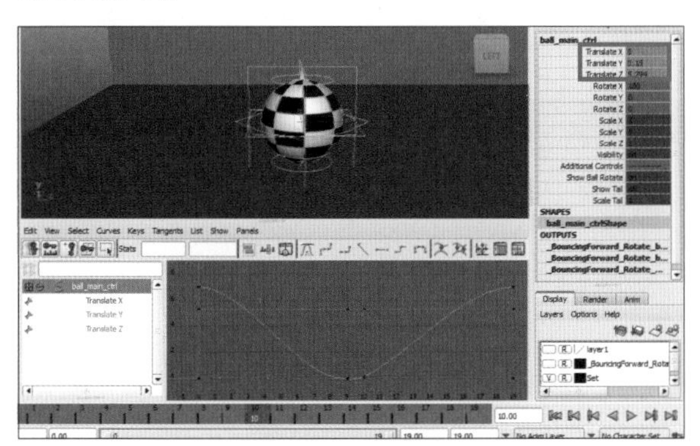

提 示

动画关键帧设置完成之后，通道中控制器被设置动画的属性框会变为红色，以示该属性已被设置动画关键帧。

07 为了让小球落地的效果更加真实，需要修改动画曲线。

直接生成的动画曲线默认为连续曲线，关键帧之间的过渡是平滑的，但是这里我们需要让小球突然落地，即需要突变且不平滑的曲线点。

在Graph Editor（曲线图编辑器）中选中第9帧和第10帧的关键帧，单击Break tangents（打断切线）按钮，将这两点的左右手柄打断，这样便可在该点产生所有不连续的锐角。打断后的左右手柄变为不同的颜色、蓝色和紫色。

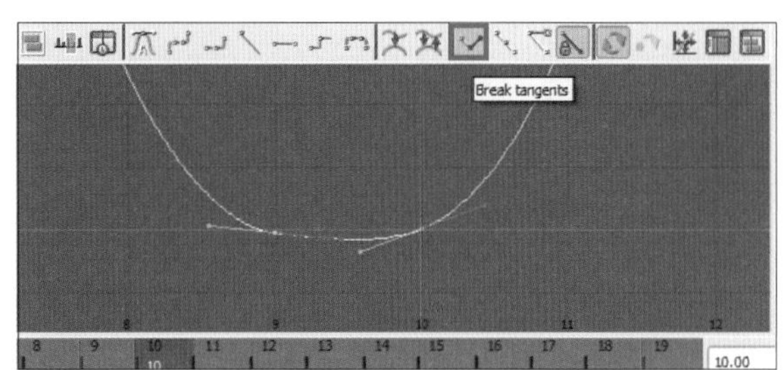

08 第9帧和第10帧之间应该是保持水平的，我们分别选择第9帧右侧手柄和第10帧左侧手柄，单击Flat tangents（水平切线）按钮，使第9帧和第10帧之间的曲线保持水平。

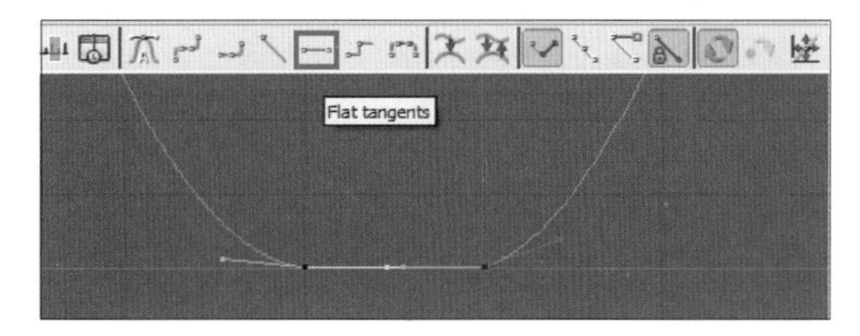

09 调节第9帧左侧手柄和第10帧右侧手柄的角度，使曲线的曲率变大。播放动画，可见小球的跳动速率发生了改变，落地时很快，上升下落过程中逐渐变化，在顶端短暂悬停。曲线形状如下图所示。

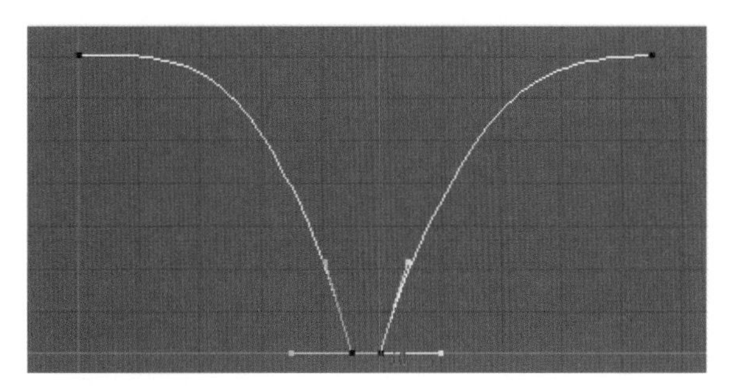

提 示

动画曲线的曲率越大，小球的运动速度越快。

10 为了方便记录关键帧，单击位于窗口右下角的 Auto keyframe toggle（自动关键帧切换）按钮，选中之后，按钮变为红色。

> **提 示**
>
> 自动关键帧切换打开后，我们不必每次设置关键帧都按一次 S 键，只需第一次手动按下，之后只要对对象或控制器的某项属性进行修改，Maya 均会自动在当前时间点上，对新的改变记录下关键帧。

11 下一步制作小球的拉伸与压缩。

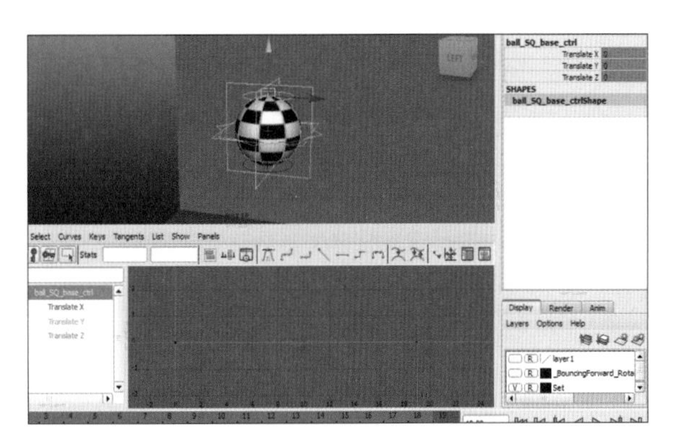

12 下落过程中小球应逐渐拉长，从第 3 帧开始拉长，到第 8 帧拉到最长；之后落地瞬间小球拍扁，在第 9 帧和第 10 帧应该压扁；再反弹时小球从最长逐渐恢复为正圆，第 11 帧仍然拉至很长，慢慢缩短，到第 17 帧恢复初始状态，小球又变回正形。我们在第 3 帧、第 8 帧、第 9 帧、第 10 帧、第 11 帧和第 17 帧分别设置关键帧，动画曲线形状如下图所示。

> **提 示**
>
> 曲线的关键帧点位设置不必过大，在坐标轴单位 1 之内进行即可。

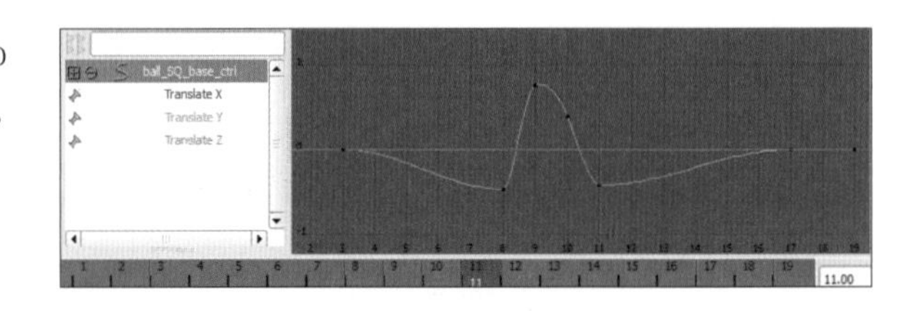

13 播放动画，可以看到小球已经有了软且充满弹性的感觉。

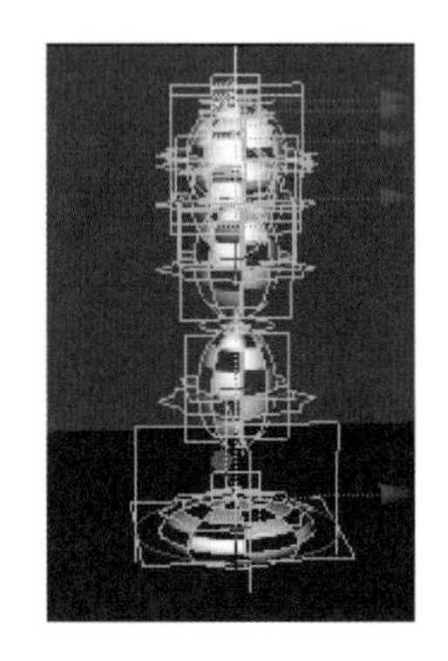

14 为了让小球的变化更加精确细腻，我们再对下部控制小球拉伸压缩的控制器进行调节。在下落过程中，从第 2 帧开始逐渐拉长，到第 8 帧拉至最长；落地时下方控制器应回到初始位置，即第 9 帧和第 10 帧控制器恢复为 0；第 11 帧时开始反弹、拉长，到第 17 帧处恢复为正圆，控制器恢复为 0。控制器动画曲线如下图所示。

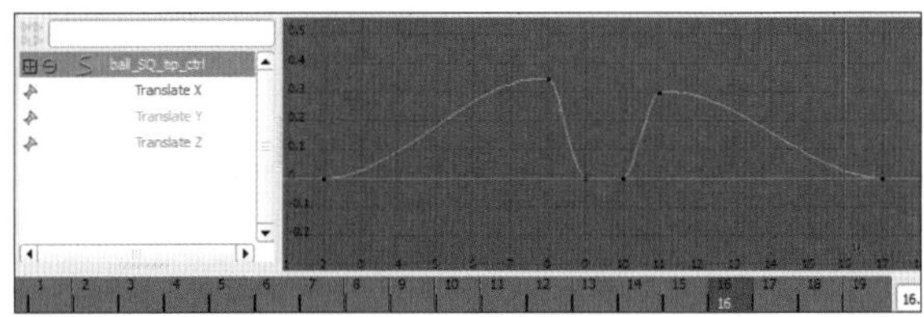

> **提 示**
>
> 小球下部变化没有上部明显，因而下部控制器的位移比上部控制器小得多，只需在 0.4 范围内进行调节。

15 播放动画。小球的跳动真实又不失弹性和生动。

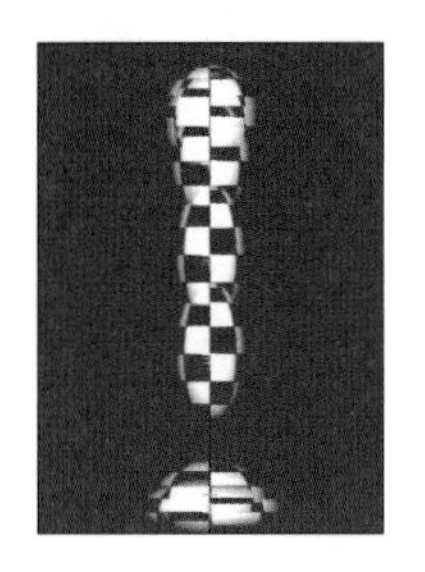

8.2 小球的向前弹跳

小球除了原地弹跳，更常见的是向前弹跳。

8.2.1 小球向前弹跳的原理

与原地弹跳相比，向前弹跳的过程更长，且变化更多。假设小球从出发点受外力向前抛出，落地之后弹起，并逐次弹跳，每次弹起的时间逐渐缩短，弹跳高度逐渐降低，弹跳频率逐渐加快，直到最后停止运动。整个弹跳轨迹和形变过程如下图所示。

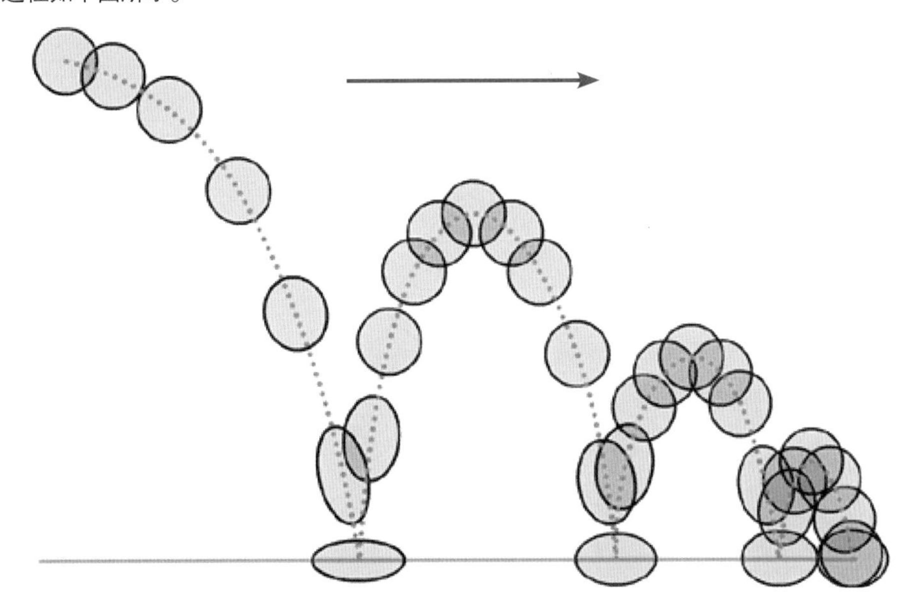

我们将每一秒小球的位置标上序号，可以更清楚地看到小球运动的速度和每一秒的位置。

小球向前弹跳中每一次起落的轨迹弧度是近似的，顶点时速度为0，落地前的刹那速度最快，每个过程都呈一个小抛物线。但是随着每次落地时能量的损失，每一次起落的高度会越来越低，直到最后能量耗尽，小球停下。过程如下图所示。

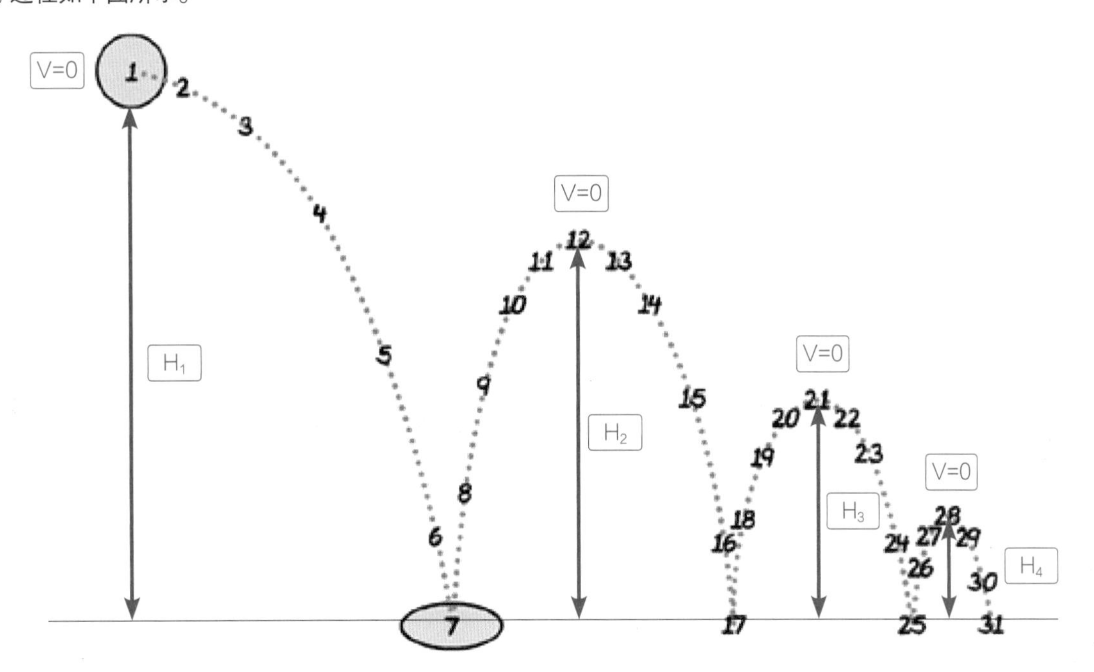

小球的形变与原地弹跳类似，在每个弹起落下的过程中，最高点处小球形变为0，呈正圆形；下落过程中逐渐拉长，在即将落地前小球拉伸为长椭圆形；落地的刹那挤压成扁椭圆形。其中形变过程如下图所示。

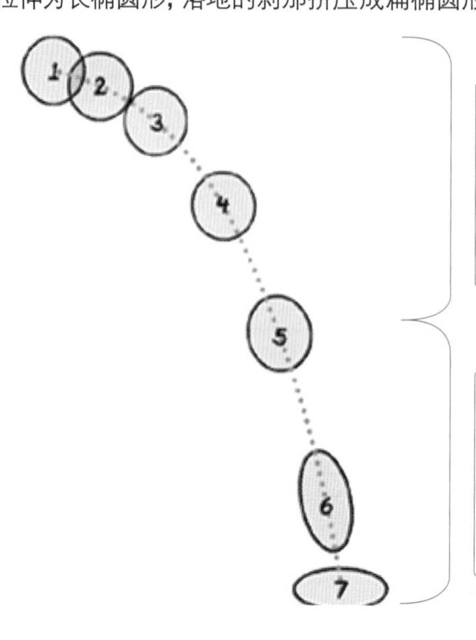

小球在运动中大部分时候是维持正圆的形态的，这样会让小球看起来有固定形体，比较“坚固”。

小球的形变主要出现在每一次落地前后。这样的拉伸与压缩可以让小球看起来很有弹性，更加生动。

8.2.2 实例 小球的向前弹跳

本例中，我们假设小球向前（右侧）抛出，每次落地量有一定损失，则小球弹跳的高度会逐渐降低，最后停止。

原始文件	bouncingball_basic.mb
注意事项	小球向前弹跳的运动规律，尤其是落地前后的形状变化及相对应的动画曲线的变化
核心知识	关键帧动画的创建及动画曲线的修改，动画曲线曲率的修改

01 打开光盘中的文件，可以看到文件中有地面、墙壁和小球。小球已经绑定完毕。我们将动画时间轴上的范围设置为100帧，打开自动关键帧切换按钮，并将Time Slider（时间滑块）中的Playback speed（播放速率）设置为Real-time[24 fps]（实时[24 fps]）。

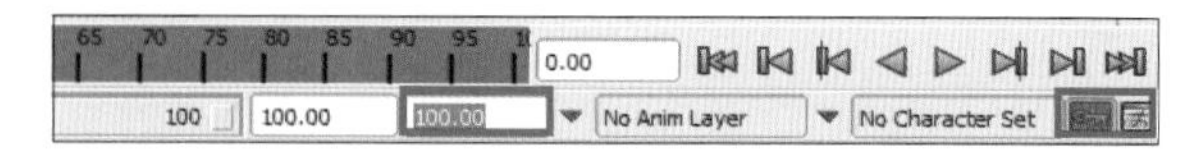

02 首先选择小球的初始位置。选择并移动总控制器，对小球的初始位置进行调整。

提 示

为了方便观察，我们将视图切换为左侧正交视图。

03 下面调节小球的弹跳路径。小球向前弹跳，即沿Z轴正方向向前移动。选中总控制器，在第0帧设置初始位置关键帧，沿Z轴正方向移动小球到适当位置，在第90帧设置终止位置关键帧。动画曲线如下图所示。

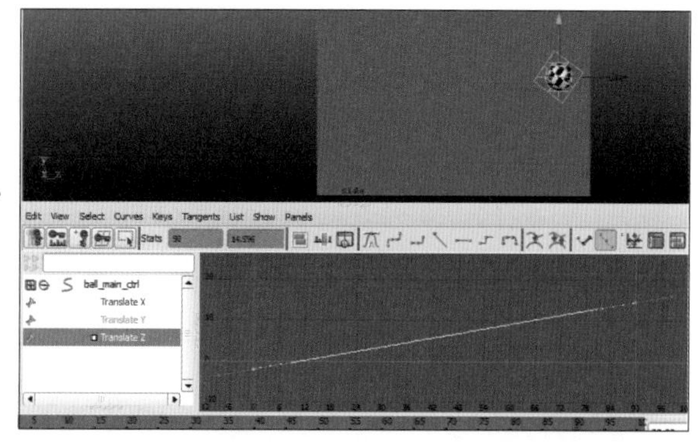

04 播放动画，可以看到小球是匀速运动的。但真实的小球运动从开始抛出到停止必定是一个渐慢的过程，即动画曲线的斜率是从大到小逐渐趋平的。我们调节曲线第 0 帧和第 90 帧的关键点的手柄角度，对曲线的斜率和弧度进行修改，效果如下图所示。

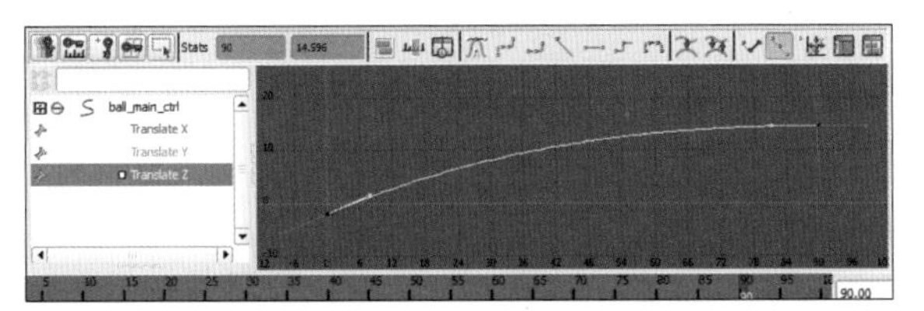

05 接着调节小球沿 Y 轴上下弹跳的路径。我们假设这是一个比较有弹性的球，弹跳次数在 7、8 次左右。调节小球沿 Y 轴上下弹跳的路径的方式与调节小球原地跳动类似，每个起落的轨迹都呈一条抛物线，只是随着每一个起落越来越低，抛物线也越来越小。

仍然选中总控制器，调节其在Y轴上的位移。7次明显弹跳的落地帧数分别在第8帧、第25帧、第39帧、第48帧、第57帧、第64帧、第70帧附近。每次落地间距依次减小，弹跳高度也依次降低。Y方向动画曲线如下图所示。

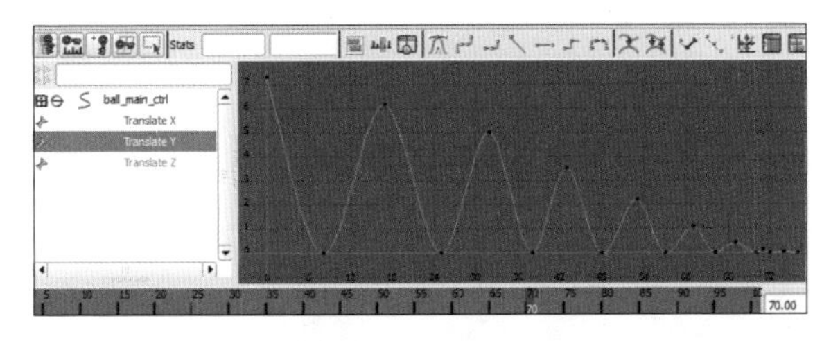

提 示

落地帧数和小球高度大家可凭自己意愿随意进行设定。

06 对这条曲线进行细化加工。

第一次和第二次落地较重，我们在第9帧和第26帧多加一帧，将落地时间延长1帧，相邻的两帧要完全一致，中间水平过渡。

每一次弹起的顶点处斜率为0。我们选中所有顶点，单击 Flat tangents（水平切线）按钮将顶点的斜率更改为0。

为了能够体现出每次起落小球速率的变化，我们在每个抛物线上再多设定一些关键帧，“起”和“落”的过程中各加一帧，让曲线的斜率变化更加明显。（具体过程可见视频）

经过调整的动画曲线如下图所示。

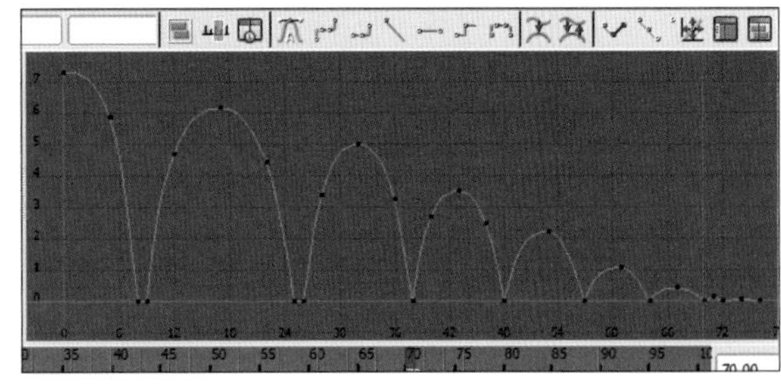

提 示

最后 3、4 次起落高度低、距离短，不需要再多加关键帧。

07 播放动画。可以看到小球已经能够自然地向前弹跳。

08 下面制作小球的拉伸与压缩。

选中小球上部的控制器，与调节小球原地跳动的拉伸压缩的方式相似，每一次起落过程中，靠近顶点处，小球为正圆，此时控制器位移恢复为0；临近地面处，小球拉伸明显，控制器需向上拉伸，中间平滑过渡；小球与地面接触时，瞬间从拉伸变为压缩，控制器向下移动。具体调整过程见视频。调整之后上部控制器的动画曲线如下图所示。

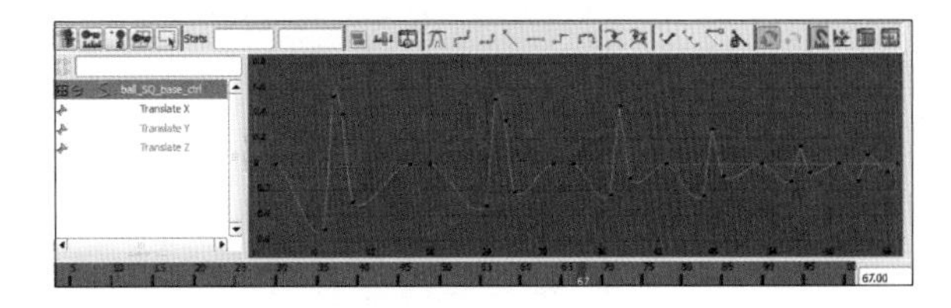

提 示

此控制器调节数值在 1 以内，过大会导致形变太过夸张。且最后几次弹跳因非常轻微，不必调节形变，控制器位移保持为 0 即可。

09 与之前方法相同，略微对小球下部控制拉伸压缩的控制器进行调节。调节后曲线如下图所示。

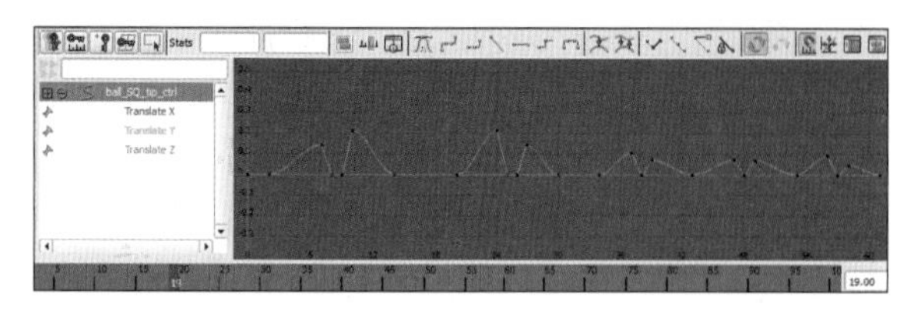

提 示

下部控制器的移动比上部更加细微，如果效果不需要非常仔细，可不必进行调整。

10 最后，对小球的旋转进行调节。小球向前弹跳，则旋转方向与前进方向一致，即是在 YZ 平面内绕 X 轴顺时针方向旋转。

选中在YZ平面内的方框控制器，该控制器可调节小球在YZ平面内的旋转。在第0帧处设置Rotate Y（旋转Y）值为0，按S键，记录关键帧。之后在第85或第90帧左右处修改Rotate Y（旋转Y）值为-665（即是绕X轴顺时针旋转了一圈多）。

11 修改旋转控制器的动画曲线。刚设置好的曲线是直线，小球的旋转是匀速的，这与实际情况不符。真实的旋转应当是开始较快，逐渐减速，而接近停止前旋转便该停止。我们修改控制旋转的曲线，将第 90 帧结束处的曲率修改为 0，中间可再加 1 至 2 个关键帧控制曲率的变化。曲线修改前后对比如下图所示。

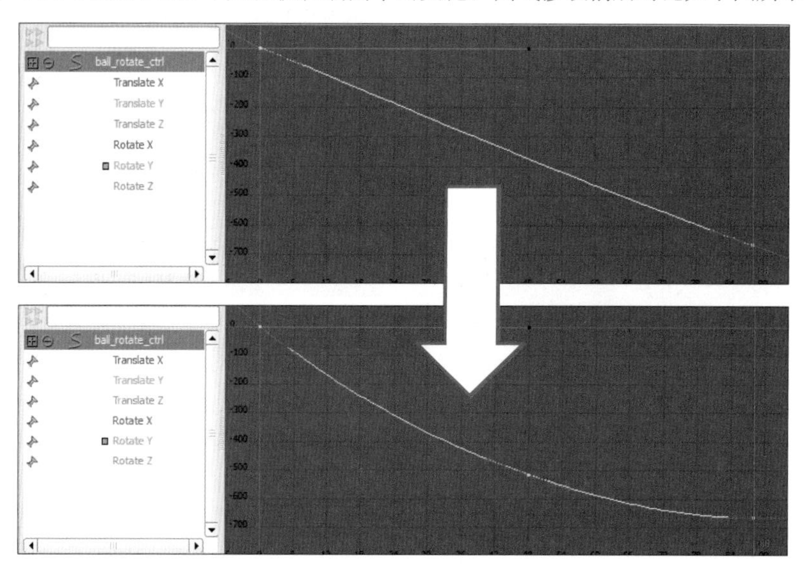

12 调整完毕。播放动画，可以看到小球既有旋转，又有拉伸与压缩，运动效果真实又充满弹性。

8.3 不同特点的小球弹跳

上一节中，我们学习了如何制作小球的向前弹跳。在现实生活中，各种不同材质的小球弹性不同、重量不同、体积不同、所受阻力等因素都不相同，所以运动方式、效果以及运动的轨迹和速率均不相同。本小节将对不同特点的小球进行分析，分别制作不同材质小球的弹跳动画。

8.3.1 不同小球的弹跳特点

决定小球弹跳效果的因素有很多，其中最重要的一项就是小球的弹性。

假设从同一高度自由下落，小球弹性越大，则反弹的高度越高，之后反复弹跳次数越多，直到静止之前的时间也越长。例如：以我们的常识来看，乒乓球的弹性比足球好，足球的弹性比铅球好。

各类常见小球的弹跳高度与弹性指数如下图所示。

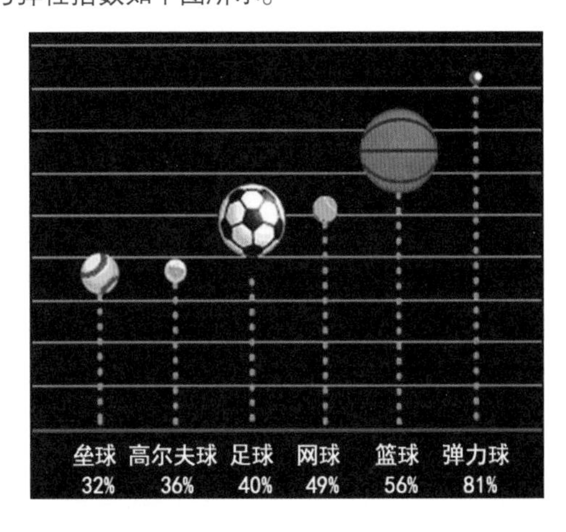

不同小球的弹跳轨迹也有很大不同。对比如下图所示。

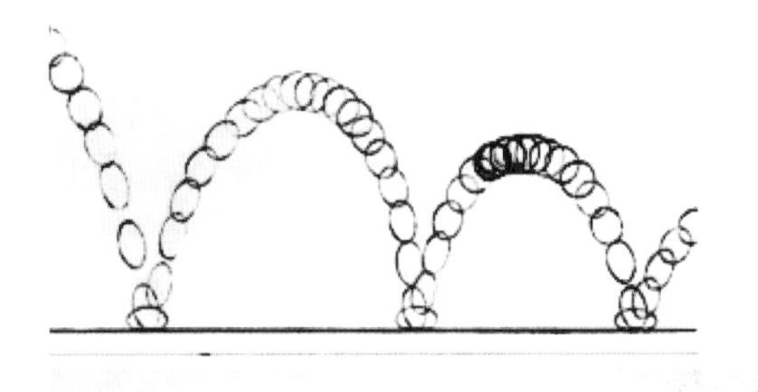

皮球
体积中等，弹性较大，反弹高度较高，弹跳次数较多。

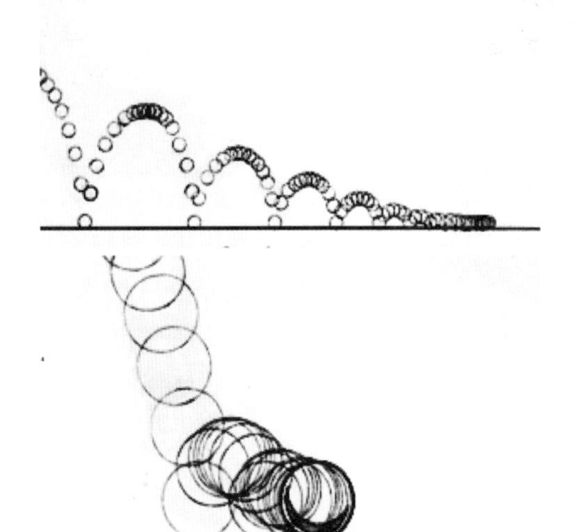

乒乓球
体积小，弹性大，反弹高度高，弹跳次数多，弹跳时间长。

铅球
体积大，弹性小，几乎不反弹，落地沉重干脆。

8.3.2 实例 不同特点的小球弹跳

本例中，我们以铅球、乒乓球和气球为例，为大家进行讲解和制作。我们在上一节中已经制作过弹性小球的向前跳动实例，弹性较大的小球相当于皮球，在本节中不进行重复讲解。本例中会对铅球和乒乓球以及气球的运动进行详细讲解。

1. 沉重的小球——铅球的向前弹跳

铅球的特点是密度大，重量大，硬度大，弹性小，铅球落地之后几乎不向上反弹，最多反弹1、2下，略微滚动后便会静止。

原始文件	heavy_ball.mb
注意事项	铅球的运动特点
核心知识	调节关键帧动画的速率表现铅球的重量感

01 打开光盘中的文件，将动画时间轴上的范围设置为100帧，打开自动关键切换帧按钮，并将Time Slider（时间滑块）参数中的Playback speed（播放速率）设置为Real-time[24 fps]（实时[24 fps]）。

02 确定好小球初始下落的位置后，选中总控制器，调节小球水平方向的位移，进行关键帧设置。在第0帧和约第85帧设置起始关键帧和终止关键帧。

提 示

铅球的反弹次数不多，故平移距离较短。水平方向的动画曲线如下图所示。

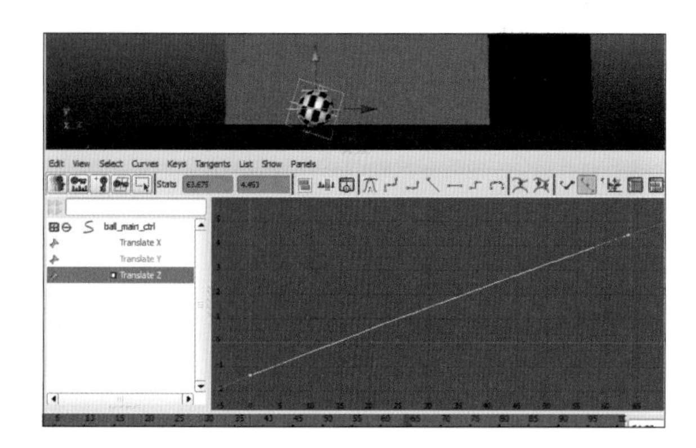

03 对动画曲线的斜率进行修改，使得曲线开始斜率大，而之后斜率迅速趋近于0。为了让斜率更加真实且平滑，我们在中间多加入几个关键帧，如下图所示。

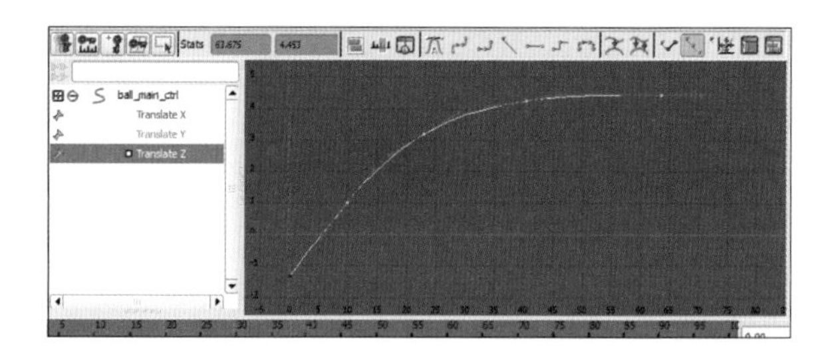

04 下面调节小球在竖直方向上的弹跳轨迹。选中总控制器，我们设置小球在第11帧、第23帧、第29帧处落地，所以在第0帧、第17帧、第26帧左右为最高点，在这些点设置关键帧，如下图所示。

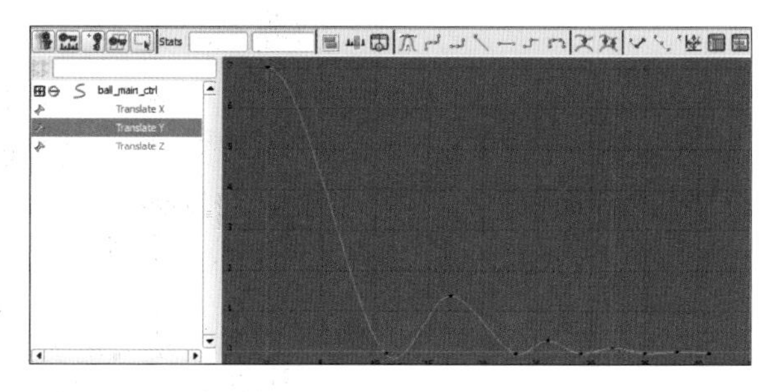

05 对该动画曲线进行调整。

每一次弹跳的曲线都是一条抛物线，所以我们选中落地时刻的关键帧，单击Break tangents（打断切线）按钮，让这些点处的曲率不连续，并调整两边手柄的角度。同时选中所有位于顶端的关键帧，点击Flat tangents（水平切线）按钮，将顶点的斜率更改为0。结合我们自身需要，可以在每一段抛物线的上升及下降段之间再添加1~2个关键帧，目的是让小球的下坠曲率变化更大，让小球显得更沉重，如下页图所示。

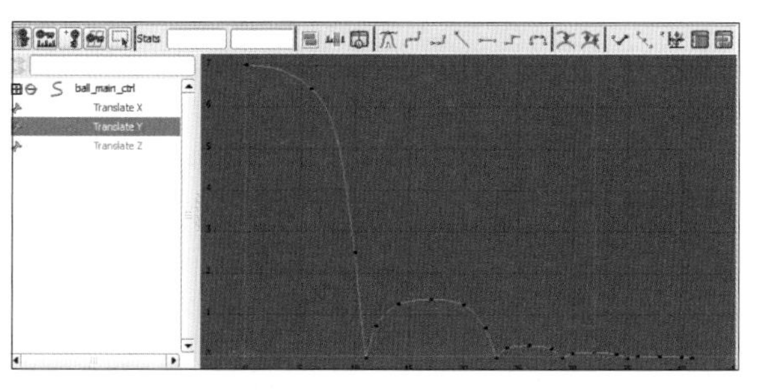

06 铅球的弹性很小，所以这里小球的拉伸与压缩不需要进行调节。我们直接调整小球的旋转。

选中控制YZ平面内旋转的方框控制器，在第0帧设置起始关键帧，在约第70帧设置终止关键帧。控制器在第70帧处的Rotate Y（旋转Y）值为-287，如下图所示。

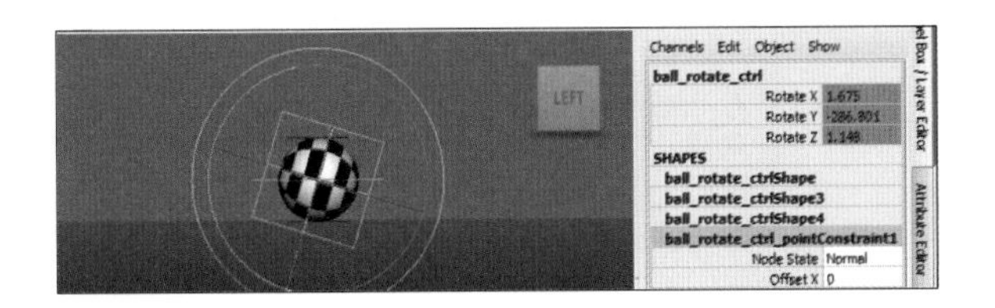

07 调节旋转控制器的动画曲线。初始时旋转较快，曲线斜率大，很快斜率转小，趋近于 0。我们不妨在其中多加入几个关键帧来对曲率进行控制，如下图所示。

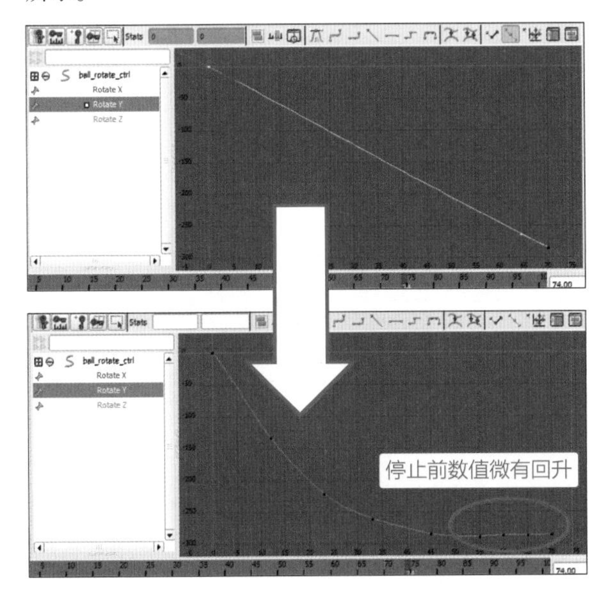

提 示

由于铅球较重，所以旋转到最后时刻会有轻微的向反方向转回一点的现象，我们不妨在后面几帧处将角度略略回调一点，这样效果会更加真实。

08 铅球的调节比较简单。我们播放动画，效果如下图所示。

2. 轻且弹性小的小球——乒乓球的向前弹跳

乒乓球的特点是密度小，重量轻，硬度大，弹性大，乒乓球落地之后迅速反弹，且反弹次数多，高度大，持续反弹时间较长，但形变不大。

原始文件	pingpong_ball.mb
注意事项	乒乓球的运动特点
核心知识	调节关键帧动画的速率表现乒乓球的弹性及轻巧

01 打开文件，将动画时间轴上的范围设置为 220 帧，打开自动关键帧切换按钮，并将 Time Slider（时间滑块）参数中的 Playback speed（播放速率）设置为 Real-time[24 fps]（实时 [24 fps]）。

02 首先我们来设置小球 Z 轴正方向的水平位移。

选中总控制器，在第0帧设置第一帧关键帧。

提 示

必须注意，乒乓球的弹跳次数很多且弹跳时间长，而本例中的背景墙面离小球初始位置不远，因而乒乓球应在半路撞到墙面，并且沿反方向反弹回去。所以我们在设置 Z 轴方向路径时，要意识到，小球从出发到撞上墙面仅仅是一半，另一半路程是撞墙之后朝反方向弹回去的，所以曲线也是两截。

另一个至关重要的关键帧就是小球撞墙的位置，大约在第70帧，Z轴位置与墙面坐标相同；之后小球沿Z轴负方向反弹回去，到中间逐渐停止，我们在大约第200帧设置终止关键帧。总控制器在Z轴方向的位移曲线如下页图所示。

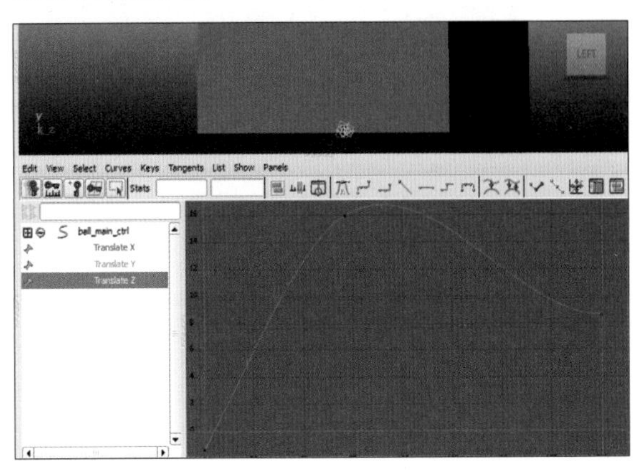

03 我们需要对这条曲线进行细化。

撞到墙面的瞬间小球的方向是突然相反的，所以转折点处应当呈曲率不连续的两段曲线，之间成锐角；反弹之后小球也是从快到慢逐渐停止，所以反弹后的曲线曲率仍是由大到小，逐渐趋于0；最后停止前和铅球一样，可以让小球略往回滚一点，这样更加真实。经过调整的曲线如下图所示。

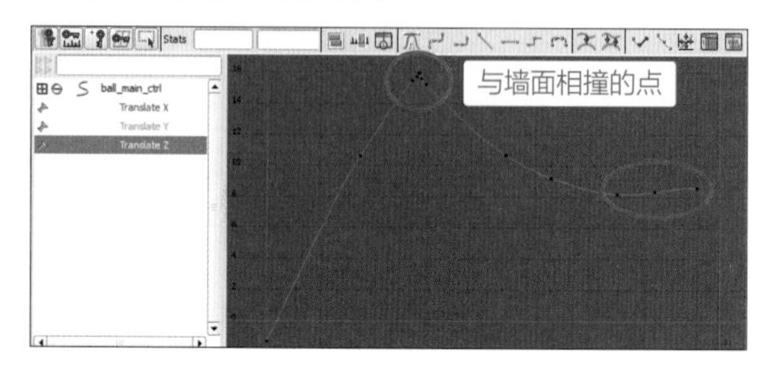

04 之后设置小球Y方向的弹跳轨迹。选中总控制器，和之前的方式一样，选定位置合适的落点。乒乓球的弹跳次数多，这里我们选第12帧、第26帧、第48帧、第70帧、第80帧、第98帧、第110帧、第124帧、第130帧、第137帧、第142帧为落点，之间相应的第0帧、第20帧、第35帧、第54帧、第73帧、第90帧、第105帧、第119帧、第126帧为弹跳的顶点。

这里要注意的是，遇到撞墙的一点时，原有的抛物线则应当打断，以该点位起点，向反方向重新设定抛物线和落点；但是在Y轴的动画曲线上这一点体现得并不明显，Y轴上仍然是一段段抛物线，只在撞墙的断点处略加注意即可。

曲线如下图所示。

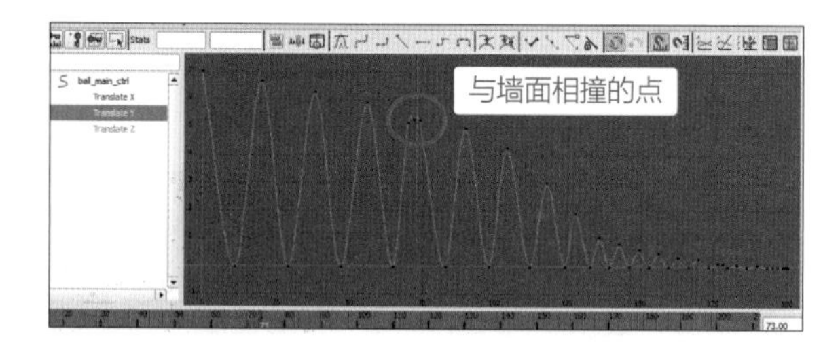

05 对这条曲线进行细化。每个落地的点两段改为曲率不连续的折线，顶点处斜率为0，并且每段抛物线都加入新的关键帧对形状进行调节。修改之后曲线的形状如下图所示。

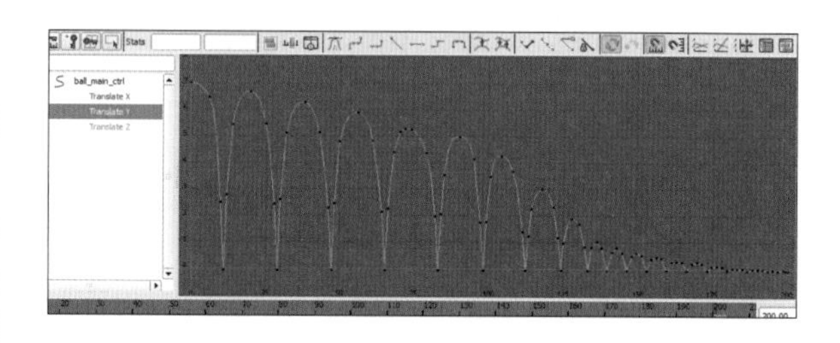

06 最后对小球的旋转方向进行调节。选中YZ面内的方框控制器，在第0帧设置初始关键帧，在撞墙的第70帧设置另一关键帧。

如果细心观察真实的小球与墙面相撞，会发现小球在反弹开始时是几乎不转动的，要待弹跳运动恢复时才开始反方向转动。所以第70帧到约第85帧，我们设定为小球几乎不旋转。从第85帧开始，小球反方向旋转，直到停止。曲线大体形状如下图所示。

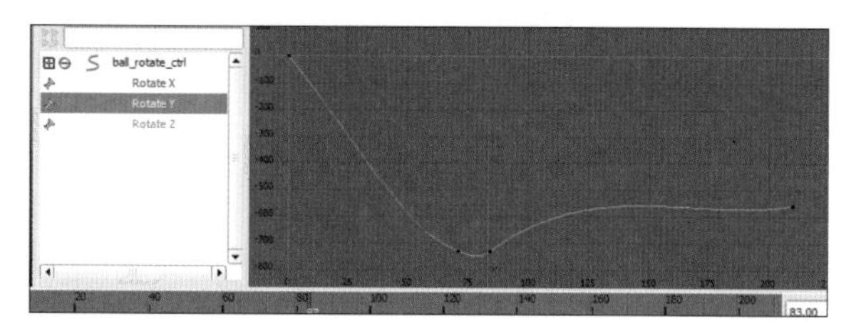

07 对曲线进行细化。配合小球动画多加入一些关键帧，让小球的旋转更加自然，尤其是碰撞墙壁前后的旋转。另外，由于乒乓球很轻，所以即将停止时受到地面的摩擦力作用体现得更加明显，小球在即将停止时的旋转不规律，除了有YZ平面内的旋转外，还会出现其他两个方向的旋转，应当适当加入一些关键帧进行配合，如下图所示。

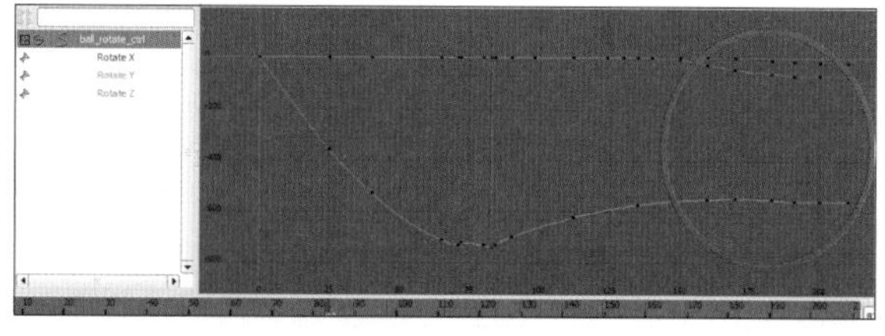

08 调整好之后，播放动画，如下图所示。

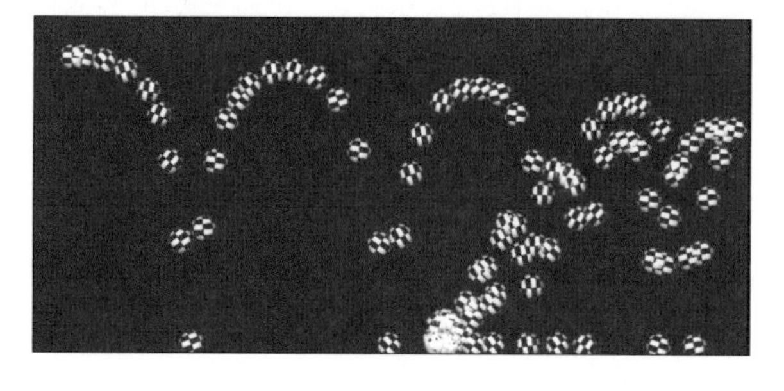

3. 极轻的小球——气球的向前弹跳

气球的性质十分特殊。因为非常轻，且体积较大，密度很小，几乎与空气相等，所以气球的运动非常缓慢，并且受空气与摩擦力影响明显，与其他小球相比，运动非常不规律，运动轨迹也不是标准的抛物线，随机性强。

原始文件	balloon_ball.mb
注意事项	气球的运动特点
核心知识	调节关键帧动画的速率表现气球的不规律运动

01 打开光盘文件，将动画时间轴上的范围设置为 250 帧，打开自动关键帧切换按钮，并将 Time Slider（时间滑块）参数中的 Playback speed（播放速率）设置为 Real-time[24 fps]（实时 [24 fps]）。

02 首先我们来设置小球 Z 轴正方向的水平位移。

选中总控制器，在第0帧设置第一帧关键帧。在第250帧设置终止关键帧。其中第150帧时与墙壁相撞，设置转折处关键帧，如下图所示。

提 示

气球的运动缓慢，设置关键帧时要注意时间间隔够长，运动距离要相对较短。如果气球有撞上墙壁的情况，则处理方式与乒乓球一致，在与墙壁相撞后沿反方向弹回。气球运动终止前的位移可以在较小的范围内适当自由运动。

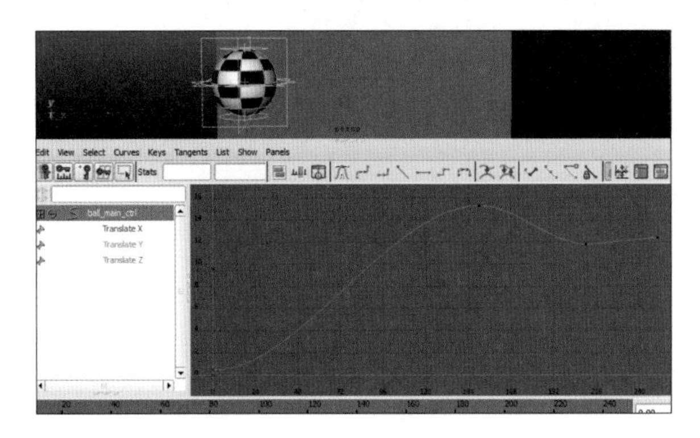

03 对动画曲线进行调节，让运动速率略平均一些，与墙面碰撞的一帧先后曲率不连续，最后终止时斜率逐渐趋于 0，如下图所示。

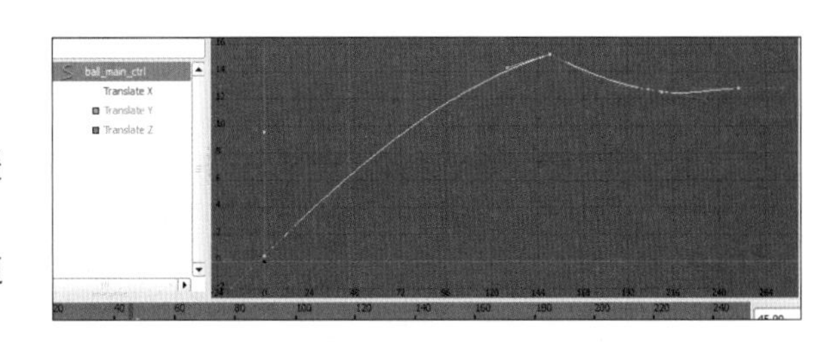

04 调节 Y 方向气球上下运动的轨迹。设置第 0 帧为初始关键帧，第 250 帧为终止关键帧。一开始缓缓掉落，与地面接触后向上反弹，再次缓缓飘移并下落；可如此反复 2、3 次，与墙面碰撞后则突然反弹，重新掉落；并逐渐静止，如下图所示。

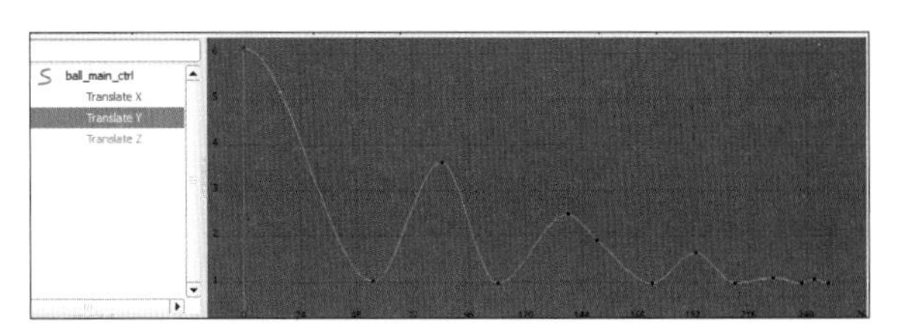

05 对这条曲线进行细化。每个落地的点两段改为曲率不连续的折线，顶点处斜率为 0，并且每段抛物线都加入新的关键帧对形状进行调节。修改之后曲线的形状如下图所示。

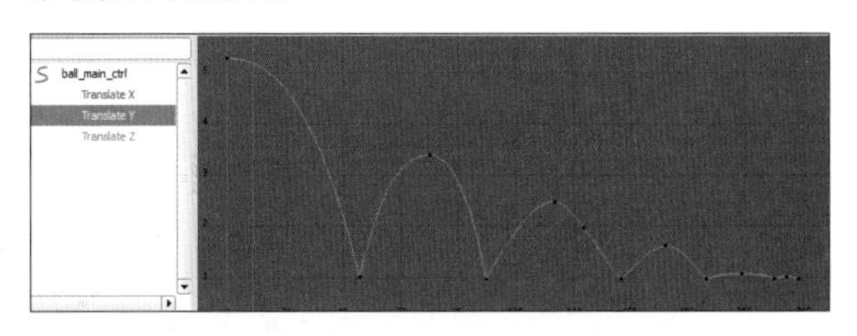

06 最后对于小球的旋转方向进行调节。选中 YZ 面内的方框控制器，在第 0 帧设置初始关键帧，如下图所示。

提 示

气球的旋转非常慢，有时候甚至只是平移，而且在每次与地面碰撞之后旋转方向都会发生一定变化，所以需要每一段重新调节。

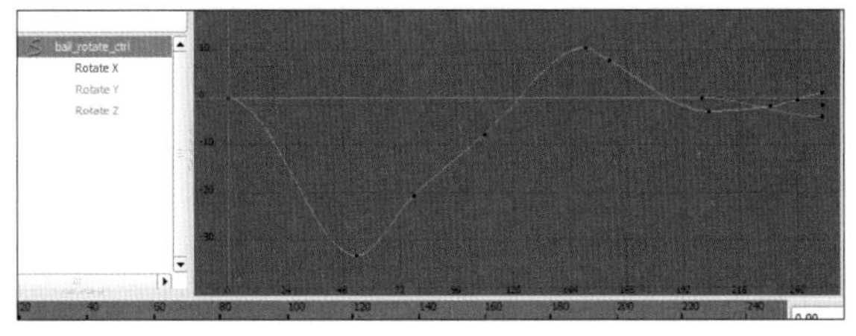

07 除在 YZ 平面内转动，气球还会在另两个方向也有不规律的轻微旋转，我们可以适当添加，如下图所示。

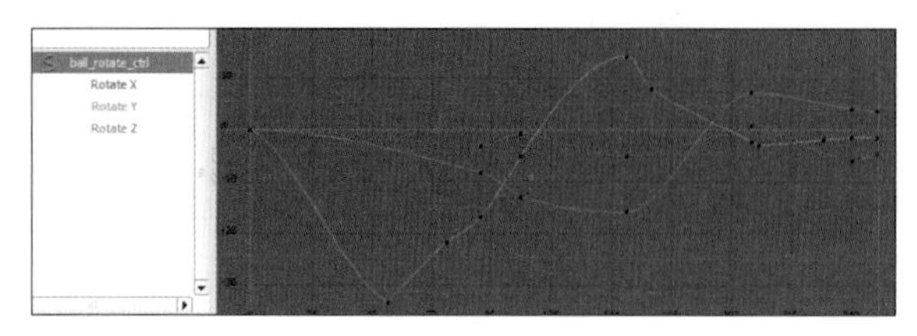

08 播放动画。气球体积较大，运动缓慢且不规律，比较有特点，如下图所示。

我们还可以将之前做过的三种不同小球导入同一个文件中，赋予材质，加上灯光，制作一个简单的动画渲染。效果如下图所示。

Chapter 09 表情动画

※ **本章概述**

表情动画包括面部表情和口型动画，是角色动画制作过程中的一个重要环节。本章首先要介绍的是角色面部表情原理，角色的面部表情变化十分丰富、微妙、复杂，但其中仍存在着一定共性和规律，角色的表情是受面部肌肉控制的，表情的变化要符合面部肌肉的运动规律。其次要介绍的是角色表情设定与制作，表情设定是表情动画制作的前提和基础，优秀的面部表情设定可以使其后的表情动画制作更快捷、准确和高效。在表情设定过程中，我们会以实例的方式制作角色的几个基本表情，以加深大家对表情设定与制作的理解。再次要介绍的是角色口型动画。口型动画在一部动画片中占据了非常重要的地位，人物各种不同的心理活动、喜怒哀乐等情绪都可以通过口型的变化表达出来。在这里，我们将分析发音器官、发音规律与基本口型，然后通过导入一段对白的音频文件，讲解Maya中口型动画制作的全过程。

※ **核心知识点**

❶ 融合变形表情设定与制作实例
❷ 骨骼蒙皮进行表情设定实例
❸ 口型动画实例制作

本章我们来学习角色表情的设定与动画制作，通过表情实例来掌握表情制作技法。

表情动画包括面部表情和口型动画，是角色动画制作过程中必不可少的一个重要环节，和肢体动画一样，在角色表演中发挥着重要作用。

9.1 面部表情原理

喜、怒、哀、乐是人物最基本的表情，人物的面部表情非常微妙，可以传达丰富的情感，人物各种不同的心理活动主要是通过面部表情的变化表达出来的。想要制作好角色的面部表情，必须了解人物的面部变化规律和原理，这样才能在表情刻画上游刃有余。

表情的变化是通过五官的变化、肌肉的伸缩来展现的，这些部位的变化都有一定的规律可循。在刻画表情时适当地进行夸张表现，会让角色更加生动，也更能突显情绪的变化，才能更传神地表现角色。卡通化的面部相对于写实化的面部更容易用夸张的手法表现。如右图所示。

9.1.1 悲伤

悲伤分为很多种，哭、沮丧、失望、痛苦、忧郁等都是悲伤情绪的一种。

张开嘴大哭属于最悲伤的表情。它的特征是：眉毛全部降低，眉头紧皱，尤其是两眉间更加明显；眼睛闭合挤压；嘴部张开并向两侧拉伸，嘴角向下，大哭时下嘴唇和下巴会抖动。

角色沮丧、失望、痛苦、忧郁时，其特征是：眉毛内侧向上扬，外侧向下，会挤压眼窝的外部边缘；上眼皮下落；前额会突出皱纹；嘴角下垂，有皱纹，当嘴唇合上时下颚会下降，脸部会拉长；伤心的时候，眼睛可能向下垂，看向其他地方，瞳孔移动会变慢；头部微倾斜或下垂，头颈软弱无力。

9.1.2 发怒

发怒的面部表情特征是：会有明显的皱眉动作，眉毛压向眼睛，瞳孔会收缩；鼻尖儿上提，鼻孔变大、张开；牙齿可能暴露在外边，也可能嘴部紧紧闭住，嘴唇闭紧挤压，嘴角下拉，下颌拉紧。

9.1.3 笑

笑的面部表情变化最多、最丰富，包括微笑、大笑、狂笑、狠笑、苦笑、娇笑、奸笑、假笑、讥笑、冷笑、呆笑等各种笑法。不同的笑会表现角色不同的心理变化。当角色兴高采烈、喜悦兴奋时，头部略微上仰，眉毛上扬、舒展，眼睛呈下弧形；脸颊肌肉向上提起，整体脸型变宽；嘴巴张开露出牙齿，嘴角向上挑起；鼻唇沟线加深上抬呈内弧形，下颌拉紧；身体或挺直或后仰，步伐轻盈。

9.1.4 恐惧

恐惧的面部表情特征是：眉毛一起上抬并相互靠拢，眉毛内侧向上扬；瞳孔收缩，眼睛睁大，强调眼白，经常会紧绷拉伸上眼睑；嘴巴张大咧开呈长方形，嘴角略向下，露出牙齿；面颊肌肉拉长，下颌收缩；头发竖立。

9.1.5 厌恶

厌恶的面部表情特征是：眉部紧皱，眼皮向下遮住部分瞳孔；牙齿紧闭并且露出来，两侧嘴角下拉并且不对称。

9.1.6 惊讶

惊讶的面部表情特征是：眉毛高高上扬，眼球膨胀，目光会停留在目标上；嘴巴会伴随着下颚打开而拉长。

9.2 角色表情设定与制作

角色表情设定是角色表情动画制作的前提和基础，是实现角色概念设计到三维角色动画的重要桥梁和纽带。在Maya中，使用Blend Shape（混合变形）进行角色表情设定是最为常用和有效的方法，本节会重点对其进行介绍。但混合变形有一定的局限性，有些情况下，通过创建头部以外的表情控制骨骼，或创建蒙皮来驱动面部模型的点的运动会很方便，本节也会简要介绍。

9.2.1 实例 混合变形表情

1. 利用混合变形进行表情设定的注意事项

- 目标对象和基本对象必须面数相同；
- 目标对象和基本对象尽可能有相同的结构，制作目标对象时要充分考虑其面部肌肉的相互牵动影响；
- 对于从基本对象复制位移而来的目标对象，注意不要进行冻结归零操作；
- 所有目标对象按统一标准命名。制作完成后交给动画师进行表情动画测试，以保证角色动画阶段动画师工作的顺利进行。

2. 准备混合变形的目标对象

01 利用 Lattice（晶格）工具控制目标对象的脸部变形。打开光盘中的文件，可以看到文件中有一个完整的角色头部模型，这个模型比较简单，布线简洁合理，我们将其作为基本对象，如下左图所示。选择基本对象，复制一个目标对象，选择复制的对象，执行 Create Deformers（编辑变形器）> Lattice（晶格）命令，这样会在对象上出现一个晶格，并将通道栏中的 S Divisions、T Divisions、U Divisions 三个属性值分别设置为 4、5、3，如下右图所示。它们是用来控制晶格对象的精度的，值越高越精细，但不要设置得过高，否则会为调节带来不便。

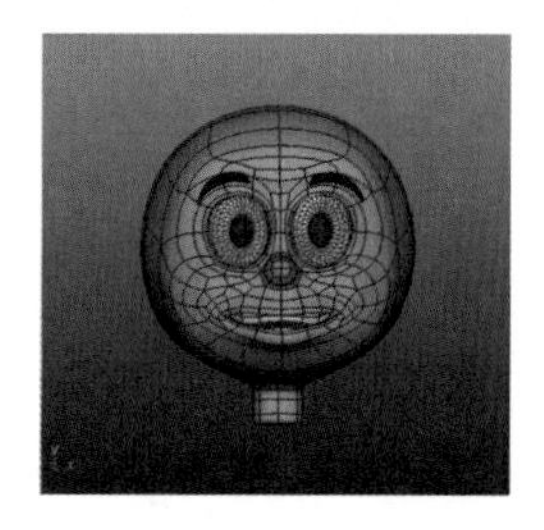

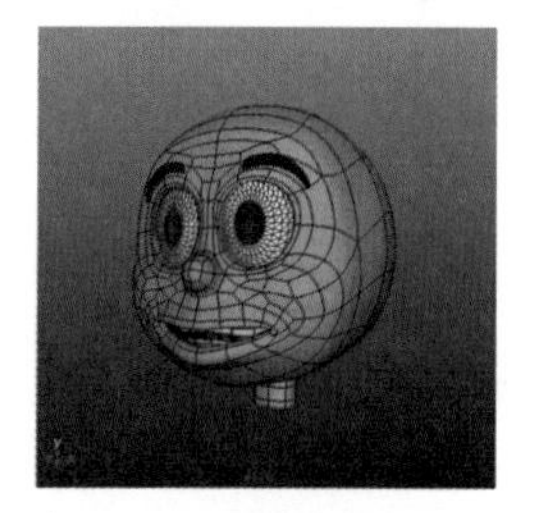

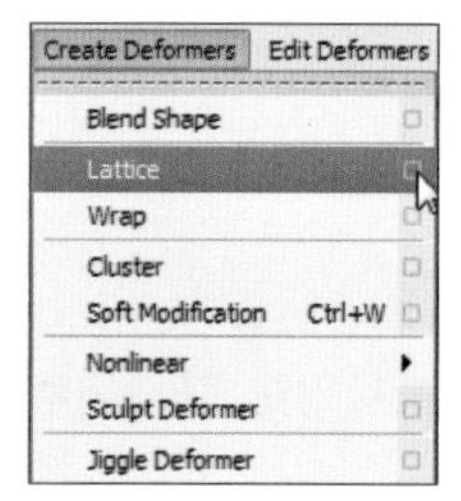

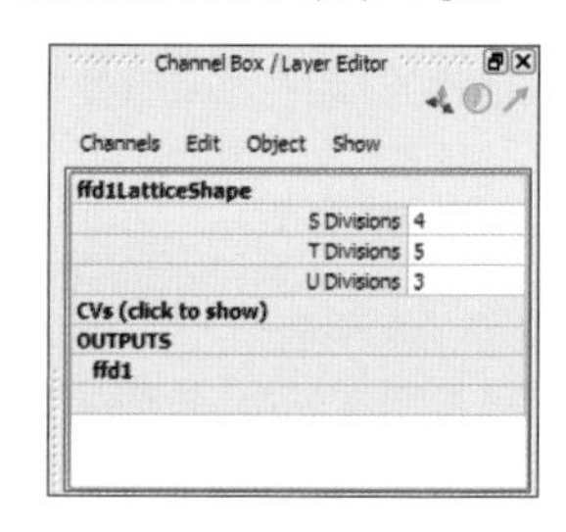

02 选择晶格对象，按鼠标右键进入点层级，对面部形状进行适当调节，为了突出该命令效果，本例对角色头部外形做了很大的夸张变形，如下图所示。

03 利用Cluster（簇变形器）控制目标对象的眉部变形。进入点层级，选择眉毛周围的点，执行Create Deformers（创建变形器）> Cluster（簇）命令，为选择的点创建簇变形器，如下图所示。

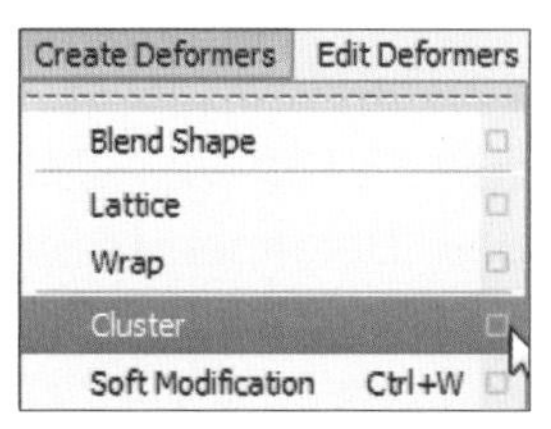

现在可以移动簇来控制眉毛的变形。如果簇移动幅度过大，眉毛处的皮肤会出现撕裂现象，这主要是因为簇变形的权重不光滑所致，如下图所示。

现在对簇变形的权重进行手动调节，选择目标对象，执行Edit Deformers（编辑变形器）>Paint Cluster Weight Tool（绘制簇权重工具）命令，可以看到簇变形器的影响权重效果，白色为簇完全控制范围，黑色为簇完全不控制范围，如右图所示。

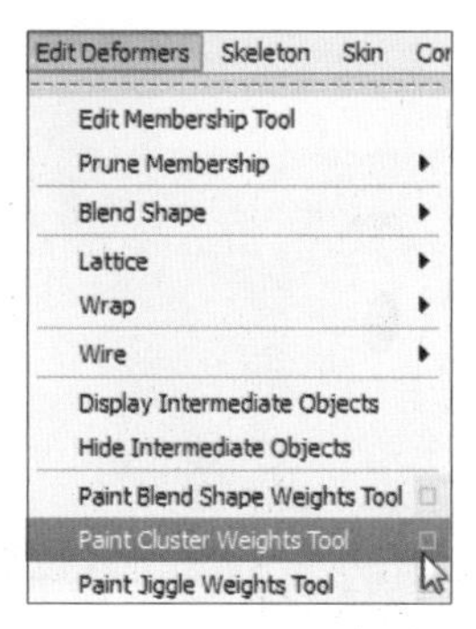

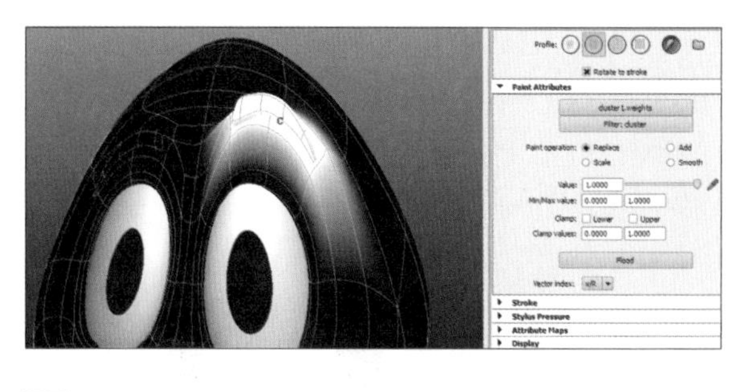

04 在右侧的笔刷设置面板中，选择Smooth（平滑）笔刷方式，单击Flood（整体应用）按钮，这样会以光滑的笔刷方式对权重自动进行涂抹。可以单击多次直到权重合理，如下图所示，现在可以看到权重的效果比较光滑了。当然也可以使用其他类型的笔刷进行编辑，直到对权重满意为止。

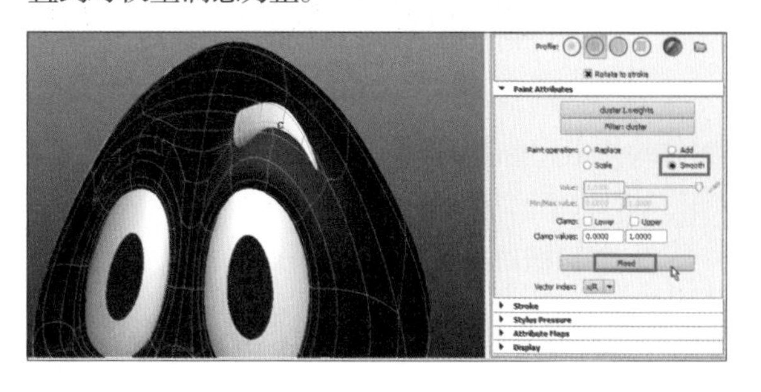

05 利用软选择工具控制目标对象的嘴部变形。选择目标对象上嘴唇周围的点，使用移动工具将其向上拖动，会发现嘴角部分的皮肤有撕裂现象，这主要是因为临近的点与点之间变换权重相互对立，不受对方影响。我们通过激活软选择工具可以有效解决这一问题，首先保持上嘴唇点的选择状态，确认当前使用的是位移工具，然后按住键盘B键，同时按住鼠标中键拖动，这样就激活了软选择工具。我们可以在视图中实时调整软选择的影响半径，受软选择影响的点会呈现不同的颜色，黄色点表示完全受影响，橙色点部分受影响，褐色和接近黑色的点几乎不受任何影响。这样就实现了点与点之间的柔和过渡，如下图所示。

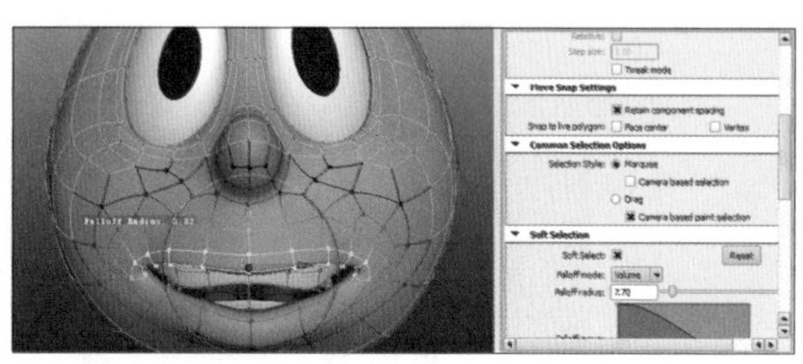

但仔细观察会发现一个问题，在将上嘴唇上提的过程中，角色的下嘴唇也受到了影响向上运动。此时按快捷键Ctrl+A，打开软选择工具面板，将Soft Selection（软选择）卷展栏下的Falloff mode（衰减模式）设置为Surface（表面），可以有效解决问题，如下图所示。

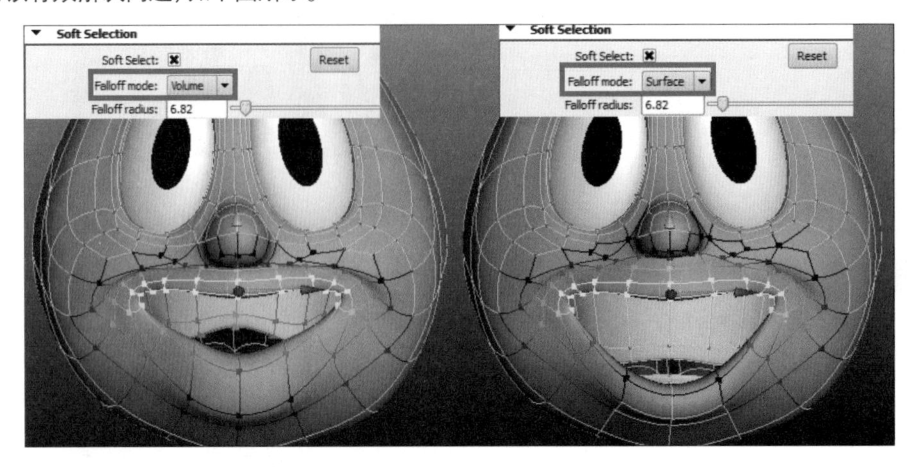

综上，我们分别介绍了使用晶格变形、簇变形和软选择工具来创建用于进行混合变形的目标对象，灵活而又熟练地使用这些命令工具，可以提高制作效率。当然，混合变形目标对象的创建方法不仅限于这些，还有使用线变形等其他创建方法，由于篇幅关系，就不一一列举了。

3. 单目标对象创建混合变形

现在我们已经创建了一个目标对象，一个基本对象，符合混合变形的基本要求，可以创建简单的面部混合变形了。

选择目标对象，按住Shift键加选基本对象，单击Create Deformers（创建变形器）> Blend Shape（混合变形）命令后的选项设置按钮，设置Blend Shape Node（混合变形节点）为BLD_Try。选择Window（窗口）> Animation Editors（动画编辑器）> Blend Shape（混合变形）命令，会发现一个以BLD_Try命名的垂直结构布局的混合变形滑块，我们也可以通过选择Options（选项）> Orientation（方向）> Horizontal（水平）命令改变布局为水平方式，这在为有多个目标对象的基本对象创建混合变形时非常有用，如下图所示。

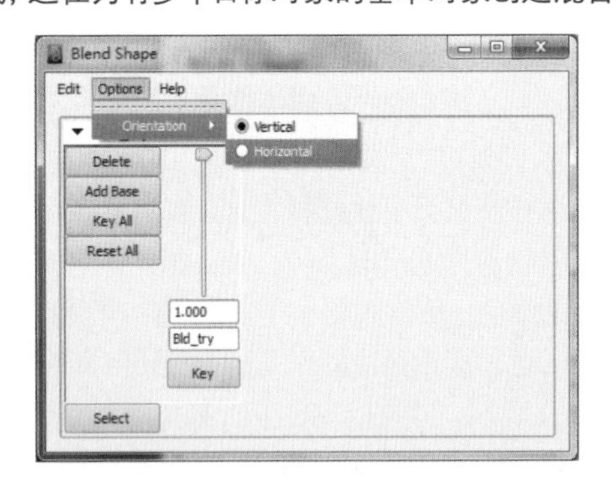

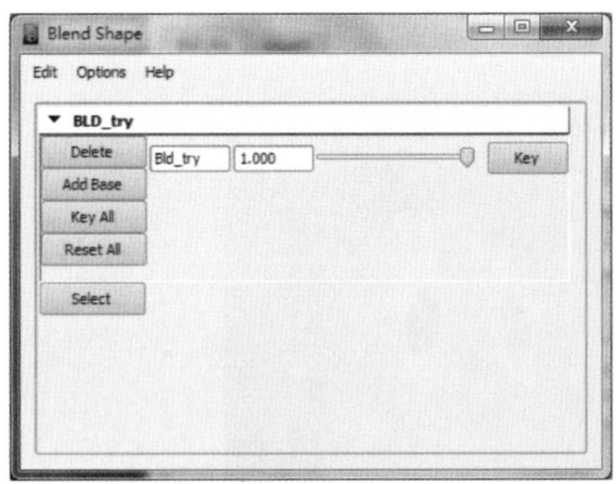

现在调节表情滑块，测试一下效果，如下图所示。

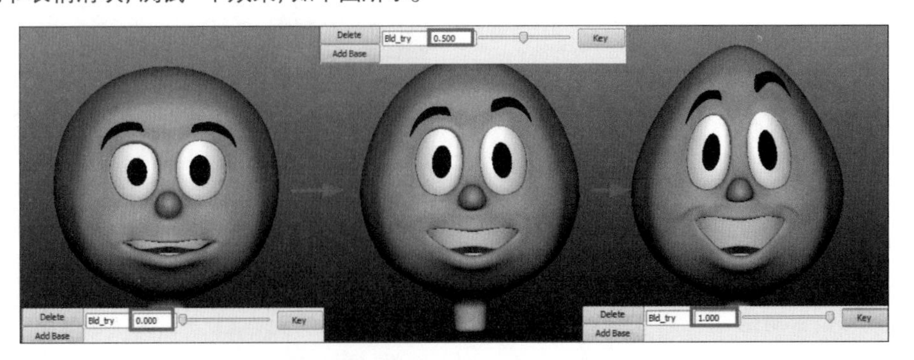

4. 多目标对象创建混合变形

前面主要讲解了简单混合变形的创建，在实际的项目制作中，制作准确与生动表情的目标对象需要花费很长时间，需要根据角色面部表情规律和角色个性创建大量的目标对象，如下图所示。在存在多个目标对象的情况下，一般将部分目标对象进一步分成左半部分和右半部分，可以让角色动画更丰富。

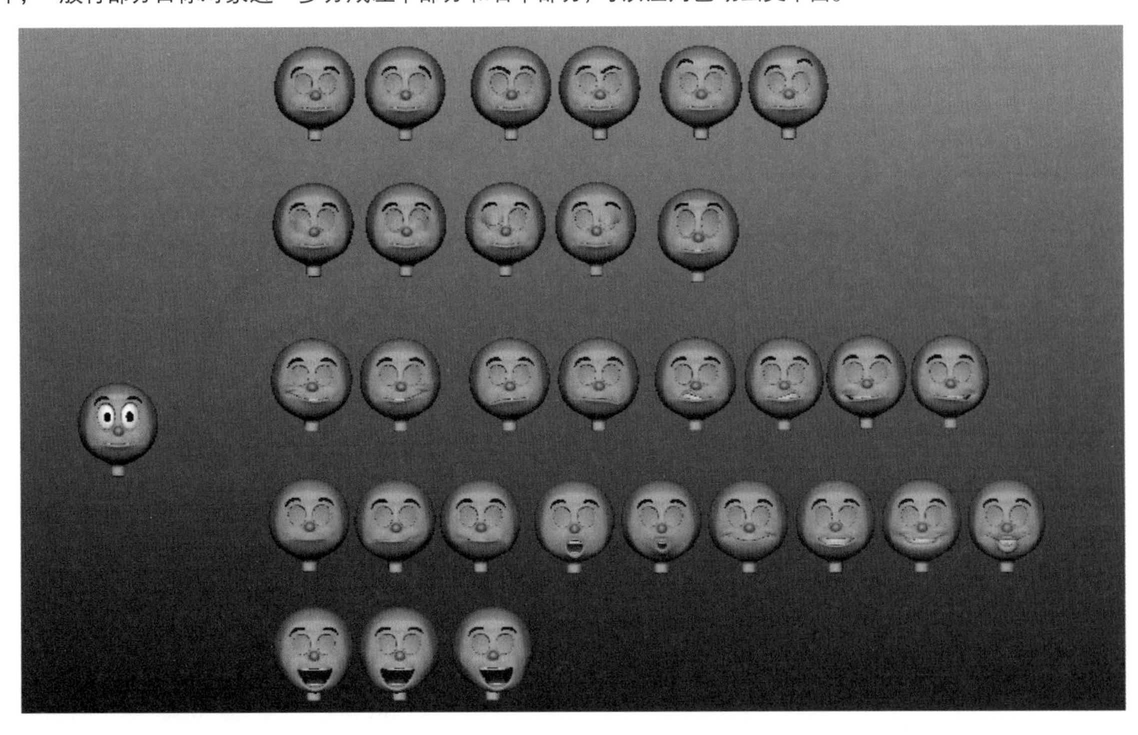

同时，一定要注意目标对象的命名，一般的命名原则是："表情部位"+"方向"+"具体表情"，例如：B(Brow)_L_Smile、M(Mouth)_R_Angry等，这样当完成混合变形后可以在混合变形窗口里众多的融合表情滑块中，很方便地找到想要调节的表情。

按住Shift键框选或依次单击来选择目标对象，最后加选基本对象，执行Create Deformers（创建编辑器）> Blend Shape（混合变形）命令。选择Window（窗口）> Animation Editors（动画编辑器）> Blend Shape（混合变形）命令，在打开的对话框中有众多以"表情部位"+"方向"+"具体表情"命名的、垂直结构布局的混合变形滑块，我们也可以通过选择Options（选项）> Orientation（方向）> Horizontal（水平）命令改变布局为水平方式，如下图所示。现在我们用制作好的混合变形，调节几个表情测试一下效果。

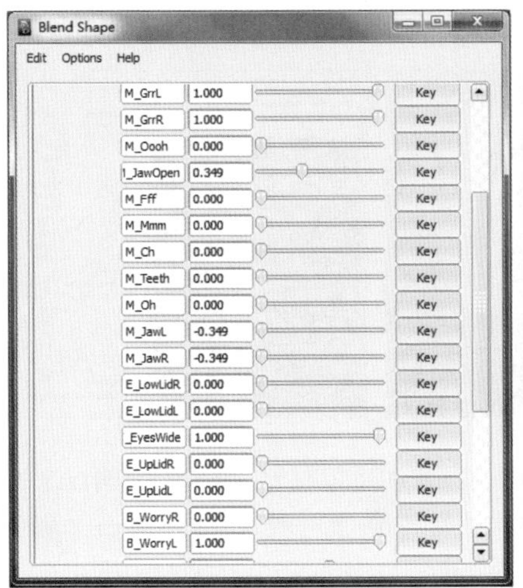

混合变形功能非常强大，使用它来创建角色面部表情能够满足绝大部分工作需要。但它本身也存在一定的局限性，不能够完全满足某些特殊角色、特殊表情的需要，所以大家要发散思维，如果不能达到预期的动画效果，还可以在模型的基础上建立骨骼，用骨骼来控制表情的变化。对于个别无法达到要求的细微之处，可以进入模型子层级对点进行操作。

9.2.2 实例 骨骼蒙皮表情

角色嘴部变化很复杂，使用混合变形的方法有一定的局限性，这里我们在混合变形的基础上创建额外嘴部骨骼并进行蒙皮，从而更准确、灵活和方便地控制下颌的运动。

01 创建头部骨骼并进行蒙皮绑定。进入侧视图，以网格线框显示头部模型，执行Skeleton（骨架）>Joint Tool（关节工具），在侧视图中创建骨骼，如下图所示。

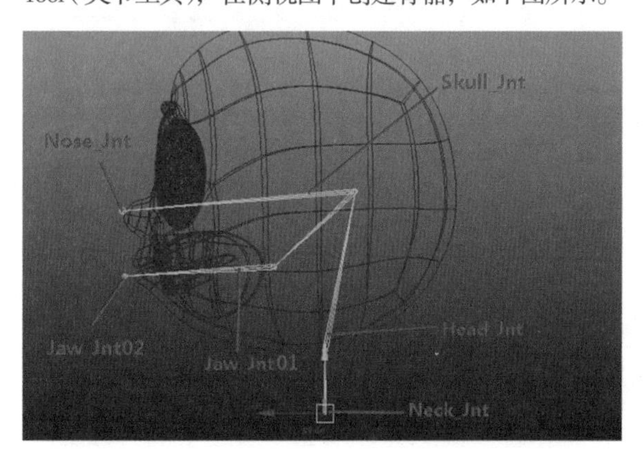

选择模型，按住Shift键加选Neck_Jnt骨骼，执行Skin（蒙皮）>Bind Skin（绑定蒙皮）>Smooth Bind（平滑绑定）命令，打开其选项面板，将Max influences（最大影响）值设置为3，单击Bind Skin（绑定蒙皮）按钮。蒙皮完成后，模型呈紫色显示，如下图所示。

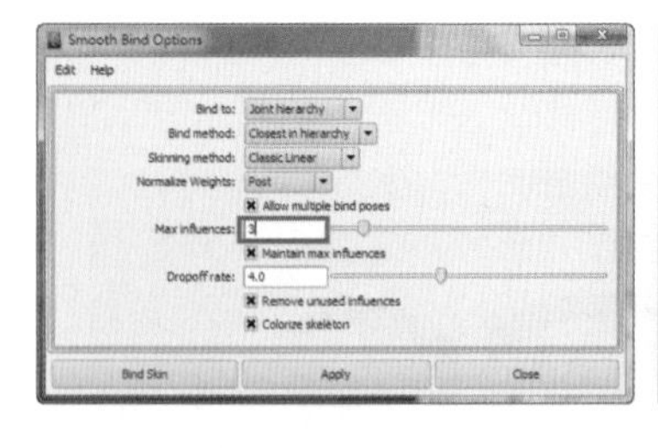

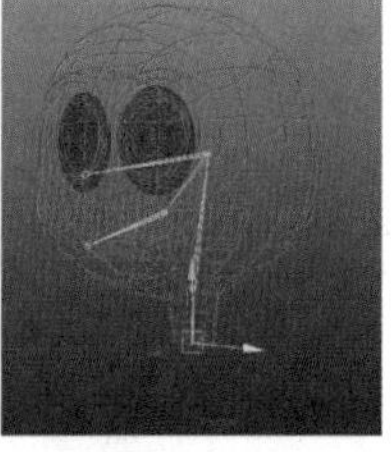

02 创建头部总控制器。执行Create（创建）>NURBS Primitives（NURBS基本体）>Circle（圆形）命令，创建一个NURBS圆，将其命名为Head_ctrl，按键盘V键捕捉到Head_Jnt位置，然后冻结并删除历史。选择该控制器，按住Shift键加选Head_Jnt骨骼，执行Constrain（约束）>Point（点）和Constrain（约束）>Orient（方向）命令，在方向约束选项面板中，勾选Maintain Offset（保持偏移）复选框。这样就完成了头部总控制器的创建。

03 骨骼蒙皮情况测试。为了更好地测试头部骨骼对模型的影响情况，我们要对头部总控制器、下巴等骨几个关键帧进行测试。如图，我们发现主要存在三个问题：一是眼球没有跟随头部运动，也没有控制眼睛变化的控制器：二是下巴骨骼对模型嘴部权重影响范围过大，没有很好地实现下巴的张合：三是Nose_Jnt对鼻子部位的控制不是很理想，也同样需要调整权重，如下图所示。

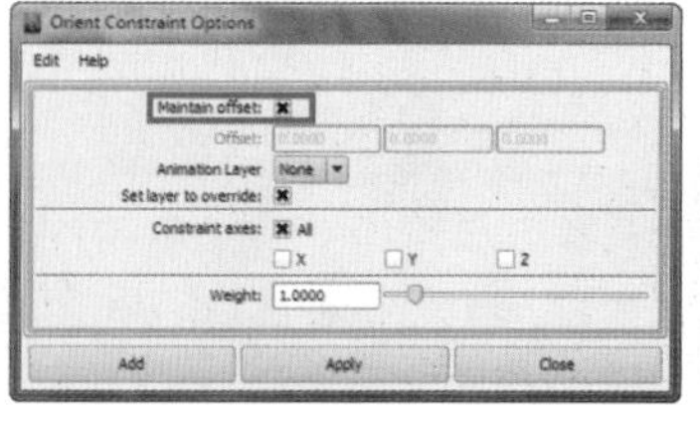

04 针对问题一，首先要实现眼球与头部的随动。将左右眼球分别各自成组，命名为EyeBall_L_Grp和EyeBall_R_Grp，然后将这两个组再次成组，命名为Eye_Grp，按键盘Insert键，选择轴心，按键盘V键将其点捕捉到Head_Jnt轴心点位置。选择Head_Ctrl头部总控制器，按住Shift键加选Eye_Grp，执行Constrain（约束）>Point（点）和Constrain（约束）>Orient（方向）命令，这样就实现了眼球与头部的随动，如下图所示。

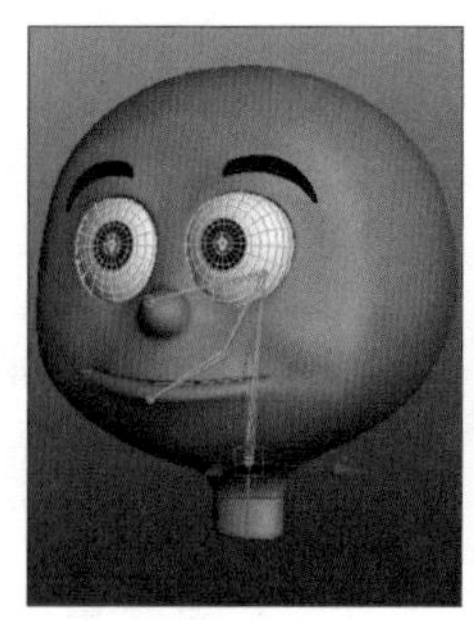

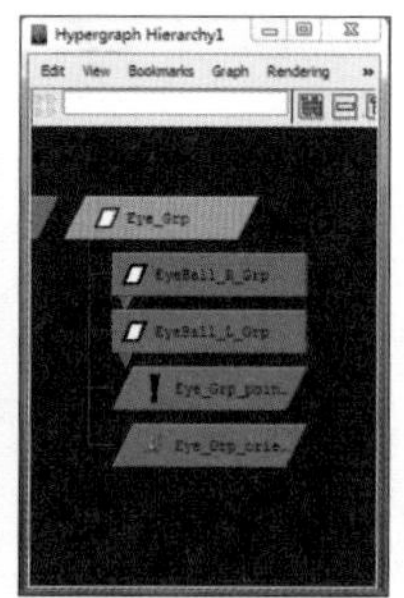

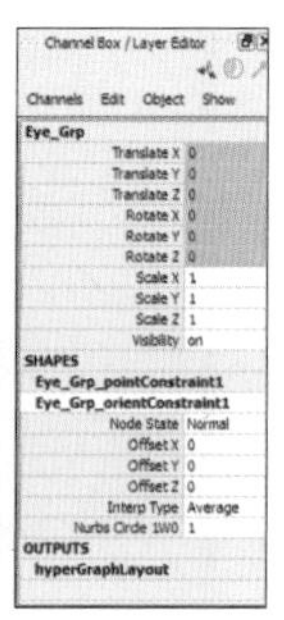

第二要为眼球创建控制器，来控制眼睛自身的变化。常用的方法有两种，第一种方法是创建三个曲线控制器。我们用Eye_L_Ctrl、Eye_R_Ctrl和Eye_Ctrl来表示，放置在眼球前方，冻结并删除历史，将Eye_L_Ctrl、Eye_R_Ctrl设置为Eye_Ctrl的子对象，然后选择左、右眼球控制器，按住Shift键加选各自对应的左、右眼球组，执行Constrain（约束）> Aim（目标）对象，注意在约束选项面板中，勾选Maintain Offset（保持偏移）复选框，同时要注意约束轴向。这样就完成了眼球控制器的创建，如下图所示。

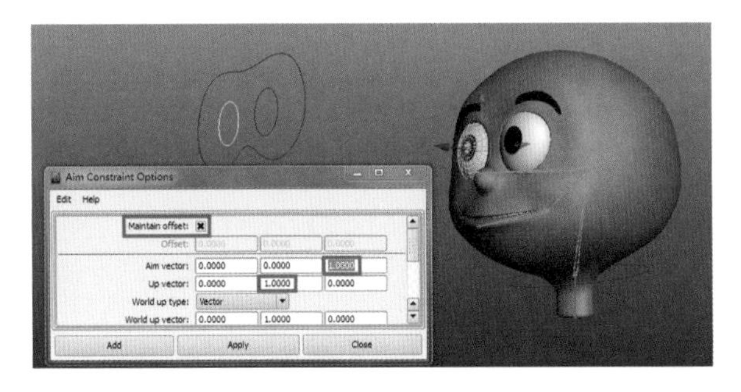

第二种方法是在视图中创建眼球控制图形面板，主要通过设置驱动关键帧和限定位置坐标来实现。

执行Create（创建）>NURBS Primitives（NURBS基本体）>Circle（圆形）命令，创建两个半径为5的NURBS圆，分别将其命名为Eye_L_bkg，Eye_R_ bkg。复制这两个圆，使用缩放工具缩小至瞳孔大小，并分别命名为EyeBall_L_Ctrl，EyeBall_R_Ctrl，将其放置在合适位置后，冻结并删除历史，如下图所示。

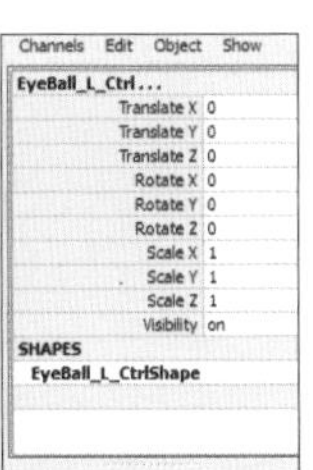

现在我们要将这两个眼球控制器限定在大圆的运动范围内。我们知道作为背景的大圆半径为5，所以选择左眼球控制器EyeBall_L_Ctrl，打开其属性面板，进入其变换节点，在其下的Limit Information（限制信息）的Translate（平移）中进行X和Y轴位移限定设置，具体设置如右上图所示，使用同样方法对右眼控制器EyeBall_R_Ctrl进行位置限定。

设置驱动关键帧，执行Animate（动画）>Set Dirven Key（设置受驱动关键帧）>Set（设置）命令，在打开的驱动关键帧设置面板中载入左、右眼球控制器EyeBall_L_Ctrl、EyeBall_R_Ctrl以Driver方式，选择左、右眼球模型，载入其EyeBall_L_Ctrl、EyeBall_R_Ctrl以Driven方式，分别用左右眼球控制器的Translate X（平移X）和Translate Y（平移Y）去驱动左、右眼球的旋转属性Rotate Y（旋转Y）和Rotate X（旋转X），这样就实现了对眼球的精确控制，如下图所示。

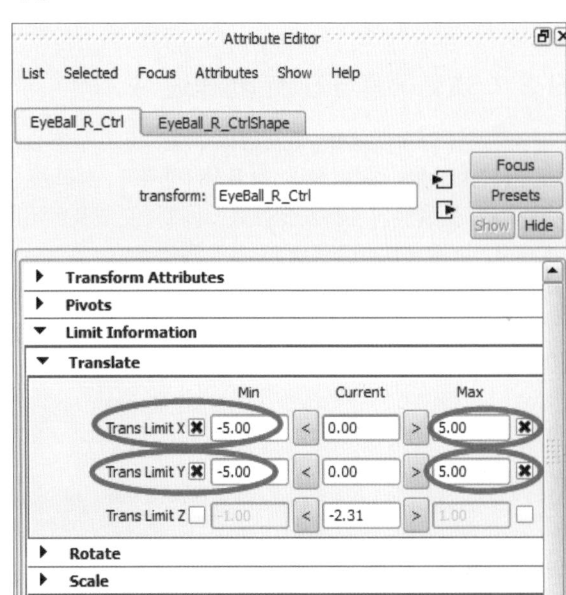

05 针对问题二和三，我们来修改下巴和鼻子骨骼影响权重范围。可以通过执行Skin（蒙皮）>Edit Smooth Skin（编辑平滑蒙皮）>Paint Skin Weight Tool（绘制蒙皮权重工具），使用笔刷绘制权重。也可以执行Window（窗口）>General Editor（常规编辑器）>Component Editor（组件编辑器）命令，打开组件编辑器面板，在Smooth Skins（平滑蒙皮）中精确调节每个点受不同骨骼影响的权重，如下图所示。

9.3 口型动画

口型动画在一部动画片中占据了非常重要的地位，人物的各种不同心理活动、喜怒哀乐等情绪都可以通过口型的变化表达出来。观众看到一个口型变化丰富的镜头时，也会受到感染。本节主要介绍已经做完口型模型设置后的动画制作，通过导入一段声音文件，以实例讲解口型动画的制作过程。

9.3.1 发音器官与国际音标概述

要制作好口型动画，首先应该了解人体发音器官部位及基本工作方式。人类发音器官的整个装置像一架乐器，分三大部分：动力（肺），发音体（声带），共鸣腔（口腔、鼻腔、咽腔），从声门出来的语音气流到达咽腔、口腔、鼻腔，受到腔内各种发音器官的调制，变成音色不同的语音；同时也在这些空腔中产生共鸣，原本微弱的语音被放大，变成响亮的话语语音，如下图所示。

发音器官分布图

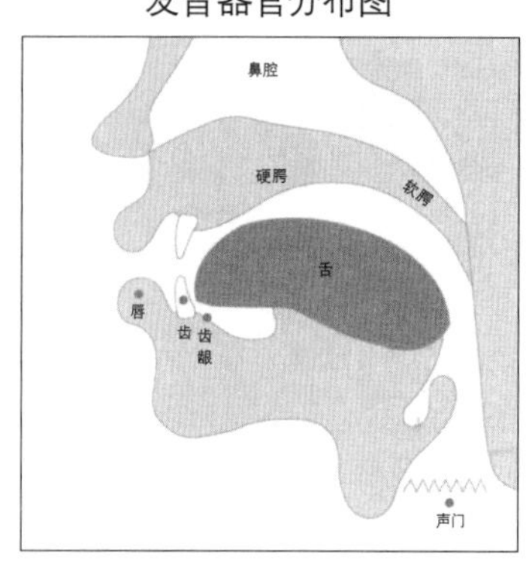

动画艺术是超越国界的，为了让我们的动画角色可以说世界各地的话语，让更多的人们喜爱它，应掌握一定的国际音标发音规律，使口型动画制作得更准确、快捷。

英语共有48个国际音标，其中20个元音，28个辅音，28个辅音中有3个鼻音，2个半元音，1个舌边辅音，如下图所示。

国际音标表

元音音标（20个）	单元音（12个）	前元音（4个）	/i:/ /I/ /e/ /æ/
		中元音（2个）	/3:/ /ə/
		后元音（6个）	/ɑ:/ /Λ/ /ɔ:/ /D/ /u:/ /ʊ/
	双元音（8个）	合口双元音（5个）	/eI/ /aI/ /ɔI/ /əʊ/ /aʊ/
		集中双元音（3个）	/Iə/ /eə/ /ʊe/
辅音音标（28个）	爆破辅音（6个）	/p/ /b/ /t/ /d/ /k/ /g/	
	摩擦辅音（10个）	/f/ /v/ /h/ /r/ /s/ /z/ /θ/ /ð/ /ʃ/ /ʒ/	
	破擦辅音（6个）	/tʃ/ /dʒ/ /tr/ /dr/ /ts/ /dz/	
	舌边辅音（1个）	/l/	
	鼻辅音（3个）	/m/ /n/ /ŋ/	
	半元音（2个）	/w/ /j/	

发元音时，声带颤动，声音响亮，气流在口腔不受阻碍。发辅音时，声带不一定颤动，声音不响亮，气流在口腔要受到不同部位、不同方式的阻碍。辅音一般要与元音拼合，才能构成音节。元音与辅音发音的口型对比如下图所示。

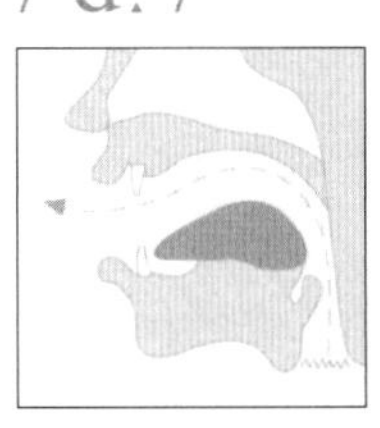

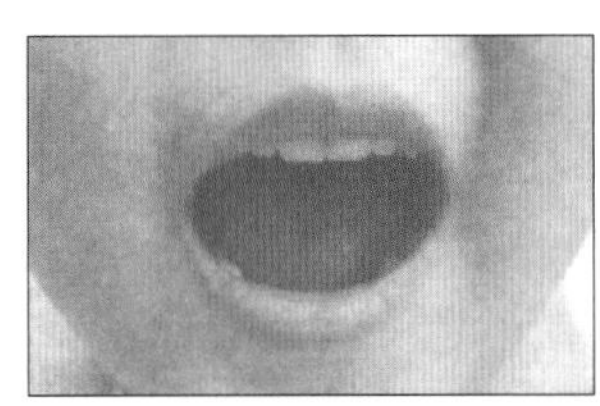

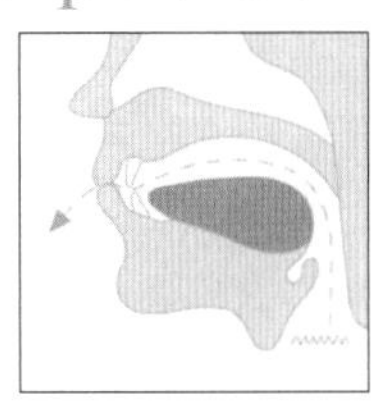

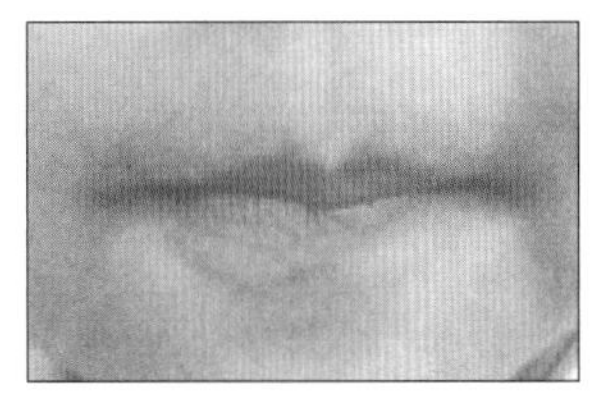

9.3.2 发音基本口型

口型与发音密切相关，有时做一个口型为发一个音，有时一张一合两个口型动作为发一个音，而又有时从发第一个音到发第二个音，口型变化甚微，只是口腔里舌尖或牙齿的运动。所以，不能简单地理解为发一个音就必须或只能做一个口型动作。制作动画中角色的口型动作时，必须概括提炼、抓住重点，突出一句话中最有代表性的几个口型动作，现在基本上都已采用较规范化的口型动作，大致分为8种基本类型，为我们调节口型动画提供了极大的方便，如下图所示。

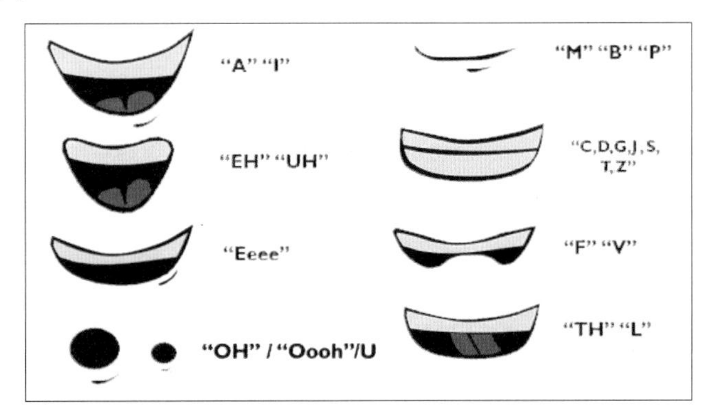

9.3.3 实例 口型动画

本节导入一段声音文件，以实例讲解口型动画的制作过程。

01 更改时间单位和时间滑块播放帧速率。执行Window（窗口）> Settings/Preferences（设置/首选项）> Preferences（首选项）命令，打开参数设置面板，选择Settings（设置）选项，在Time（时间）选项中选择PAL（25fps），即每秒25帧，如下图所示。

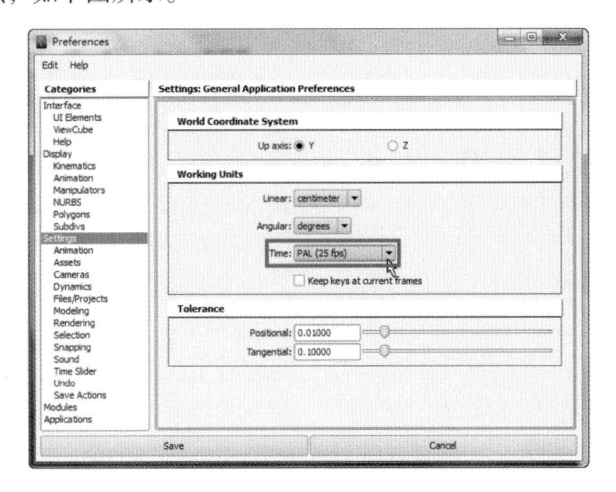

选择Time Slider（时间滑块）选项，在PlayBack speed（播放速度）中选择Real-Time[25 fps]（实时[25 fps]）选项，最后单击Save（保存）按钮保存设置，如下图所示。

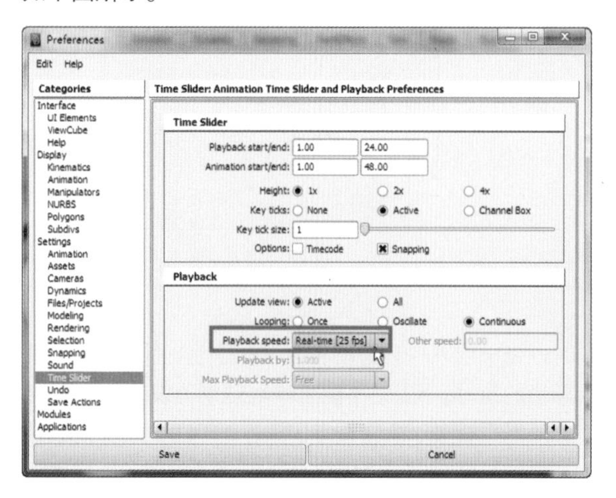

02 打开光盘中的场景文件scenes口型动画.mb。执行File（文件）>Import（导入）命令，导入Ha_GungFu.wav声音文件，然后在Maya中播放声音，确保声音播放正确，并检查时间滑块是否显示声音波形，如下图所示。

03 了解对白内容，对白是："啊哈，我喜欢功夫！你们呢？"根据前面了解的发音和基本口型知识，仔细分析这段话的关键音素及口型。同时要认真把握和体会说话人的情感，这样我们就会心中有数，有利于我们对这段口型动画进行调节，如下图所示。

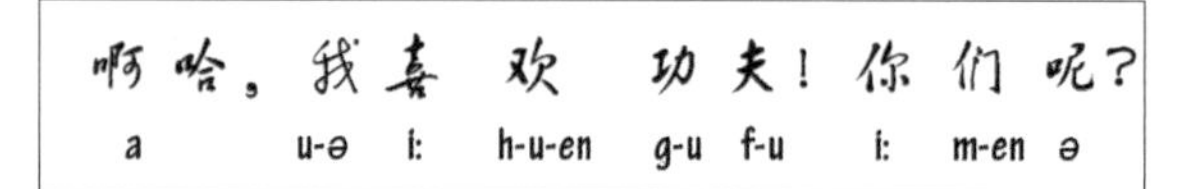

04 对口型控制器设置关键帧，确定口型正确以及张合的节奏。在制作过程中，我们发现关键口型的音素不能表示得十分准确，这是因为我们在制作口型动画时，没有必要对每个音素都要进行完整口型匹配，相邻两个口型最好保持两帧的时间间隔，否则口型看起来会很不自然。同时由于有些从发第一个音到发第二个音，口型变化甚微，只是口腔里舌尖或牙齿的运动，而且因为每个人的发音及口型不会完全相同，所以，结合之前了解的8个基本口型，辅加额外口型，精简而准确概括地创建出关键口型，如下图所示。

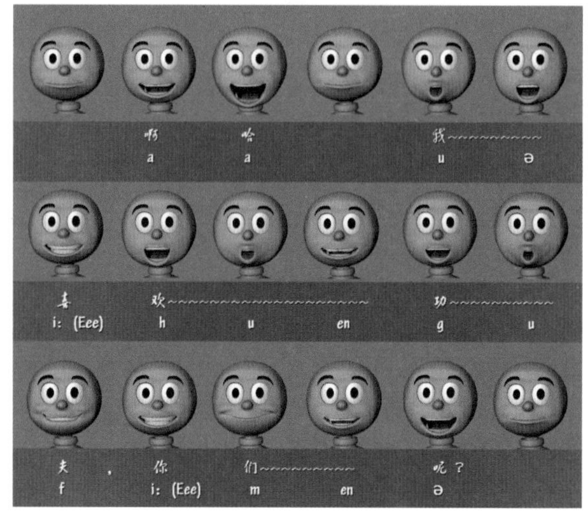

05 执行Window（窗口）>Animation Editors（动画编辑器）>Graph Editor（曲线图编辑器）命令将动画曲线图编辑器打开，进行动画曲线的检查和完善。将多余的关键帧删除，通过调整每条曲线的控制手柄，将曲线调整至圆滑过渡，这样才能使动画的效果看起来流畅和自然，如下图所示。

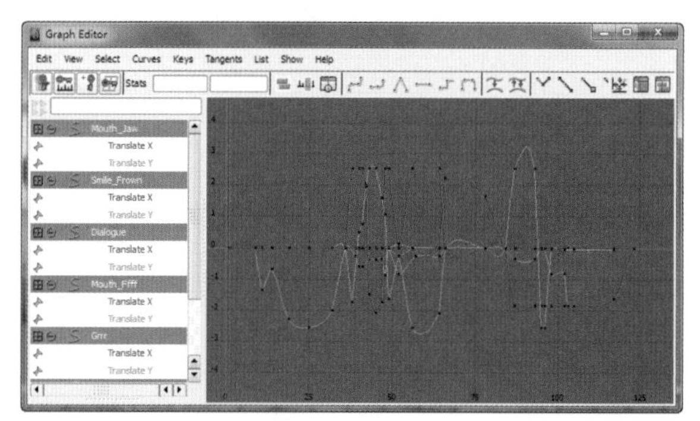

需要注意的是，口型动画绝不只是调节口型就可以了，因为这样的角色虽然在说话，但是由于目光呆滞，头部僵硬，因此角色显得缺乏生命。在条件允许的情况下，还需要配合制作呼吸、眨眼、摇头和舌头的动画等，这样制作出的口型动画才更好看，更真实。

面部表情和口型动画是动画制作过程中必不可少的重要环节，它和肢体动画是同等重要的。希望读者今后多观看优秀影片和动画片，分析不同角色的表情，多多积累经验，对照镜子观察自己的口型特点，这样才能制作出出色的表情动画。

Chapter 10 角色动画

※ 本章概述

几乎所有的动画、电影都是以一个或多个角色为主角来推动情节发展的，每个角色都起着至关重要的作用。角色动画就是指依靠丰富的动画将角色的表情、心理、动作等表现出来的方式，对于一部完整的作品来说是必不可少的。

Maya中最常用的制作动画的方法就是使用关键帧动画。想要制作角色动画，自然就需要对角色的控制器进行关键帧动画的设置，从而通过一系列关键帧动画的组合来实现复杂的角色动作。

※ 核心知识点

❶ 角色的走路循环

❷ 角色的跑步循环

❸ 角色的跳跃

本章我们来学习制作角色动画。

想要制作角色动画，首先要对角色的控制器进行关键帧动画的设置，之后再通过一系列关键帧动画的组合来实现复杂的角色动作。

10.1 角色动画概述

制作角色动画之前，要先对动作进行分解，将其分解为多个关键动作进行调节，最后再将这些关键动作连接起来，从而形成流畅的动画效果。在关键动作的调节中有许多重要因素，如：角色的重心、角色的动态以及动作的细节等。

10.1.1 重心

重心是表现角色平衡感的重要元素。

当角色稳定地保持某一动作时，如坐在椅子上，角色的重心必然在角色内部；而当一个角色的动作处于不稳定状态时，如摔倒的刹那，角色的重心则会移出角色之外。

当角色保持一个稳定的姿势时，我们称这个角色处于平衡的状态，这时角色重心一定在角色内部。把握住重心落在受力范围之内这个原则，就能在角色摆出各种夸张姿势的情况下确保角色姿势的稳定。

相反，当角色处于非平衡状态时，比如即将摔倒的瞬间，重心的位置会落在角色下一时刻所趋向的位置。

想要体现角色姿势的不平衡，或者表现角色运动瞬间的动感，就可以利用重心的偏移来实现。

因此，把握好重心是调节关键姿势前很重要的一个步骤。角色静止时，要将角色的重心保持在位于受力范围之内；角色在运动时，要通过重心的偏移来体现其运动趋势。

10.1.2 动态

在绘画中，我们经常给角色设定一条虚拟的曲线，用以概括地表现角色的动势，该曲线称为"动态线"。动态线往往从头部开始，穿过重心，到达脚部，贯穿身体。在动画制作中，动态线的添加可以让角色的动作看起来更夸张、明显，这样可以帮助我们在调节动画时更准确地抓住动作的重点，让动作显得更加有力，视觉上的动势效果也更加突出。

10.1.3 细节

在调节完主要的动态之后，还有一个必不可少的环节，那就是"细节"的制作。角色的动作会因为个人习惯、形体、情感、受力等各种因素的影响，而体现出众多的差异。以走路为例，一个壮汉的走路姿势和一个娇小女子的姿势肯定是截然不同的。而我们平时在走路时也会不自觉地做出一些“其他动作”，例如：撩头发、喝饮料、手扶背包等。这些都属于动作的细节。

10.1.4 剪影

剪影指没有明暗细节而外轮廓形态明显的黑色影像。通常为在亮背景逆光的条件下，通过明暗强烈对比突出和衬托暗主体，使画面主体表现出鲜明的轮廓，如下图所示。

假设一个角色只能看到剪影，而看不到身体细节，那么想要分辨出角色的动作就全靠动作幅度的大小、动作的特点以及观看者视线的角度了。如果仅通过角色的剪影便能够分辨出角色的动作，那么我们就可以认为这个角色的动作特征明显，并且观察的角度也很好。首先，做同一件事，比如打拳，尽量让身体的动作夸张一些，则表现出来更加生动；其次，我们观察的角度也很重要，同一个打拳的动作，从正面看和从侧面看的效果就明显不同，所以我们需要选取最适合的角度来进行观看。

10.2 走路循环

走路循环是我们每个人日常生活中最常做的动作，它是角色动画的基本内容之一，同时也是动画原理中最能体现各种运动规律的一环，学好走路循环非常重要。

我们要从平时的生活中总结经验，寻找规律，并将其运用于动画的制作中。

10.2.1 走路循环动作分析

在制作人物走路动画之前，需要分析出走路动画的一个走路循环中需要多少个关键姿势，以及这些关键姿势的具体形态。

概括来说，走路首先要重心前移，之后左右脚交替向前，带动人的身体向前运动；重心上下交替，为了保持身体的平衡，配合双脚的屈伸、跨步，双臂前后摆动。

一个走路循环可以分为两个阶段：一个是左脚迈出的阶段，另一个是右脚迈出的阶段，一个阶段称为一个单步，两个单步构成一个完整的走路循环单元。一般而言，这两个单步的关键姿势基本是互相对称的。所以只需要分析一个单步，就可以得出另一个单步的关键姿势。走路循环的大体图示如下图所示。

我们先将一个单步看做一个单元，之后我们再详细地对这个单步进行分解，将其分为五个关键姿势。一、角色右脚在前，左脚在后，双脚同时接触地面，手臂前后分开摆动。二、右脚掌完全接触地面，右腿承受身体的大部分重量，左脚脚跟抬起，准备向前迈出，这时手臂的摆动幅度达到最大。三、右腿支撑整个身体，左脚抬起，手臂放松下垂，这是两腿间重心交换的过渡位置。四、左腿已经向前迈出了一些距离，但还没有落地，角色重心前移。五、左脚已经完成了迈步的动作，形成了与第一个关键姿势完全对称的姿势效果。因此，实际上每个单步由前面四个关键姿势组成，将多个单步动画连接起来，就是一个完整的行走动画，如下图所示。

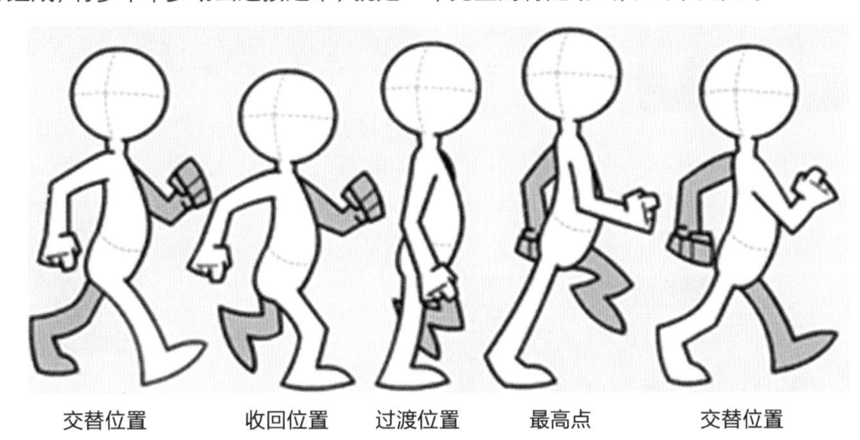

交替位置　　收回位置　　过渡位置　　最高点　　交替位置

除了手臂与腿部动作外，还有几个特别需要注意的动作。

上半身的俯仰与扭转：在每一个单步中，上半身会随着起支撑作用的脚的变化不断起伏，同时也会因为重心的移动而产生俯仰变化。在角色以前腿支撑重心还没跟上脚部的变化时，上半身就会微微后仰。而角色以后腿支撑时，重心依然在向前运动，上半身就会微微前倾。

另外，手臂与腿部的摆动是由相连的关节带动的，手臂在摆动时，胳膊牵引着肩膀也前后摆动，在整个走路循环中肩在不断反复，故而身体和头部也会相应地产生扭转。

手臂的随动：在走路过程中，肘关节和腕关节在摆臂时，手肘和手腕都会表现一些随动的效果，以手腕最为明显。例如手臂在向前摆动到最大幅度后向后摆动时，手掌会继续向前摆动一小会儿然后再改变为向后摆动，这时有一个手掌向前翘起的动作才是自然的效果。

脚和膝盖的开合：脚除了与地面互动产生旋转外，还会由于角色性格的不同而产生内外方向的旋转。例如外八字、内八字等。一般来说，表现粗犷、自信的角色时会将膝盖和脚都向外打开，而羞涩、拘谨的角色则会向内收拢膝盖和脚，显示自我保护的姿态。

10.2.2 实例 走路循环动作

首先，我们来了解模型及其控制器。

01 打开光盘中的文件，可以看到文件中有一个已经绑定好的模型。这个模型比较简单，是一个球形的机器人。模型的骨骼已经隐藏，现在我们来认识一下模型的控制器，并了解控制器的功能。控制器分布如右图所示。

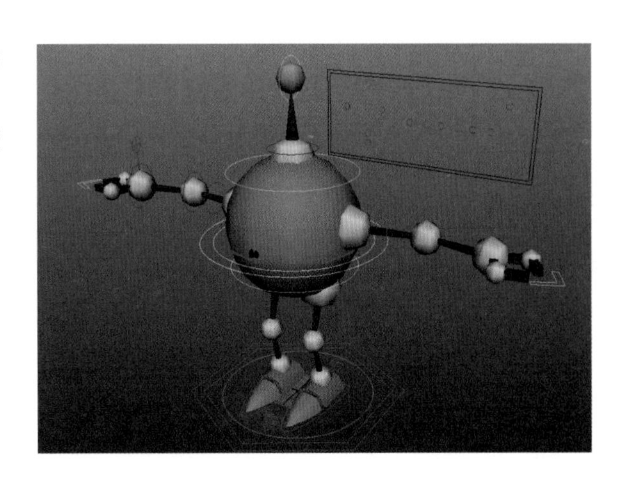

02 首先选中模型脚部外围紫红色的双线控制器，选中之后会发现整个模型中所有的控制器均被选中，在属性框中该控制器的名称为bibo_Block_CtrlShape1，如下图所示。

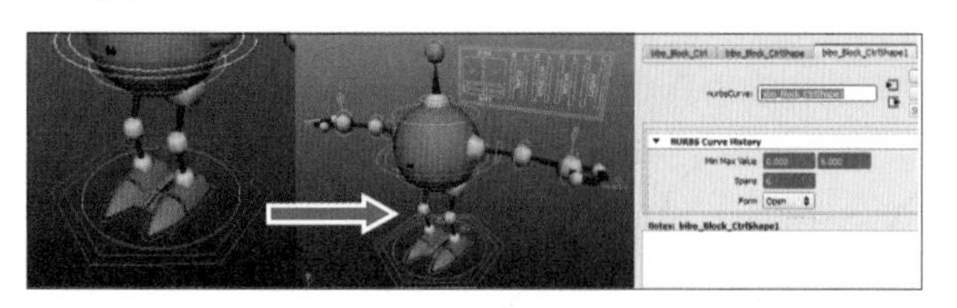

我们尝试移动、旋转或缩放这个控制器，可发现整个模型都随着该控制器的变化发生着相应的变化。所以，我们称这个控制器为总控制器，如下图所示。

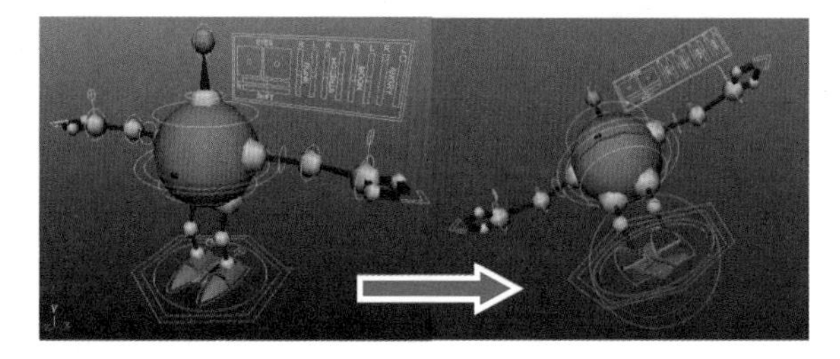

03 模型脚边的浅蓝色控制器是模型控制属性的一些开关，如下图所示。

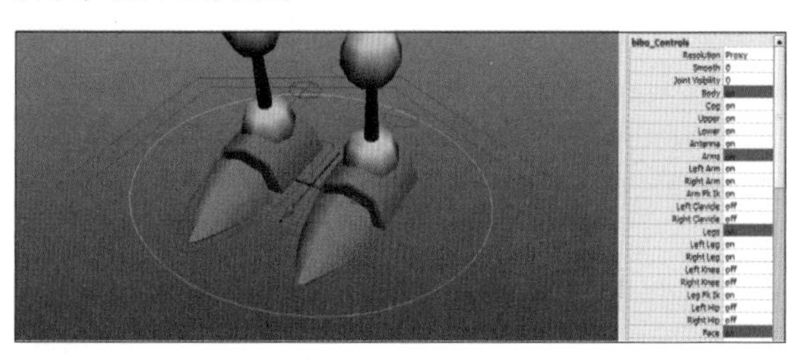

04 之后我们来看双脚的控制器。通过这个控制器，我们可以调节一只脚的位置和旋转，还可以改变脚尖、脚跟的弯曲，脚跟的旋转角度，以及该腿的膝盖位置等属性，如下图所示。具体的操作我们在视频教学中进行了详细讲解。

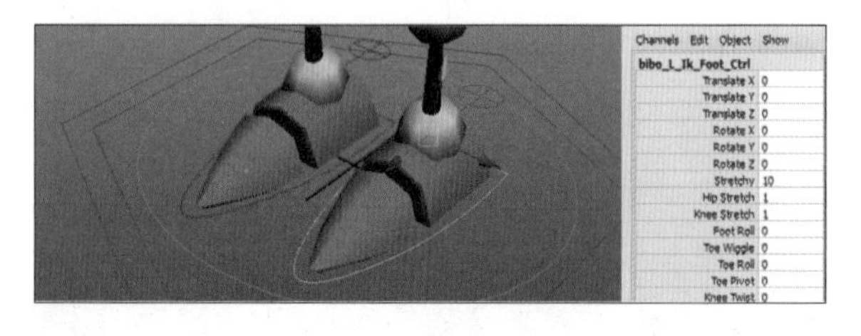

05 脚后跟后面插入的这个控制器是切换IK和FK的开关，本模型默认打开时为IK连接，在本例中我们使用的也是IK连接，不需要进行切换，如右上图所示。

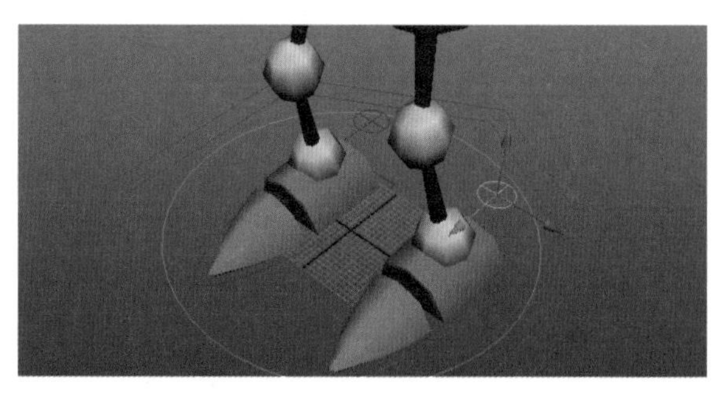

06 接着选中模型身体中间黄色双线的控制器，可以调节位移、旋转、大小及拉伸和压缩量，如下图所示。

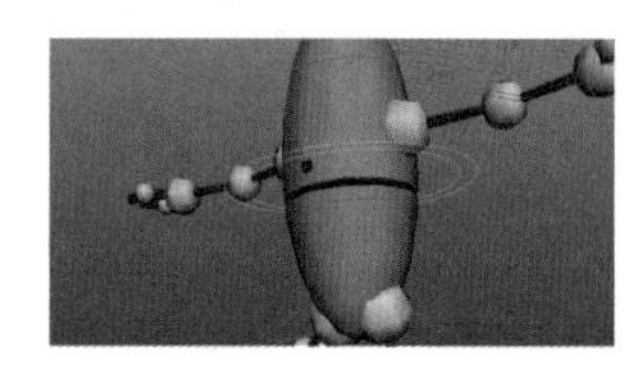

07 选中身体上下半球的蓝色和粉色控制器，这两个控制器的控制属性相同，主要是上下半球的位移、旋转、开合，如下图所示。

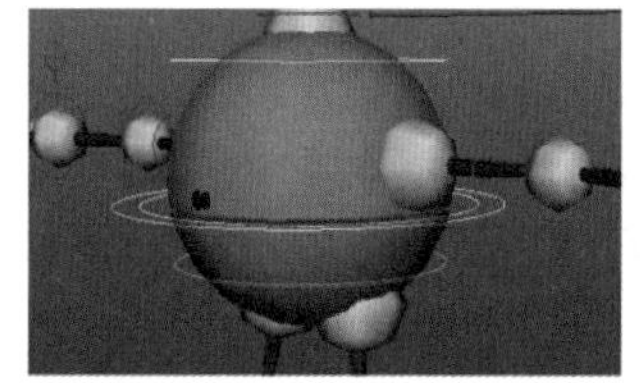

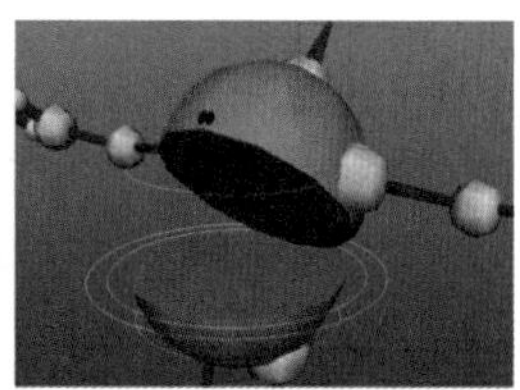

08 下面是手臂的三个控制器。这三个控制器从肩膀到大臂再到手腕依次是父子的关系，我们在调节的时候要注意顺序，如下图所示。此外，这三个关节只能调节旋转方向。

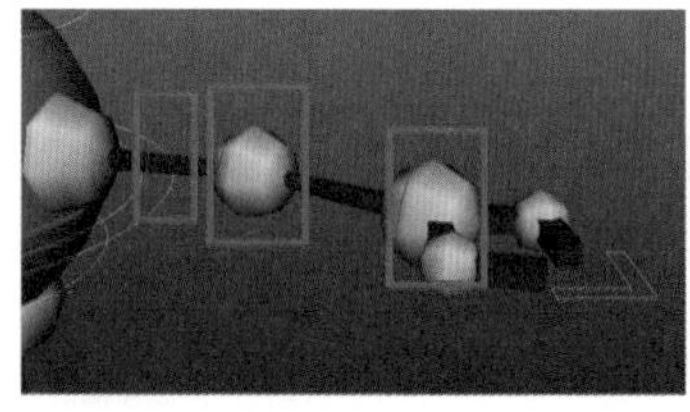

09 手指端的三角形控制器是控制手部姿态的，它可以控制手指上每一个关节的开合，如下图所示。

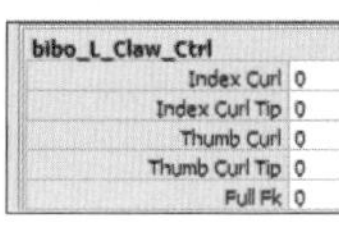

10 手腕上插入的控制器是切换IK和FK的开关，本模型的胳膊默认打开时为FK连接，在本例中我们使用的也是FK连接，不需要进行切换，如下页图所示。

11 机器人头部的天线上有两个圆圈控制器，两者也是父子关系。选中下面的控制器，它控制的是天线的角度、拉伸压缩的程度以及弯曲度，如下图所示。

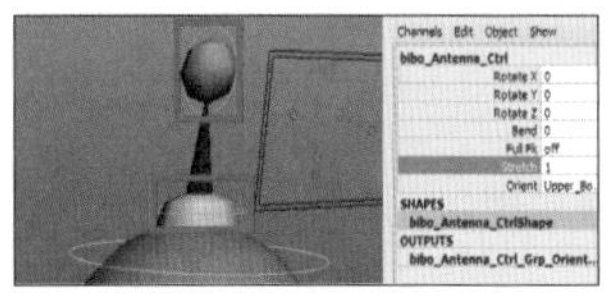

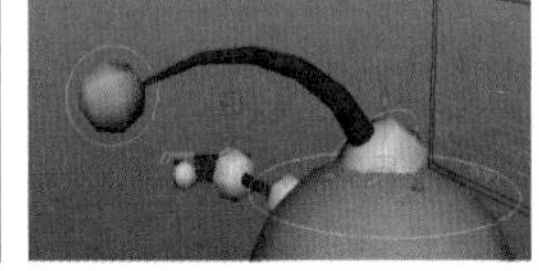

顶端的控制器则可以控制天线上小球的方向及拉伸压缩量，如下图所示。

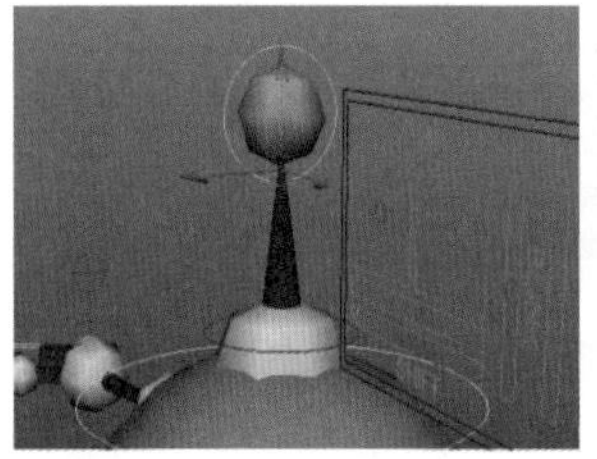

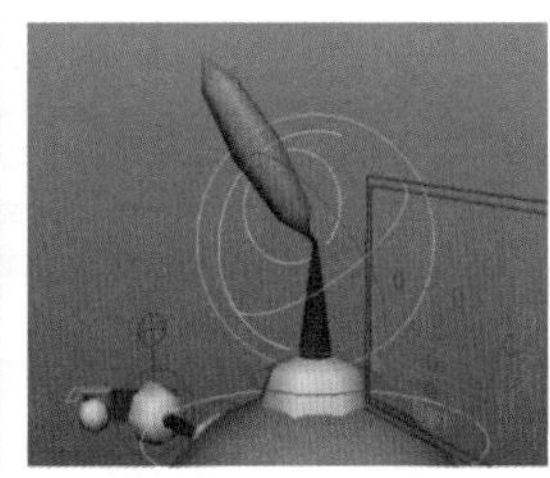

12 最后是小球的表现控制器。控制表情的所有控制器都集成在同一个表情面板中，放置在小球头部旁边，如下图所示。

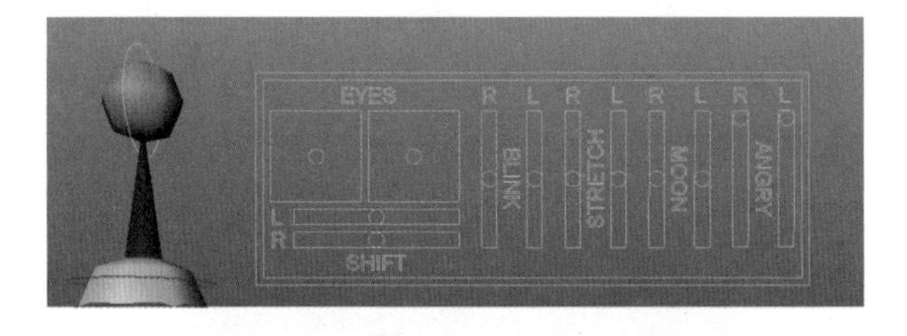

表情控制器可以细分为6对小控制器，分别控制小球机器人面部的不同部位，有以下功能。

1.眼睛位置控制器： 分别控制左右眼睛的位置，如下图所示。

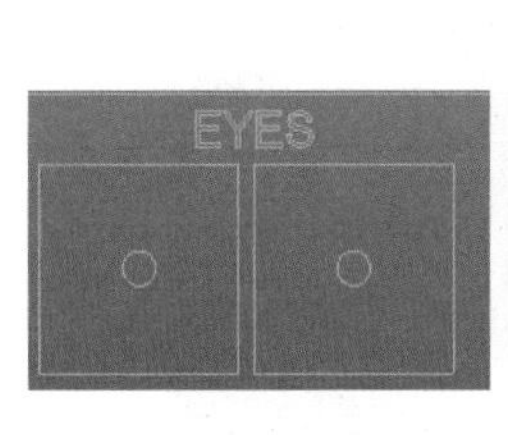

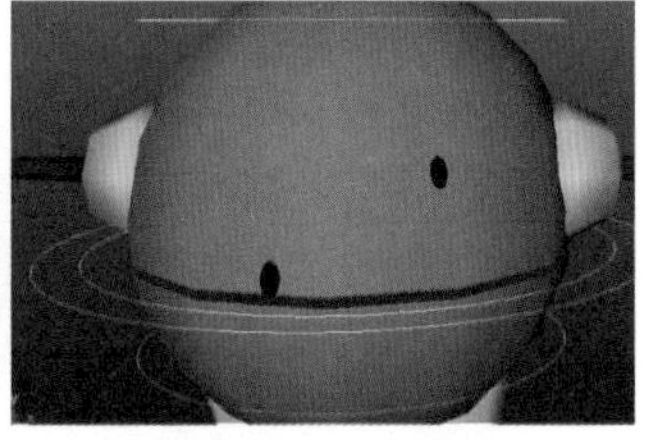

2.眼睛朝向控制器： 分别控制左右眼睛的注视方向，如右上图所示。

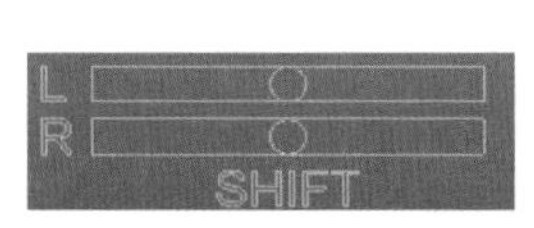

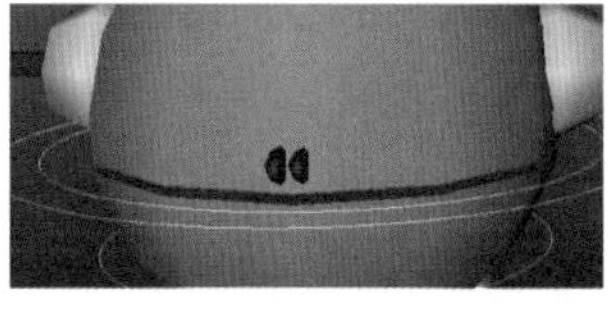

3.眨眼控制器： 分别控制左右眼睛向上弯曲或向下弯曲，如下图所示。

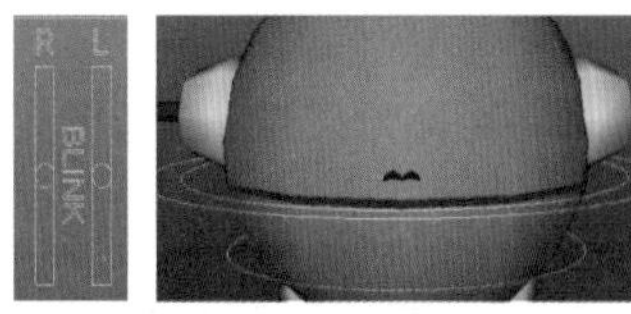

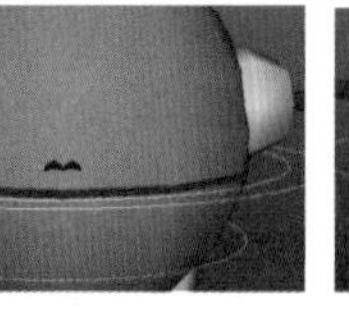

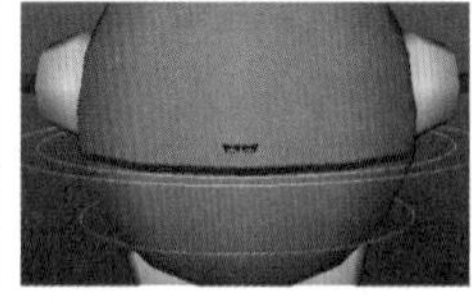

4.眼睛拉伸压缩控制器： 分别控制左右眼睛的拉伸与压缩，如下图所示。

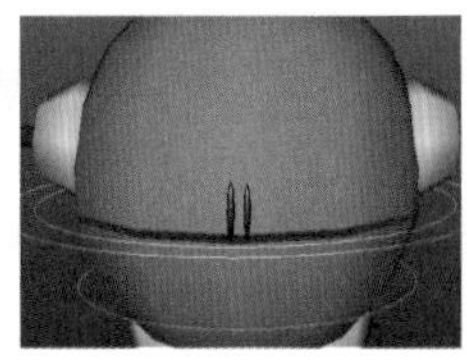

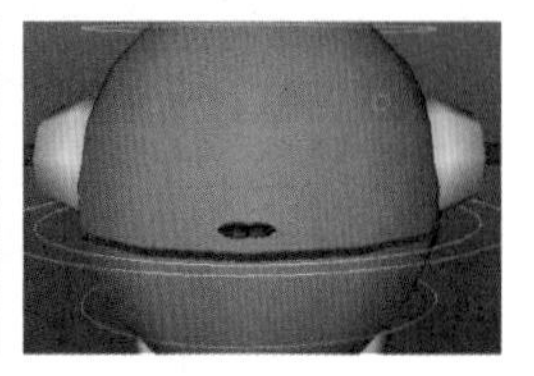

5.情绪控制器： 分别控制左右眼睛的形状以表达模型的情绪，如下图所示。

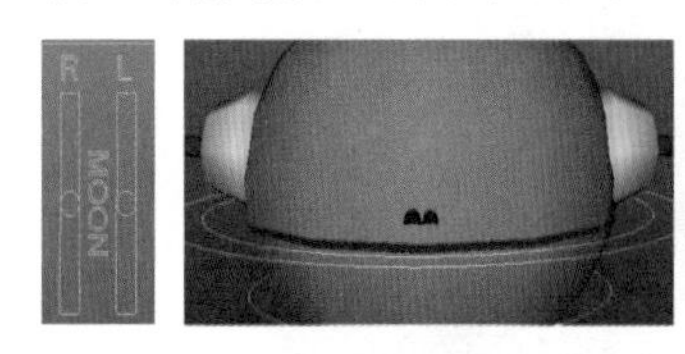

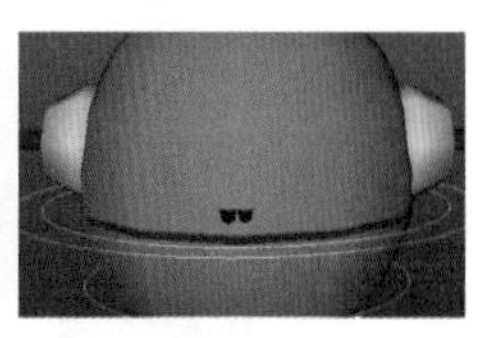

6.生气控制器： 分别控制左右眼睛的形状，模拟生气的情绪，如下图所示。

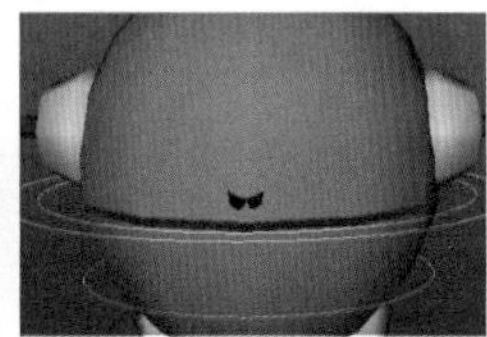

综合使用这些控制器，可以制作出各种不同的表情，如下图所示。

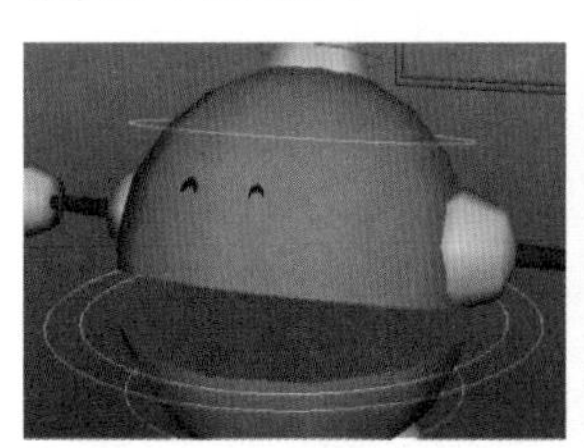

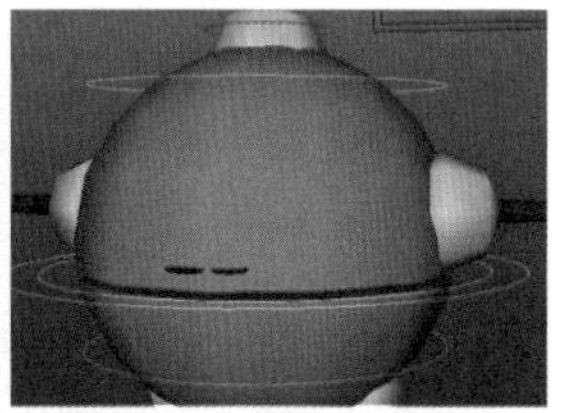

下面，我们来进行走路循环的调节。

13 首先，设定一个循环（左右脚各迈一步）为25帧，将Playback Speed（播放速度）设为Real-time[24 fps]（实时[24 fps]），激活按钮，自动记录关键帧，如下图所示。

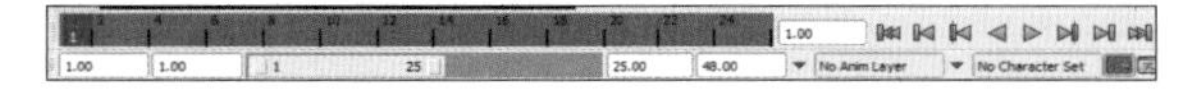

14 打开侧视图，开始进行脚部的动画设置。

选中模型脚边的控制器，第1帧时，左脚向前，右脚向后，第1帧和第25帧是一样的，这样就可以构成一个封闭的循环，如下图所示。

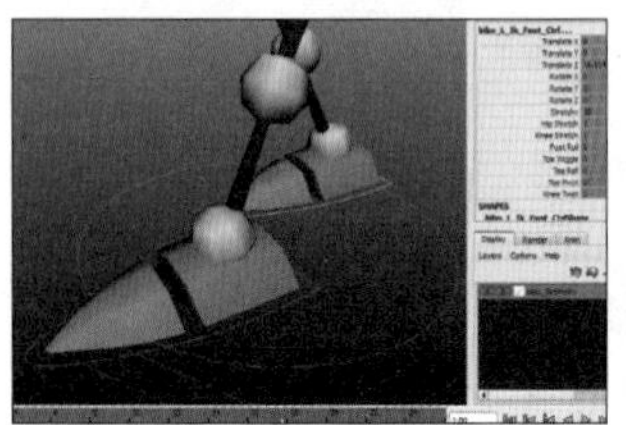
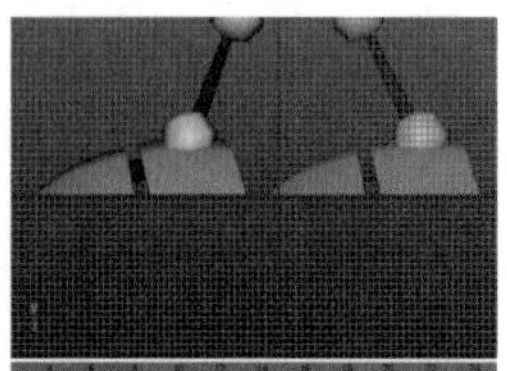

15 记住左右脚的位置，将其位移颠倒，赋予第13帧时的左右两脚。因为第13帧在正中间，是双脚交替的时刻，和第1帧正好相反，左脚在后，右脚在前，如下图所示。

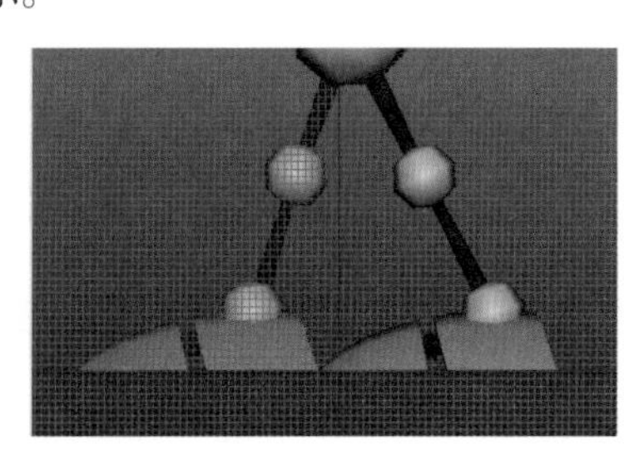

16 播放动画，这阶段之后的模型脚步是一个滑步的状态，如下图所示。

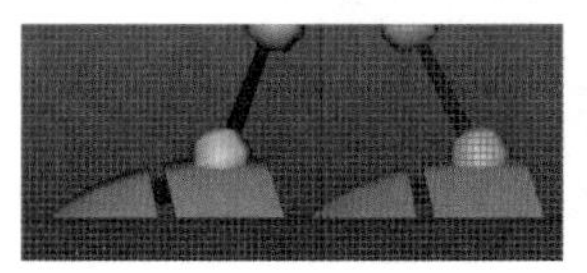

17 然后我们旋转脚部，表现出"着地"的动作。依然是选中脚部控制器，用Rotate（旋转），命令控制其旋转角度。

第1帧和第25帧处，左脚在前，令其脚后跟着地；右脚在后，令其前脚掌着地，如下图所示。

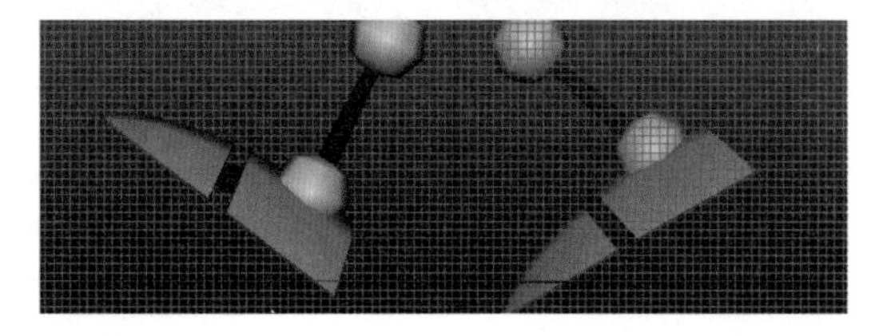

第13帧处，正好相反，右脚在前，令其脚后跟着地；左脚在后，令其前脚掌着地，如下图所示。

18 接着我们细致地调节一下脚部的动作，每隔3帧添加一个关键帧。

第4帧处，前脚整个脚掌着地，后脚脚尖着地，如下图所示。

第7帧，我们称之为"通过位置"，即一只脚迈过另一只脚的位置。左脚脚掌整个着地，右脚抬高不弯曲，如下图所示。

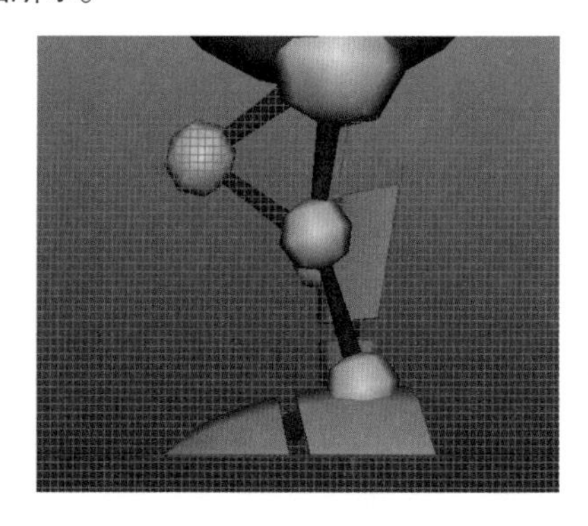

第10帧，后脚（左脚）前脚掌着地，前脚（右脚）脚尖触地，如下图所示。

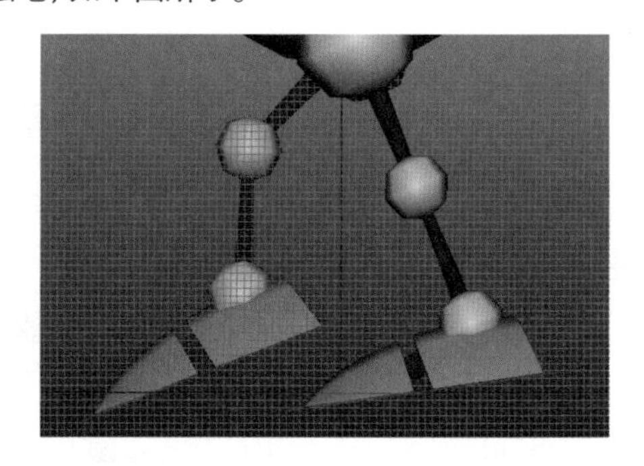

第13帧，与第1帧正相反，如下页图所示。

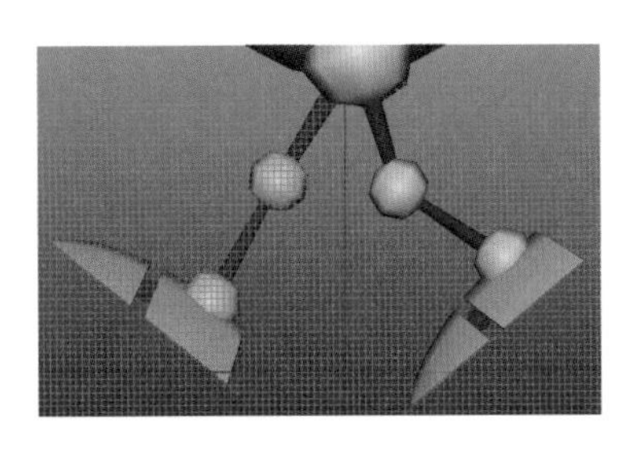

第16帧，与第4帧正相反，如下图所示。

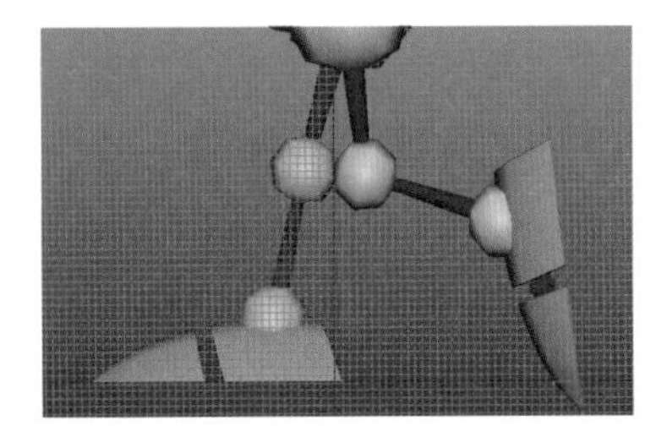

第19帧，与第7帧正相反，如下图所示。

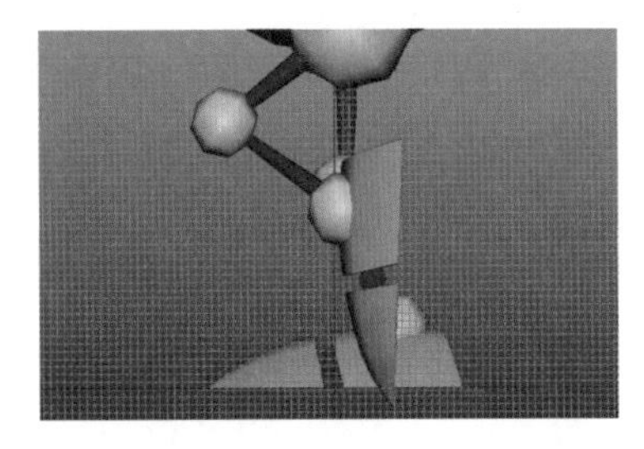

第22帧，与第10帧正相反，如下图所示。

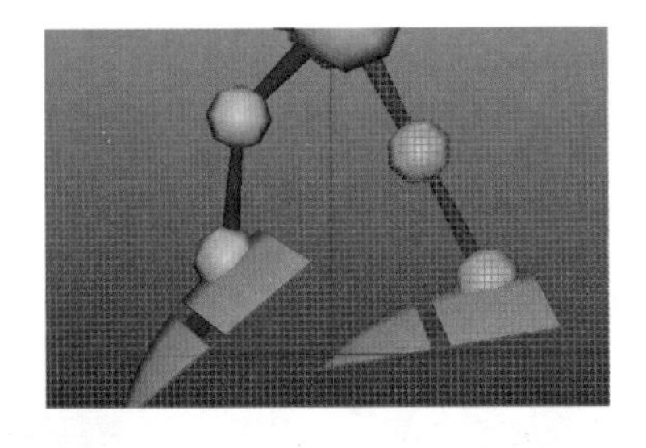

提 示

这里需要注意，大家在调节相反的两帧时，数值不一致也没有关系，因为人走路本身就不会非常对称。我们调节的动画也是一个大致的形态，不会精确到非常具体的数值，所以只要数值相近就可以了。

19 播放动画，这时我们看到脚的运动已经比较顺畅了，如下图所示。

20 接下来，我们制作角色走路中重心的变化。

第1帧和第25帧的初始位置不变。

在第4帧是向下位置，重心降低。选中控制身体位移的控制器，向下移动少许。第7帧是正常位置。

第 10 帧，上升位置，是走路循环中人体的最高点。

第13帧与第1帧一样，可以将第1帧复制过来。

后半段与前半段一致。我们看一下重心的动画曲线，即身体控制器在Y轴的动画曲线，局部有抖动的地方需要进行一下微调，如下图所示。

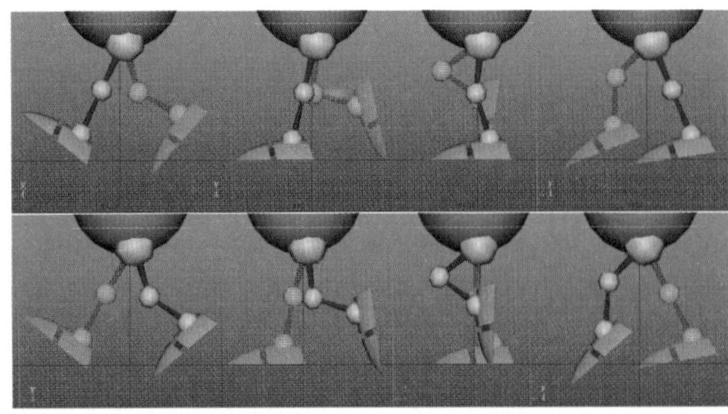

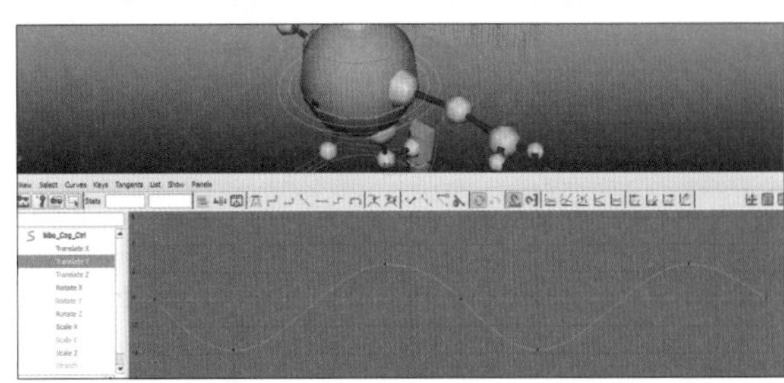

21 播放动画，看到走路时已经呈现波浪式的起伏了，如下图所示。

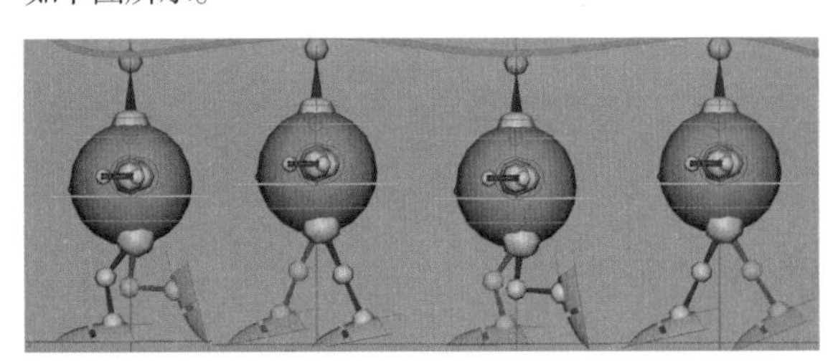

22 之后对脚部动画及重心动画进行微调，让动作变得连贯平滑，具体过程见教学视频。

23 接着制作上身的动作。首先选中肩膀处的控制器，让手臂自然下垂，两肩下沉，如下图所示。

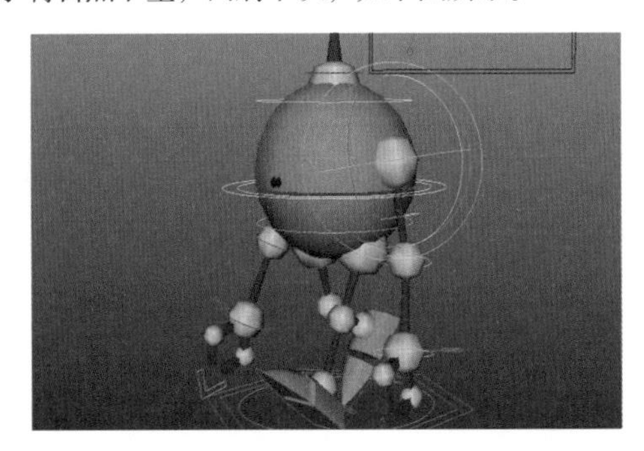

24 我们先调左手动作。

第1帧处，左腿向前，相应的，左手向后摆。第1帧与第25帧是一致的，第13帧正好相反，如下图所示。

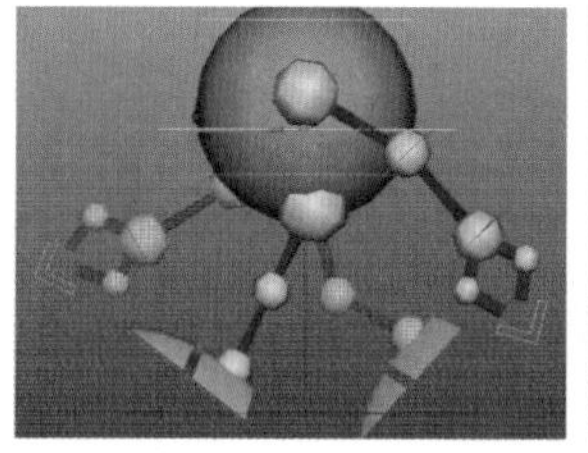
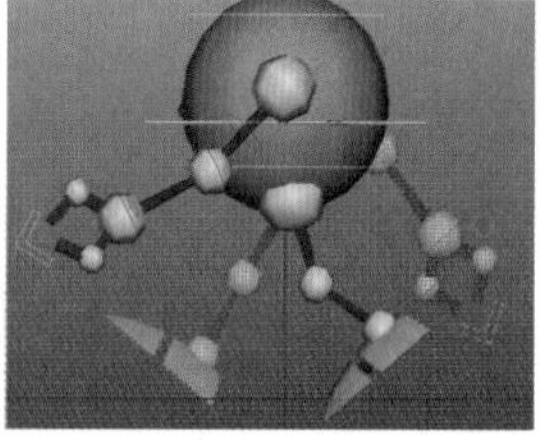

25 手部虽然已经可以摆动，但是姿势并不自然。下面我们为手臂加上"随动"细节，令其更加自然。

肩膀作为根部关节，是带动手臂运动的关键，手臂的运动要做到随动就需要让根部关节带动梢部关节，把运动一节一节传递下去。

根据随动的规律，胳膊肘部关节的运动比肩部关节慢一拍，选中胳膊肘部控制器进行调节，让下臂跟随上臂甩动，如下图所示。

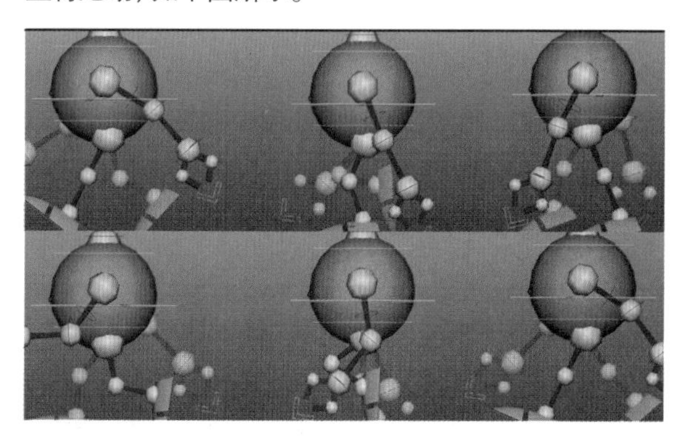

提 示

为了让角色的动作更加夸张生动，手肘的关节可以反向扭动一下。

26 手肘关节调完之后，要对手腕关节进行调节。手腕关节的运动比手肘更加滞后一点，它的转动可以更加灵活一些，如下图所示。

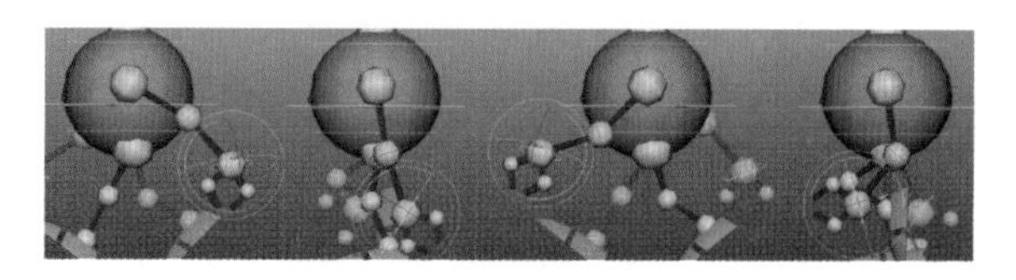

27 之后是一些让角色动画更加生动的细节。在这个模型中，我们可以对身体的拉伸与压缩、眼睛的位置、天线的抖动进行细致的调节。

- **身体的拉伸：**为了让身体看起来更加柔软，我们假设机器人的身体是个水球一样的东西，这样在走路时，身体就会随着重心的上下移动而不住地拉伸与压缩。

提 示

这里需要注意的是，对身体的拉伸与压缩进行调整时，要选中身体的控制器，调节 Stretch（拉伸）值。

身体的震荡要比重心的移动慢一拍，这样才能体现出"随动"的滞后感，如此，才能表现出身体是柔软的。例如：当向下踏步时，重心下移，这时身体由于惯性还处于顶端，所以这一时刻整个身体处在拉长阶段；而当抬脚向上时，重心上移，身体由于惯性还在底端，故而这一时刻整个身体处在压缩阶段，如下图所示。

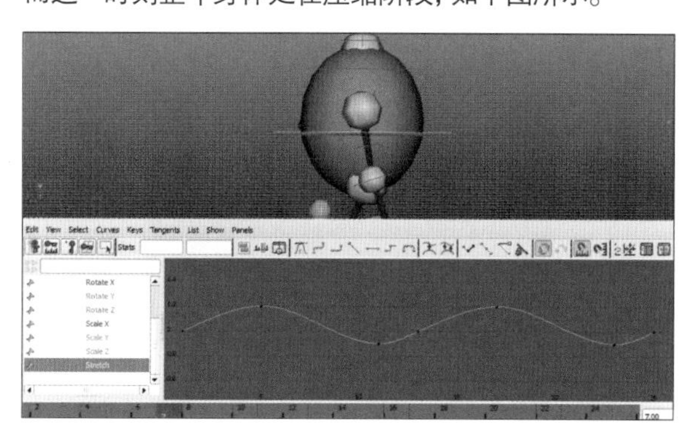

- **天线的摆动：**每走一步，天线都会相应地前后摆动。这里也要注意，天线的"随动"要比身体的重心移动慢一拍，如下图所示。

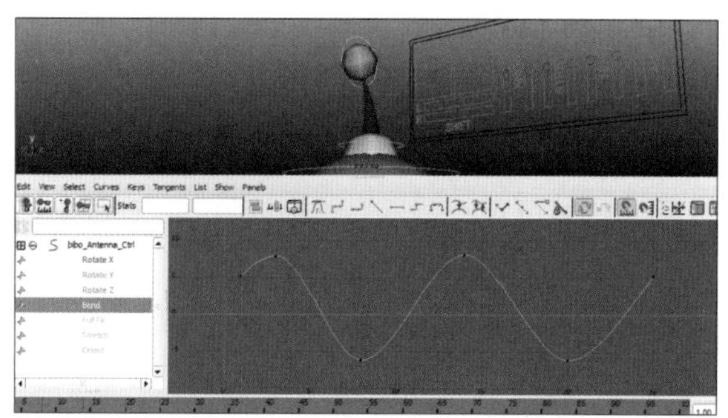

提 示

调节天线的摆动时，选中天线控制器，调节Bend（弯曲）值，则天线前后摆动。如果希望天线的摆动更加精细，可以调节Stretch（拉伸）的值，也可以选中天线顶端小球的控制器，调节其Stretch（拉伸）值，让天线的动作更加生动。

10.3 实例 跑步循环

在学习了走路动画的制作之后，我们来学习跑步动画的制作。

01 打开绑定好的角色模型，如右图所示。将时间轴播放头移动到第1帧，选择所有控制器，按S键记录关键帧。

选择bibo_Cog_Ctrl控制器，将其下移并向前旋转，即设置其Translate Y（平移Y）为-8；Rotate X（旋转X）为15，按S键记录关键帧；选择bibo_Lower_Body_Ctrl控制器，设置Rotate Y（旋转Y）为-5，按S键记录关键帧，如右图所示。

选择bibo_L_Ik_Foot_Ctrl控制器，设置Translate Z（平移Z）为20，Rotate X（旋转X）为-20；选择bibo_R_Ik_Foot_Ctrl，设置Translate Z（平移Z）为-40，设置Translate Y（平移Y）为15，Rotate X（旋转X）为120，如图10-3所示。分别按S键记录关键帧，如右图所示。

02 移动时间轴播放头到第2帧，选择bibo_Cog_Ctrl控制器，往下移动，此时Translate Y（平移Y）为-12；选择bibo_L_Ik_Foot_Ctrl控制器，向后移动，向下旋转，此时其Translate Z（平移Z）为10，Rotate X（旋转X）为0；选择bibo_R_Ik_Foot_Ctrl控制器，向下移动，向前移动，向上旋转，此时其Translate Y（平移Y）为10，Translate Z（平移Z）为-30，Rotate X（旋转X）为140；对这三个控制器，分别按S键记录关键帧。结果如右图所示。

03 移动时间轴播放头到第3帧，选择bibo_Cog_Ctrl控制器，往上移动，此时Translate Y（平移Y）为-6；选择bibo_Lower_Body_Ctrl控制器，向左旋转，Rotate Y（旋转Y）为0；选择bibo_L_Ik_Foot_Ctrl控制器，向后移动，此时其Translate Z（平移Z）为0；选择bibo_R_Ik_Foot_Ctrl控制器，向下移动，向前移动，向下旋转，此时其Translate Y（平移Y）为5， Translate Z（平移Z）为-20，Rotate X（旋转X）为120；对这四个控制器，分别按S键记录关键帧。结果如右图所示。

04 移动时间轴播放头到第4帧，选择bibo_Cog_Ctrl控制器，往上移动，此时Translate Y（平移Y）为-4；选择bibo_L_Ik_Foot_Ctrl控制器，向后移动，此时其Translate Z（平移Z）为-10，脚后跟抬起，Foot Rool=5;选择bibo_R_Ik_Foot_Ctrl控制器，向上移动，向前移动，向下旋转，此时其Translate Y（平移Y）为10，Translate Z（平移Z）为-10，Rotate X（旋转X）为100；对这三个控制器，分别按S键记录关键帧。结果如右图所示。

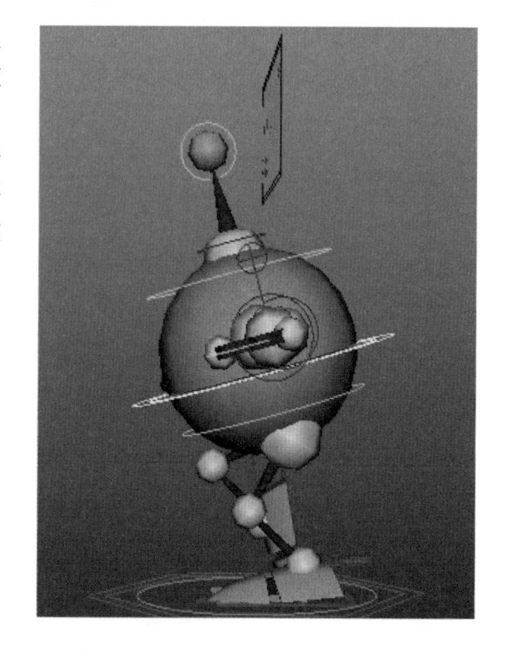

05 移动时间轴播放头到第5帧，选择bibo_Cog_Ctrl控制器，往上移动，此时Translate Y（平移Y）为0；选择bibo_Lower_Body_Ctrl控制器，向左旋转，Rotate Y（旋转Y）为10；选择bibo_L_Ik_Foot_Ctrl控制器，向后移动，此时其Translate Z（平移Z）为-20，脚后跟抬起，Foot Rool=12；选择bibo_R_Ik_Foot_Ctrl控制器，向上移动，向前移动，向下旋转，此时其Translate Y（平移Y）为15， Translate Z（平移Z）为0，Rotate X（旋转X）为60；对这四个控制器，分别按S键记录关键帧，如下图所示。

06 移动时间轴播放头到第6帧，选择bibo_Cog_Ctrl控制器，往下移动，此时Translate Y（平移Y）为-4；选择bibo_L_Ik_Foot_Ctrl控制器，向后移动，向上移动，向下旋转，此时其Translate Z（平移Z）为-30，Translate Y（平移Y）为5，Rotate X（旋转X）为20；选择bibo_R_Ik_Foot_Ctrl控制器，向下移动，向前移动，向下旋转，此时其Translate Y（平移Y）为10， Translate Z（平移Z）为10，Rotate X（旋转X）为-10；对这三个控制器，分别按S键记录关键帧。结果如下图所示。

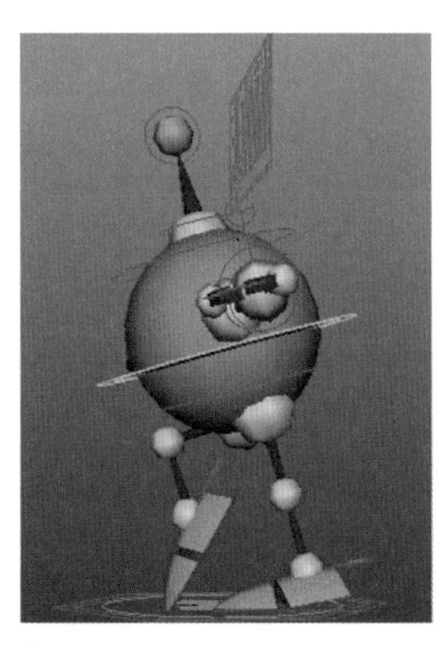

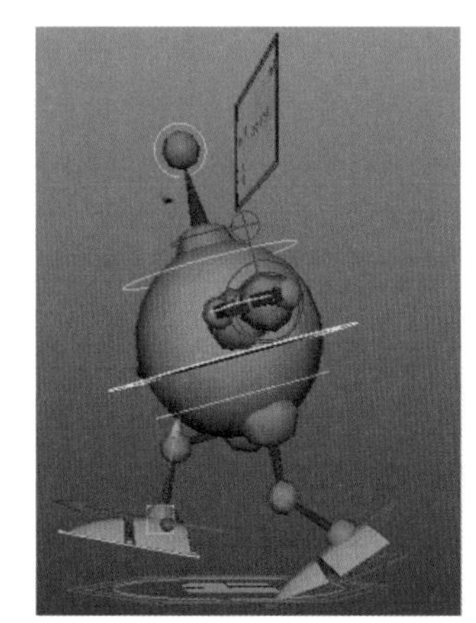

07 移动时间轴播放头到第7帧，选择bibo_Cog_Ctrl控制器，往下移动，此时Translate Y（平移Y）为-8；选择bibo_Lower_Body_Ctrl，向右旋转，Rotate Y（旋转Y）为0； 选择bibo_L_Ik_Foot_Ctrl控制器，向后移动，向上移动，向下旋转，此时其Translate Z（平移Z）为-40，Translate Y（平移Y）为15，Rotate X（旋转X）为120，Foot Rool为0；选择bibo_R_Ik_Foot_Ctrl控制器，向下移动，向前移动，向下旋转，此时其Translate Y（平移Y）为0，Translate Z（平移Z）为20，Rotate X（旋转X）为-20；对这三个控制器，分别按S键记录关键帧，如下图所示。

08 从第8帧开始，依次调节与之前一个单步对称的关键姿势，直到第13帧。这样就完成了跑步循环腿部的关键姿势制作。

09 回到第1帧，选择bibo_L_Fk_Shoulder_Ctrl，调节参数，Rotate X（旋转X）为-60，Rotate Z（旋转Z）为-75；选择bibo_L_Fk_Elbow_Ctrl，调节Rotate X（旋转X）为25，Rotate Z（旋转Z）为0；选择bibo_L_Fk_Wrist_Ctrl，调节Rotate X（旋转X）为-25；选择bibo_R_Fk_Shoulder_Ctrl，调节Rotate X（旋转X）为45，Rotate Z（旋转Z）为75；选择bibo_R_Fk_Elbow_Ctrl控制器，调节Rotate X（旋转X）为45，Rotate Z（旋转Z）为45；选择bibo_R_Fk_Wrist_Ctrl，调节Rotate X（旋转X）为25；分别按S键记录关键帧，如下图所示。

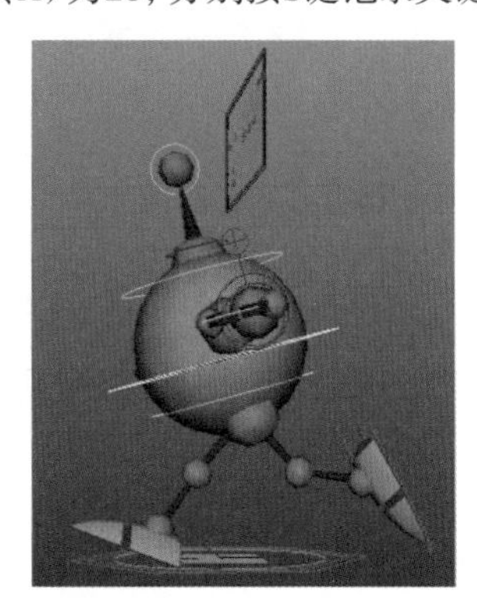

10 移动到第3帧，选择bibo_L_Fk_Shoulder_Ctrl，调节参数，Rotate X（旋转X）为-15，Rotate Z（旋转Z）为-75；选择bibo_L_Fk_Elbow_Ctrl，调节Rotate X（旋转X）为5，Rotate Z（旋转Z）为-20；选择bibo_L_Fk_Wrist_Ctrl，调节Rotate X（旋转X）为-45；选择bibo_R_Fk_Shoulder_Ctrl，调节Rotate X（旋转X）为0，Rotate Z（旋转Z）为75；选择bibo_R_Fk_Elbow_Ctrl控制器，调节Rotate X（旋转X）为30，Rotate Z（旋转Z）为25；选择bibo_R_Fk_Wrist_Ctrl，调节Rotate X（旋转X）为45；分别单击S键记录关键帧，如右图所示。

11 移动到第5帧，选择bibo_L_Fk_Shoulder_Ctrl，调节参数，Rotate X（旋转X）为0，Rotate Z（旋转Z）为-75；选择bibo_L_Fk_Elbow_Ctrl，调节Rotate X（旋转X）为30，Rotate Z（旋转Z）为-25；选择bibo_L_Fk_Wrist_Ctrl，调节Rotate X（旋转X）为-55；选择bibo_R_Fk_Shoulder_Ctrl，调节Rotate X（旋转X）为-15，Rotate Z（旋转Z）为75；选择bibo_R_Fk_Elbow_Ctrl控制器，调节Rotate X（旋转X）为5，Rotate Z（旋转Z）为20；选择bibo_R_Fk_Wrist_Ctrl，调节Rotate X（旋转X）为55；分别按S键记录关键帧，如右图所示。

12 移动到第7帧，选择bibo_L_Fk_Shoulder_Ctrl，调节参数，Rotate X（旋转X）为45，Rotate Z（旋转Z）为-75；选择bibo_L_Fk_Elbow_Ctrl，调节Rotate X（旋转X）为45，Rotate Z（旋转Z）为-45；选择bibo_L_Fk_Wrist_Ctrl，调节Rotate X（旋转X）为25；选择bibo_R_Fk_Shoulder_Ctrl，调节Rotate X（旋转X）为-60，Rotate Z（旋转Z）为75；选择bibo_R_Fk_Elbow_Ctrl控制器，调节Rotate X（旋转X）为25，Rotate Z（旋转Z）为0；选择bibo_R_Fk_Wrist_Ctrl，调节Rotate X（旋转X）为55；分别按S键记录关键帧，如右图所示。

13 依次对8-13帧制作前面单步的对称姿势，可以得到跑步动画的上臂摆动效果。

14 将时间轴播放头移动到第2帧，选择bibo_Upper_Body_Ctrl，调节Rotate X（旋转X）为-15，按S键记录关键帧，删除第1帧的关键帧；选择bibo_Antenna_Ctrl，调节Rotate X（旋转X）为30，按S键记录关键帧，删除第1帧的关键帧，如右图所示。

15 将时间轴播放头移动到第5帧，选择bibo_Upper_Body_Ctrl，调节Rotate X（旋转X）为0，按S键记录关键帧；选择bibo_Antenna_Ctrl，调节Rotate X（旋转X）为-35，按S键记录关键帧，如右图所示。

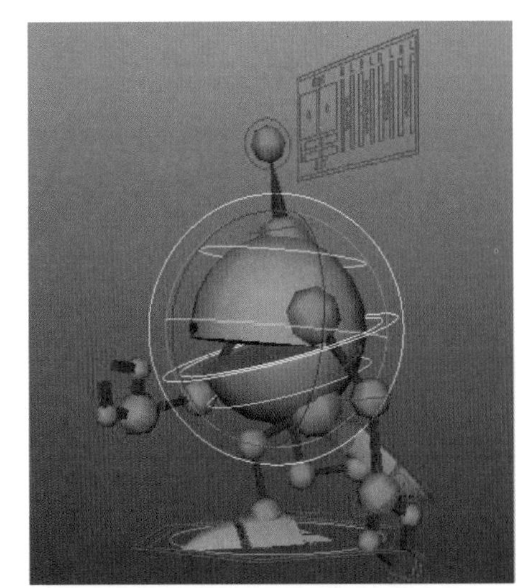

16 选择bibo_Upper_Body_Ctrl，复制第2帧关键帧到第8帧，复制第5帧关键帧到第11帧；选择bibo_Antenna_Ctrl，复制第2帧关键帧到第8帧，复制第5帧关键帧到第11帧。

至此，跑步动画调节完毕。

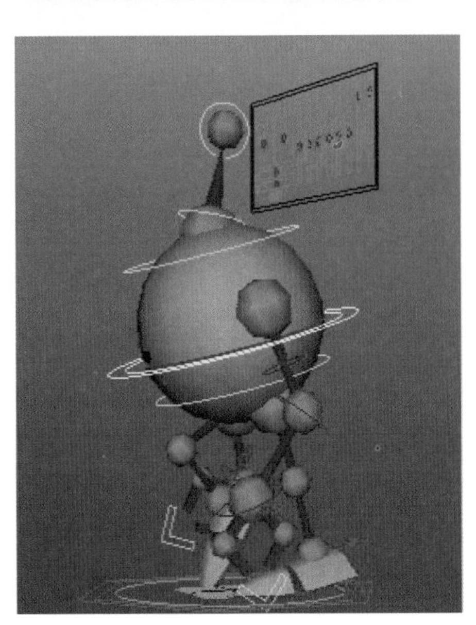

10.4 实例 角色的跳跃

下面来学习角色的跳跃动画的调制。

01 打开绑定好的角色模型，如图 10-15 所示。将时间轴播放头移动到第 1 帧，选择所有控制器，按 S 键记录关键帧，如右图所示。

02 在第1帧，选择bibo_Cog_Ctrl控制器，调节参数Translate Y（平移Y）为-15，Translate Z（平移Z）为6，Rotate X（旋转X）为35，按S键记录关键帧；选择bibo_L_Fk_Shoulder_Ctrl，调节参数Rotate X（旋转X）为-90，Rotate Z（旋转Z）为-75，按S键记录关键帧；选择bibo_R_Fk_Shoulder_Ctrl，调节参数Rotate X（旋转X）为-90，Rotate Z（旋转Z）为75，按S键记录关键帧 ，如右图所示。

03 将时间轴播放头移动到第4帧，选择bibo_Cog_Ctrl控制器，调节参数Translate Y（平移Y）为-25，Rotate X（旋转X）为15，按S键记录关键帧；选择bibo_L_Fk_Shoulder_Ctrl，调节参数Rotate X（旋转X）为-5，按S键记录关键帧；选择bibo_R_Fk_Shoulder_Ctrl，调节参数Rotate X（旋转X）为-5，按S键记录关键帧;选择bibo_L_Fk_Elbow_Ctrl，调节参数Rotate X（旋转X）为60，按S键记录关键帧；选择bibo_R_Fk_Elbow_Ctrl，调节参数Rotate X（旋转X）为60，按S键记录关键帧；选择bibo_L_Fk_Wrist_Ctrl，调节参数Rotate X（旋转X）为-45，按S键记录关键帧；选择bibo_R_Fk_Wrist_Ctrl，调节参数Rotate X（旋转X）为-45，按S键记录关键帧，如右图所示。

04 将时间轴播放头移动到第6帧，选择bibo_Cog_Ctrl控制器，调节参数Translate Y（平移Y）为5，Rotate X（旋转X）为5，按S键记录关键帧；选择bibo_L_Fk_Shoulder_Ctrl，调节参数Rotate X（旋转X）为100，按S键记录关键帧；选择bibo_R_Fk_Shoulder_Ctrl，调节参数Rotate X（旋转X）为100，按S键记录关键帧；选择bibo_L_Fk_Elbow_Ctrl，调节参数Rotate X（旋转X）为5，按S键记录关键帧；选择bibo_R_Fk_Elbow_Ctrl，调节参数Rotate X（旋转X）为5，按S键记录关键帧；选择bibo_L_Fk_Wrist_Ctrl，调节参数Rotate X（旋转X）为-55，按S键记录关键帧；选择bibo_R_Fk_Wrist_Ctrl，调节参数Rotate X（旋转X）为-55，按S键记录关键帧；选择bibo_L_Ik_Foot_Ctrl，调节参数Foot Rool为25，按S键记录关键帧；选择bibo_R_Ik_Foot_Ctrl，调节参数Foot Rool为25，按S键记录关键帧；选择bibo_Antenna_Ctrl，调节参数Rotate X（旋转X）为35，按S键记录关键帧；选择bibo_Block_Ctrl，按S键记录关键帧，如下图所示。

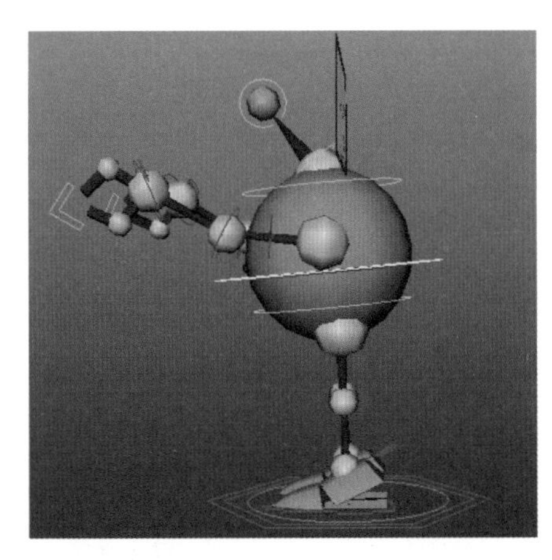

05 将时间轴播放头移动到第9帧，选择bibo_Block_Ctrl控制器，调节参数Translate Y（平移Y）为90，按S键记录关键帧；选择bibo_Cog_Ctrl控制器，调节参数Translate Y（平移Y）为0， Rotate X（旋转X）为15，按S键记录关键帧；选择bibo_L_Fk_Shoulder_Ctrl，调节参数Rotate X（旋转X）为60，按S键记录关键帧；选择bibo_R_Fk_Shoulder_Ctrl，调节参数Rotate X（旋转X）为50，按S键记录关键帧；选择bibo_L_Fk_Elbow_Ctrl，调节参数Rotate X（旋转X）为45，按S键记录关键帧；选择bibo_R_Fk_Elbow_Ctrl，调节参数Rotate X（旋转X）为40，按S键记录关键帧；选择bibo_L_Fk_Wrist_Ctrl，调节参数Rotate X（旋转X）为-75，按S键记录关键帧；选择bibo_R_Fk_Wrist_Ctrl，调节参数Rotate X（旋转X）为-75，按S键记录关键帧；选择bibo_L_Ik_Foot_Ctrl，调节参数Translate Y（平移Y）为8，Toe Roll为20，按S键记录关键帧；选择bibo_R_Ik_Foot_Ctrl，调节参数Translate Y（平移Y）为8，Toe Roll为20，按S键记录关键帧；选择bibo_Antenna_Ctrl，调节参数Rotate X（旋转X）为45，按S键记录关键帧，如下图所示。

06 将时间轴播放头移动到第12帧，选择bibo_Block_Ctrl控制器，调节参数Translate Y（平移Y）为0，按S键记录关键帧；选择bibo_Cog_Ctrl控制器，调节参数Translate Y（平移Y）为10， Rotate X（旋转X）为0，按S键记录关键帧；选择bibo_L_Fk_Shoulder_Ctrl，调节参数Rotate X（旋转X）为150，按S键记录关键帧；选择bibo_R_Fk_Shoulder_Ctrl，调节参数Rotate X（旋转X）为150，按S键记录关键帧；选择bibo_L_Fk_Elbow_Ctrl，调节参数Rotate X（旋转X）为0，按S键记录关键帧；选择bibo_R_Fk_Elbow_Ctrl，调节参数Rotate X（旋转X）为0，按S键记录关键帧；选择bibo_L_Fk_Wrist_Ctrl，调节参数Rotate X（旋转X）为30，按S键记录关键帧；选择bibo_R_Fk_Wrist_Ctrl，调节参数Rotate X（旋转X）为30，按S键记录关键帧；选择bibo_L_Ik_Foot_Ctrl，调节参数Translate Y（平移Y）为0，Toe Roll为0，Foot Rool为45，按S键记录关键帧；选择bibo_R_Ik_Foot_Ctrl，调节参数Translate Y（平移Y）为0，Toe Roll为0，Foot Rool为45，按S键记录关键帧；选择bibo_Antenna_Ctrl，调节参数Rotate X（旋转X）为-30，按S键记录关键帧，如下图所示。

07 将时间轴播放头移动到第16帧，选择bibo_Cog_Ctrl控制器，调节参数Translate Y（平移Y）为-25，Rotate X（旋转X）为15，按S键记录关键帧；选择bibo_L_Fk_Shoulder_Ctrl，调节参数Rotate X（旋转X）为-45，按S键记录关键帧；选择bibo_R_Fk_Shoulder_Ctrl，调节参数Rotate X（旋转X）为-45，按S键记录关键帧；选择bibo_L_Fk_Elbow_Ctrl，调节参数Rotate X（旋转X）为5，按S键记录关键帧；选择bibo_R_Fk_Elbow_Ctrl，调节参数Rotate X（旋转X）为5，按S键记录关键帧；选择bibo_L_Fk_Wrist_Ctrl，调节参数Rotate X（旋转X）为45，按S键记录关键帧；选择bibo_R_Fk_Wrist_Ctrl，调节参数Rotate X（旋转X）为45，按S键记录关键帧；选择bibo_L_Ik_Foot_Ctrl，调节参数Foot Rool为0，按S键记录关键帧；选择bibo_R_Ik_Foot_Ctrl，调节参数Foot Rool为0，按S键记录关键帧；选择bibo_Antenna_Ctrl，调节参数Rotate X（旋转X）为-55，按S键记录关键帧，如下图所示。

08 将时间轴播放头移动到第20帧，选择bibo_Cog_Ctrl控制器，调节参数Translate Y（平移Y）为5，Rotate X（旋转X）为0，按S键记录关键帧；选择bibo_L_Fk_Shoulder_Ctrl，调节参数Rotate X（旋转X）为15，按S键记录关键帧；选择bibo_R_Fk_Shoulder_Ctrl，调节参数Rotate X（旋转X）为15，按S键记录关键帧；选择bibo_L_Fk_Elbow_Ctrl，调节参数Rotate X（旋转X）为0，按S键记录关键帧；选择bibo_R_Fk_Elbow_Ctrl，调节参数Rotate X（旋转X）为0，按S键记录关键帧；选择bibo_L_Fk_Wrist_Ctrl，调节参数Rotate X（旋转X）为-15，按S键记录关键帧；选择bibo_R_Fk_Wrist_Ctrl，调节参数Rotate X（旋转X）为-15，按S键记录关键帧；选择bibo_Antenna_Ctrl，调节参数Rotate X（旋转X）为15，按S键记录关键帧，如下图所示。

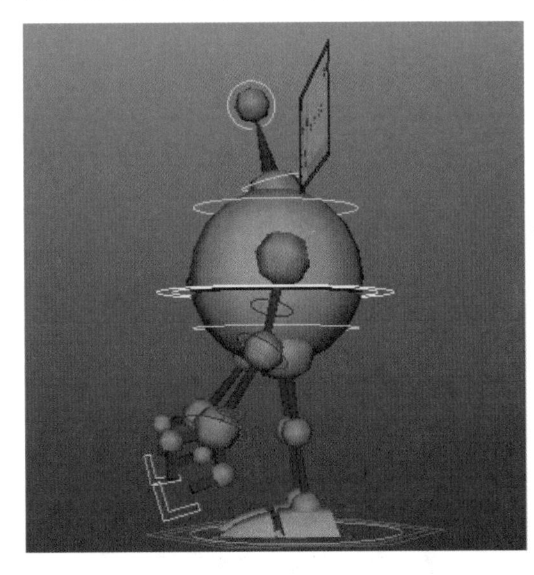

09 时间轴播放头移动到第24帧，选择bibo_Cog_Ctrl控制器，调节参数Translate Y（平移Y）为0，按S键记录关键帧；选择bibo_L_Fk_Shoulder_Ctrl，调节参数Rotate X（旋转X）为0，按S键记录关键帧；选择bibo_R_Fk_Shoulder_Ctrl，调节参数Rotate X（旋转X）为0，按S键记录关键帧；选择bibo_L_Fk_Wrist_Ctrl，调节参数Rotate X（旋转X）为0，按S键记录关键帧；选择bibo_R_Fk_Wrist_Ctrl，调节参数Rotate X（旋转X）为0，按S键记录关键帧；选择bibo_Antenna_Ctrl，调节参数Rotate X（旋转X）为0， 按S键记录关键帧，如下图所示。

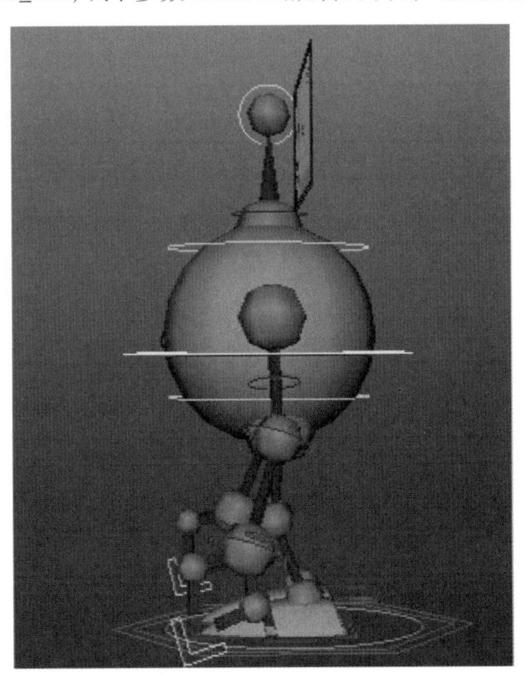

Chapter 11 鸟的飞翔

※ **本章概述**

鸟是生活中常见的动物，它的运动以飞翔为主。

本章着重介绍鸟类的飞翔运动，结合“迪斯尼动画规律”进行讲解，尤其需要注意的是“随动”规律的运用。

本章根据鸟类的大小及飞翔运动特点将鸟分为阔翼类和雀鸟类，运用关键帧动画分别进行动画制作。

※ **核心知识点**

❶“随动”运动规律在鸟类飞翔中的运用

❷ 阔翼类鸟的飞翔动画制作

❸ 雀鸟类鸟的飞翔动画制作

鸟类是我们生活中常见的动物，而鸟类最具特点的动作便是“飞翔”。飞翔看似简单，实际上包含很多重要的运动规律，并且不同鸟类的飞翔特征也完全不同。本章中我们从原理开始为大家进行介绍，并且通过实例制作讲解。

11.1 鸟类结构及飞翔原理

了解鸟类的飞行，首先就要注意观察。在观察不同的鸟类飞行时，比较它们的翅膀、体形和飞行方式。

11.1.1 鸟类的特点

1. 身体

为了适应飞翔，鸟类的身体呈流线型，且体表被羽毛覆盖，因而具有光滑的表面。这种体形在空气中运动，受到的阻力最小。

2. 羽毛

鸟类的羽毛轻薄却非常坚韧柔软。这种羽毛构成的羽翼才能在空中飞行时推动空气，产生力量又不会对鸟类身体造成负担。

3. 翅膀

大多数鸟类的翼很发达。翼的剖面是流线型的，前缘较厚，后缘较薄，翼面圆滑。鸟在飞行时将翼向上略为倾斜，造成“迎角”切入空气，就可以增加升力，如右图所示。

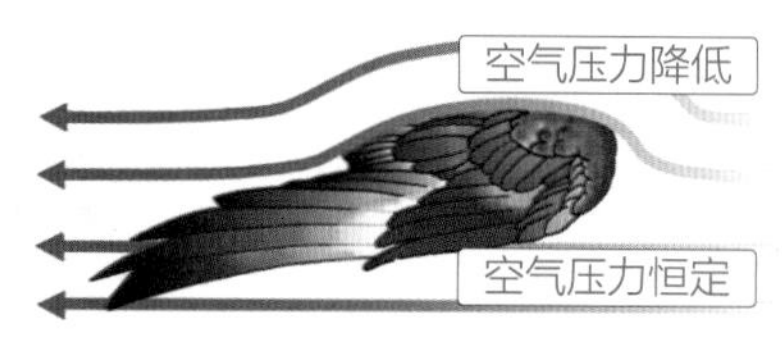

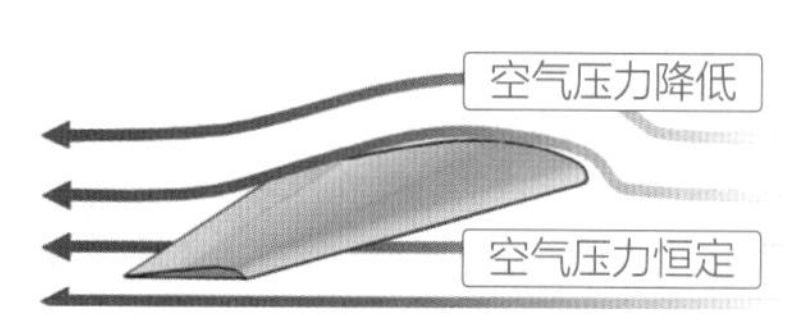

4. 骨骼

由于逐渐地适应空中飞行，鸟类的骨骼有三个特点：重量轻、质量硬、结构简。 我们可以将鸟类翅膀处的骨骼与人类的上肢骨骼以及蝙蝠的翼手做一个对比，会发现有很多相似之处，如下图所示。

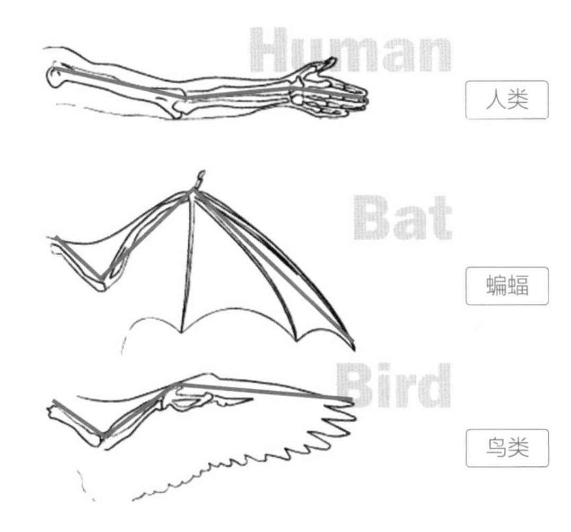

我们看到，人类、鸟类与蝙蝠的上肢骨骼结构相似，所以在设置动画时可以用自己的胳膊进行比划演示，以此来推测鸟类的飞行动作。

11.1.2 鸟类分类与飞行特征

1. 鸟的分类

鸟类可大致分为两类：家禽与飞禽。

家禽是指长期被人类豢养的鸟类，如：鸡、鸭、鹅等，此类鸟不擅长飞行，或只能飞行很短的距离。本章节不做讨论。

飞禽是指擅长飞行的鸟类，如：老鹰、燕雀、天鹅等。

我们可将飞禽再分为两类：雀类和阔翼类。

雀类是指麻雀、燕子、黄莺等小鸟，它们的身体小而圆，翅翼不大，嘴小脚短，动作灵活，飞行速度快。

阔翼类是指鹰、雁、天鹅、海鸥、鹤、野鸭、孔雀等大型野生鸟类，翅膀宽大，颈部较长，飞行高度高，可以长距离飞行。

2. 鸟的飞行特征

雀类的动作特点如下。

- 动作快而短促，常常停顿、琐碎和不稳定。
- 飞行速度较快，翅膀扇动的频率快，往往不容易看清楚翅膀的运动过程，飞行时身体变化不大。
- 由于体小身轻，飞行过程中不是展翅滑翔，而是夹翅飞窜，还可以身体停在空中，急促扇动双翅。
- 雀类小鸟除了一般双脚交替走步之外，常常喜欢双脚跳跃前进，如下图所示。

阔翼类的动作特点如下。

- 以飞翔为主，飞行时翅膀上下扇动，变化较多，动作柔软优美。
- 因为翅翼宽大，飞行时由于空气的浮力，翅膀的上下煽动，动作一般比较慢，落下时翅膀张得较开，动作有力，抬起时比较收拢，动作柔软。
- 飞行过程中常常有展翅的滑翔动作。
- 整个身体动作比较缓慢，走路与家禽相似，如下图所示。

3. 鸟类飞行运动规律分析

上一节中我们讲到，可以将鸟类的翅膀与人的胳膊进行对比，分成三段，这三段之间是首尾顺次连接的，每一个动作都是从根部开始，逐一带动下一段进行运动。我们称这种由根部开始带动，逐次传递的运动形式为随动，如下图所示。类似的运动还包括如：鞭子的甩动、动物尾巴的摆动、人类走路时胳膊的自由摆动等。

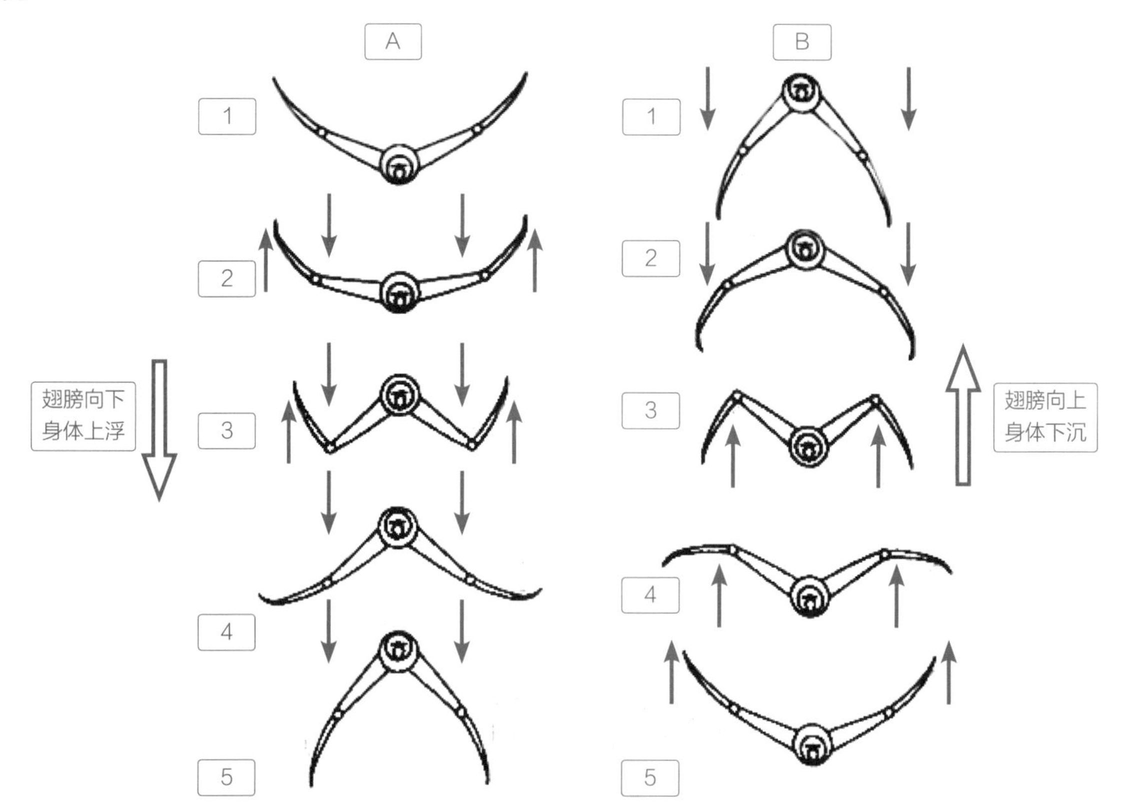

鸟类的飞翔中，最具特点的就是翅膀的扇动。随着翅膀的扇动，鸟类可以自由控制身体的高低和方向，在空中翱翔。所以我们将鸟类的飞翔简化成翅膀的运动。

我们将鸟类翅膀的扇动分割成两部分：向下扇动和向上抬起。

向下扇动时，翅膀将气流向下压，就像我们游泳一样，这个阶段身体会向上浮起。翅膀的动作由翅膀的肩关节开始发力，把翅膀中部关节向下带动，中部关节又再带动翅膀末梢，如此把向下的动作依次传递。所以在翅膀向下的半途中，会出现如图中第3步所示的翅膀肩关节和中间关节向下，而翅膀梢还由于空气阻力的缘故向上弯折的情形。

向上抬起时，翅膀比较自由，不再向下按压气流，这个阶段身体则会略向下沉。翅膀的肩关节开始带动中部关节向上抬起，中部关节再带动翅膀末梢，向上的动作依次传递。同样，B过程的第3步也是非常有特点的一步，翅膀的肩关节和中部关节已经向上抬起，但翅膀梢仍然受到空气阻力的作用而向下弯折。

翅膀的三个关节的运动是由根部到梢部逐级传递的，其中过程A中的第3步和过程B中的第3步都是典型的能够反映随动过程的画面，在我们设定动画的时候也需要注意。

11.2 实例 各类飞翔动画

本小节中，我们来制作各种不同鸟类的飞翔动画。为了突显动画的差异，我们将鸟类模型进行最大程度的简化，略去身体，只留下翅膀，并且这里的翅膀也没有任何修饰，只有三个基本的多边形形体。

我们会用相同的多边形形体来制作出完全不同感觉的鸟类飞翔动画，这样更能够体会出动画的奥妙。

11.2.1 阔翼类鸟的飞翔

阔翼类的飞行特点是翅膀扇动速度慢，动作柔软。

原始文件	big_wing_01.mb
注意事项	鸟类飞翔的随动特征
核心知识	运用关键帧动画调节鸟类飞翔的循环动画，存在“父子关系”的控制器要从根部开始调节，最后调节梢部、逐级进行

01 打开光盘中的文件，可以看到文件中有一只绑定好的鸟类模型，这个模型非常简单，只有翅膀的基本形状。其中翅膀前部是骨骼，同时也是控制器，我们通过选取骨骼并对它们进行操作来控制鸟的形体，如下图所示。

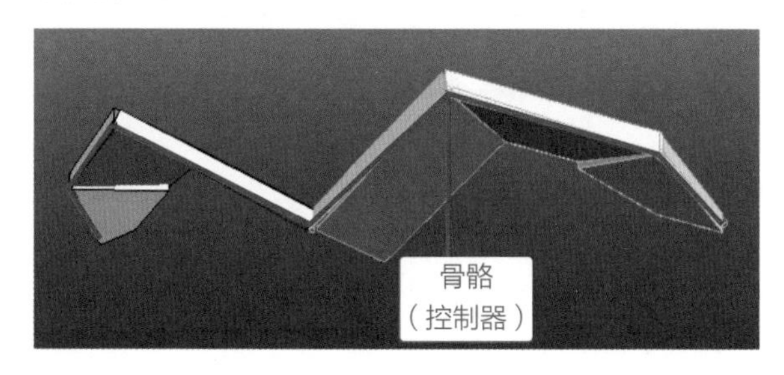

02 模型已经被锁住，不能直接选中进行动画设置，必须要通过控制器才能进行动画的设置。控制器共有三组：第一组是根部控制器，第二组是中部控制器，第三组是梢部控制器，每一组都由左右对称的两个圆圈组成，如右上图所示。

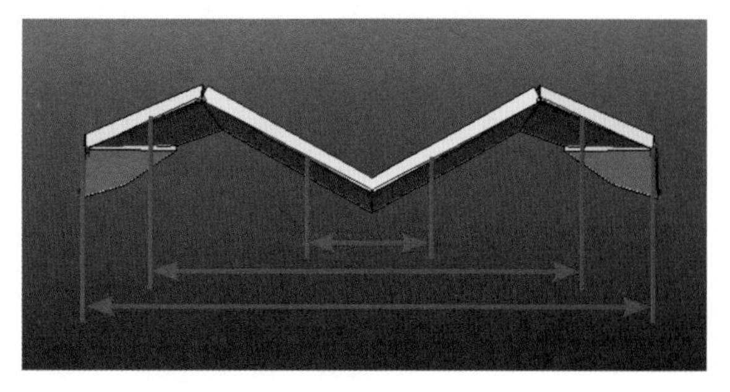

03 我们尝试来对控制器设置动画。

这三组控制器是一层套一层的父子关系。

首先选择根部的一组控制器，这组控制器可以上下左右进行移动，也可以旋转，但是不要缩放，因为缩放会让模型裂开。旋转控制器，会看到左右两边翅膀的旋转方向正好是相对称的，中部及梢部的控制器跟随着一起运动，如下页图所示。

提示

如果需要缩放，则需要选中整个模型组之后再缩放。

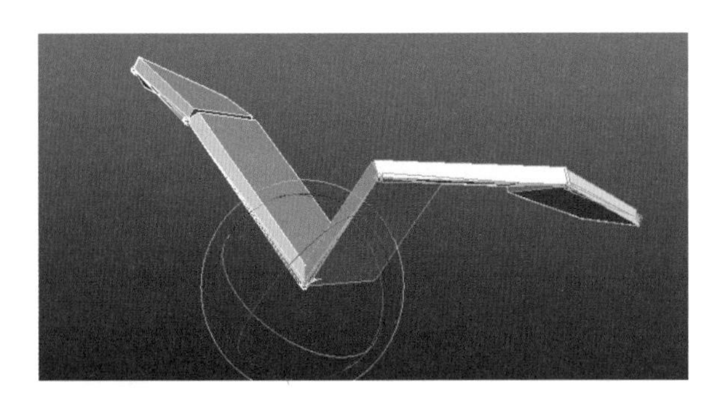

提 示

一般在设置动画时我们都成组进行选择，即先选右侧的控制器再按住 Shift 键加选另一侧对称的左控制器。因为这样左右两边翅膀是自然对称的，如果先设置一侧翅膀再去设置另一侧，会很难把握翅膀是否对称。

之后再选择第二组控制器，进行旋转。由于父子关系，这组控制器只能控制中部关节和末梢关节，不能控制根部关节，如下图所示。

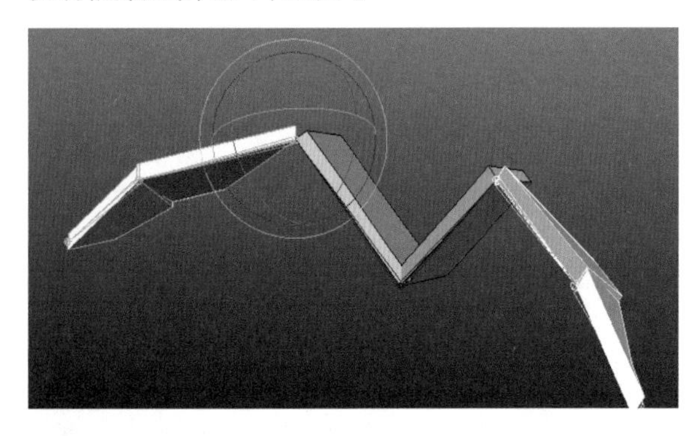

提 示

选择一组控制器时，要先选择鸟模型的右翅膀的控制器，再按住 Shift 键加选左翅膀的控制器，这样旋转时才能与鼠标操作方向一致，否则会是相反的。

再选择第三组控制器，进行旋转。这组关节只能控制末梢自身，如下图所示。

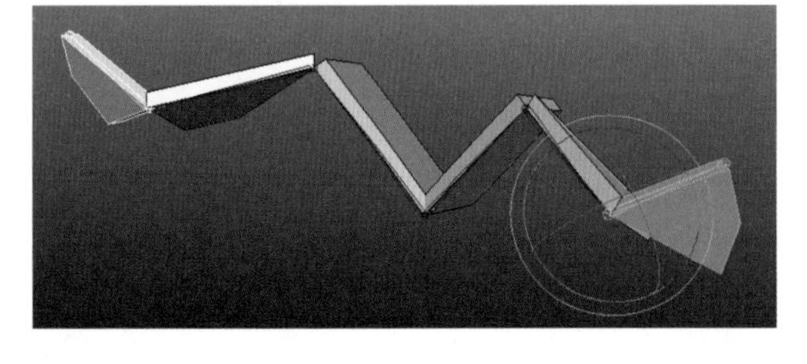

04 下面我们来进行阔翼鸟类飞行的调节。

将模型复位。打开自动关键帧切换按钮，并将动画时间轴范围调整到27帧，确定播放速率为Real-time[24 fps]（实时[24 fps]）。

首先确定模型的初始形态。我们将翅膀的最高位设置为第0帧，先向下，再向上，完成一次翅膀的扇动；最后在第27帧恢复成最高位，开始下一个循环。

分别选中左右翅根控制器、翅中控制器和翅梢控制器，旋转控制器，将鸟的模型摆放为翅膀展开在最高位置的状态，大概状态与根部控制器的旋转数值如下图所示。

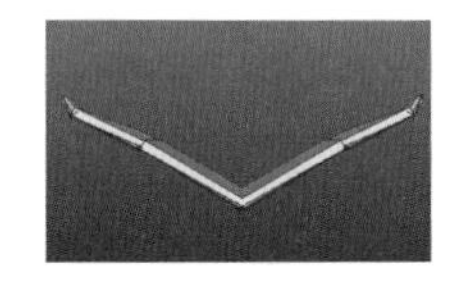

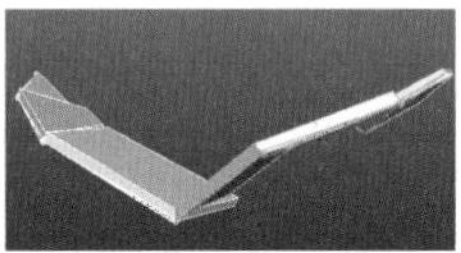

Translate X	0
Translate Y	0
Translate Z	0
Rotate X	7.542
Rotate Y	-7.822
Rotate Z	11.747
Scale X	1
Scale Y	1
Scale Z	1

提 示

由于这是阔翼类的鸟，翅膀扇动比较柔和缓慢，不会非常剧烈，所以最高位也不会非常夸张。

摆放好之后在第27帧记录完全相同的一帧。

05 之后确定翅膀的最低位。

由于飞行时下压比较用力，上升比较放松，所以下压迅速且时间短，上升缓慢而时间长。我们将下压算作三分之一时间，将最低位设定在第9帧。分别选中翅根控制器、翅中控制器和翅梢控制器，旋转控制器，将鸟的模型摆放为翅膀展开在最低位置的状态，大概状态与根部控制器的旋转数值如下图所示。

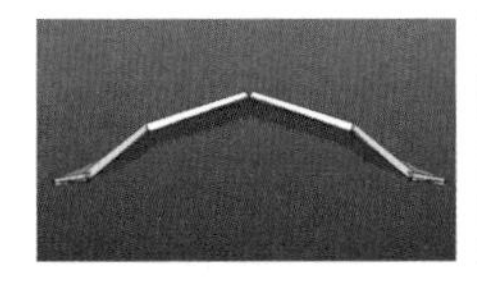

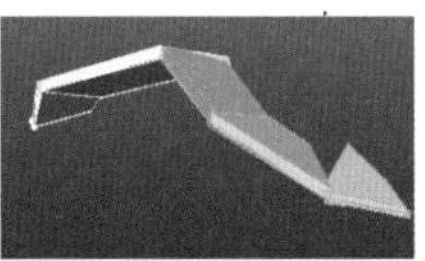

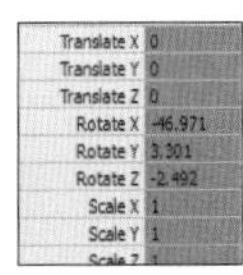

Translate X	0
Translate Y	0
Translate Z	0
Rotate X	-46.971
Rotate Y	3.301
Rotate Z	-2.492
Scale X	1
Scale Y	1
Scale Z	1

06 之后要做的就是将第 0 帧和第 9 帧连接起来。在连接的过程中最重要的就是“随动”的体现。

将翅膀根部关节的曲线首尾两点以及底部的关键帧处斜率设置为 0，保证连接平滑。现如下图所示。

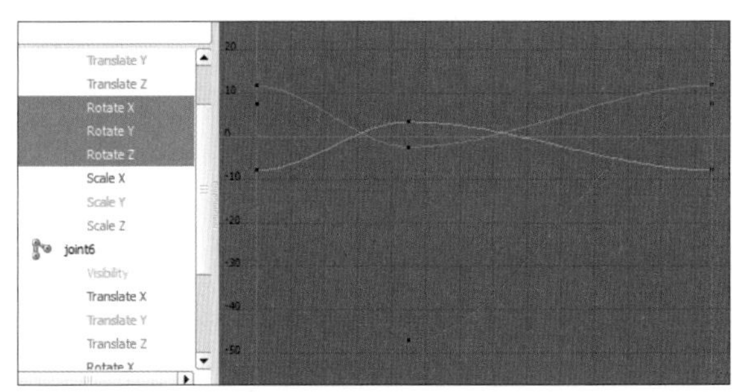

07 选中左右翅膀中部控制器，进行第 0 帧到第 27 帧之间的调节。

注意调节时要保证中部关节永远在根部关节之后一拍才跟上，也就是说要迟一拍才动。调节完成后的模型动作如下图所示。

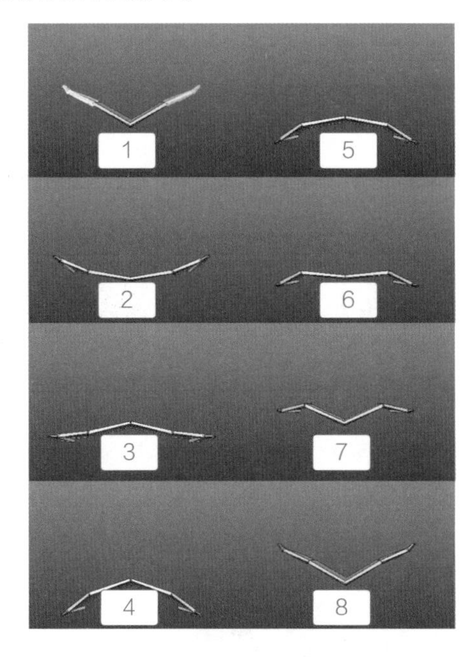

中部关节的动画曲线如下图所示。

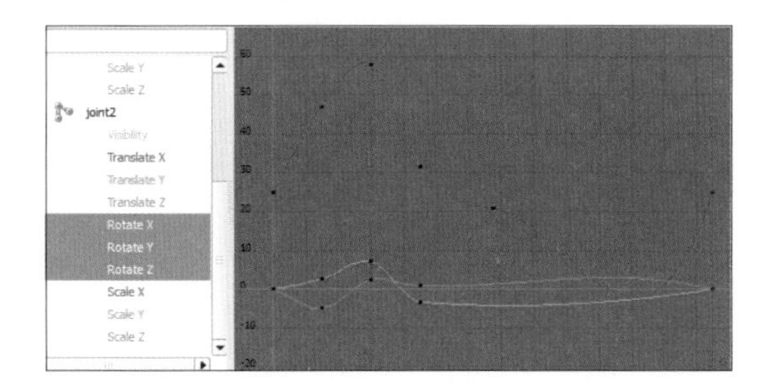

08 接下来进行末梢关节的动画设置。选中左右末梢关节，调节时要注意末梢关节要比中部关节更滞后之后一拍才跟上，感觉上是受到更大的阻力。末梢关节的细节处对整体效果非常重要。调节好后的模型动作如下图所示。

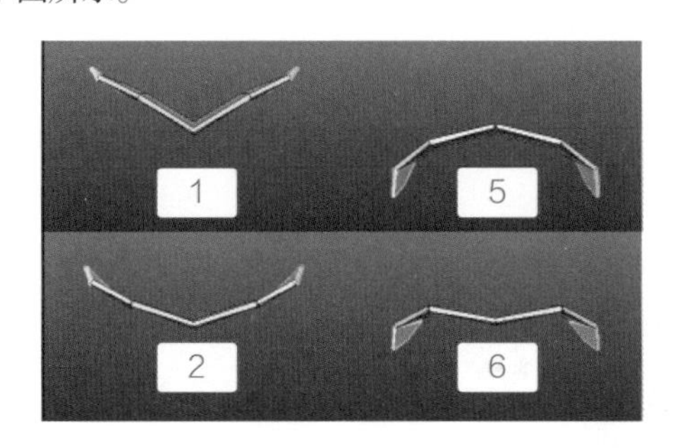

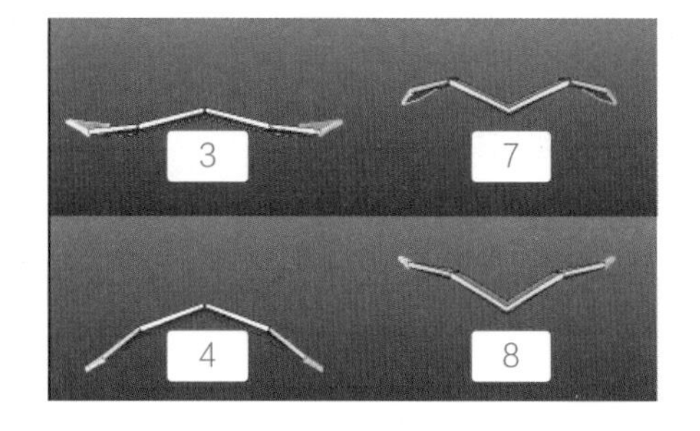

末梢关节的动画曲线如下图所示。

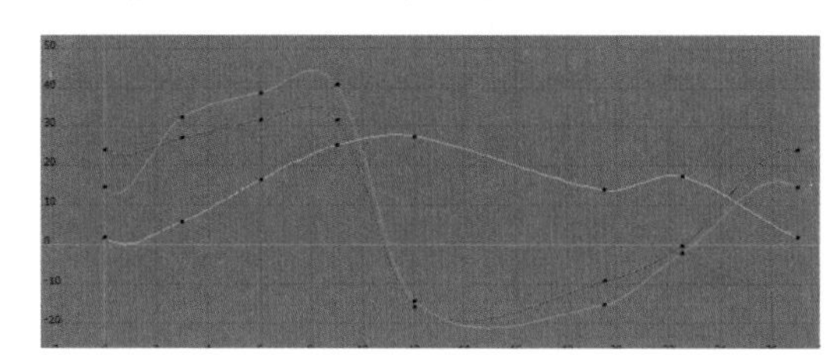

09 翅膀的运动设置完成之后，整个鸟身的上下运动。

之前我们已经介绍过，当翅膀下压时，鸟身会向上浮动，而翅膀上抬时，鸟身则向下沉去。

但是再调节时我们要注意，整个鸟身的起伏不要在翅膀关节上设置动画，而是要在整个模型组上进行动画设置。

选中左右两侧的翅膀根部关节，按两次键盘上的向上方向键，这时我们选中的是整个鸟模型的组合，在这个组合上进行动画设置，如下图所示。

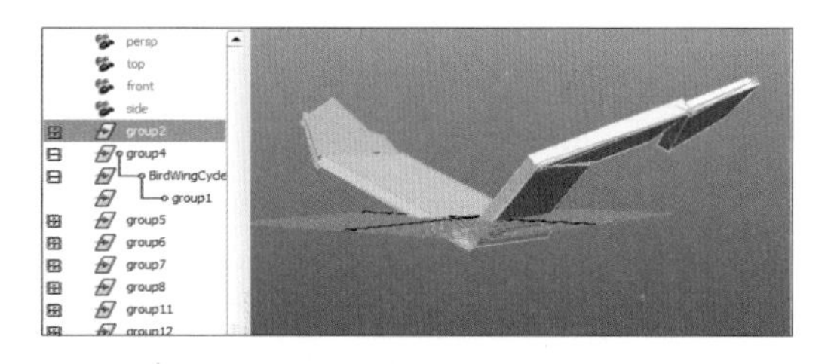

10 在鸟翅下压时将鸟身略向上抬，而翅膀上抬时鸟身略向下沉，如下图所示。

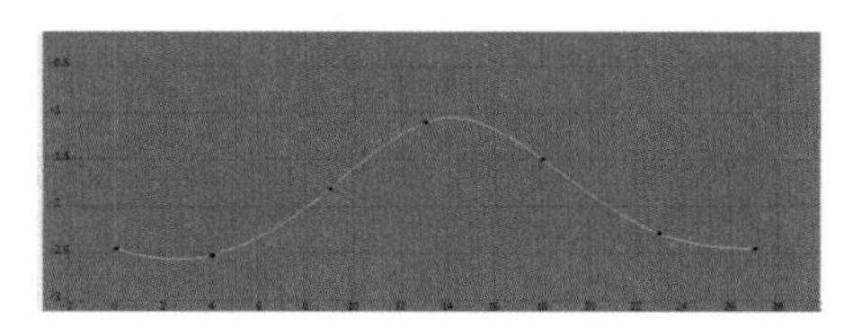

11 如果需要更长时间地播放动画，我们可以将时间轴上的帧数范围扩展到 27 的倍数，如 54,108 等，然后选中所有设置过动画的控制器，执行动画曲线图编辑器中的 Curves（曲线）> Post Infinity（后方无限）> Cycle（循环）命令，则设置完成的动画会循环播放，如下页图所示。

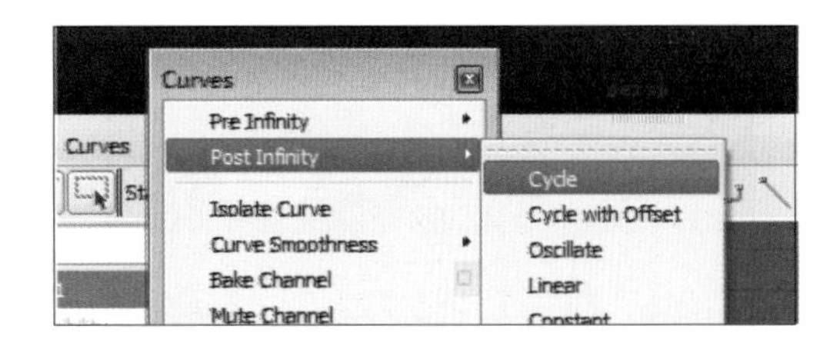

提 示

循环播放的动画必须保证在一个循环内第一帧与最后一帧完全一致，否则循环时将会偏移得越来越严重。需要保持首尾两帧一致，只需将第一帧复制到最后一帧即可。

12 在时间轴上单击右键，在弹出的菜单中执行 Playblast（播放预览）命令，观察制作好的飞鸟飞行动画。如果需要将 Playblast 视频进行保存，则单击 Playblast（播放预览）命令右侧的选项设置按钮，进入参数面板，单击 Browse（浏览）按钮，选择一个存储路径，单击 Playblast（播放预览）按钮确定即可。之后就可以在播放器中进行观看了，如下图所示。

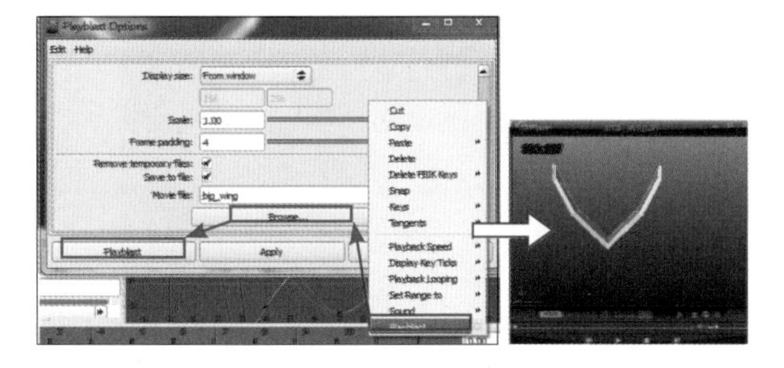

提 示

如果觉得一个循环太少，我们可以将时间轴调为 54 帧、81 帧、108 帧等 27 帧的整数倍，因为我们已经执行过 Curves（曲线）>Post Infinity（后方无限）>Cycle（循环）命令，即使后面的帧数中我们没有进行关键帧设置，动画会产生默认的循环，鸟会照样飞下去。生成的播放预览视频也会延长到如 54 帧、81 帧、108 帧等。

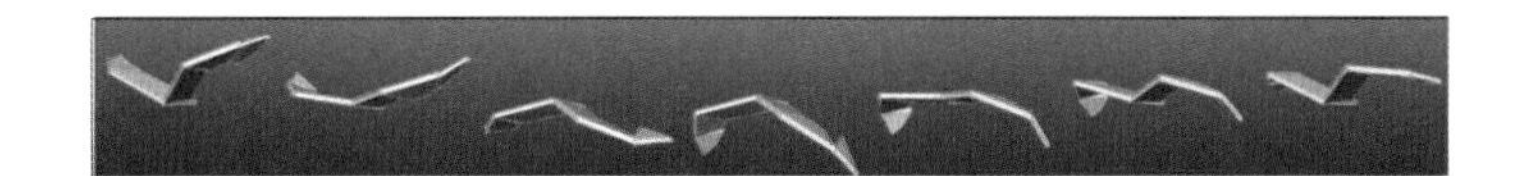

11.2.2 雀鸟的飞翔

雀鸟的飞行特点是翅膀扇动速度快，动作稍硬，翅膀关节之间的运动不如阔翼类明显，整个身体的上浮和下沉也不太明显。

原始文件	small_wing.mb
注意事项	雀鸟飞翔的速率及随动特征，与阔翼类鸟的动作特征进行区别
核心知识	运用关键帧动画调节鸟类飞翔的循环动画，存在“父子关系”的控制器要从根部开始进行调节，最后调节梢部，逐级进行

01 打开自动关键帧切换按钮，并将动画时间轴范围调整到 12 帧，确定动画播放速率为 Real-time[24 fps]（实时 [24 fps]）。

首先确定模型的初始形态。我们将翅膀的最高位设置为第0帧，先向下，后向上，完成一次翅膀的扇动；最后在第12帧恢复成最高位，开始下一个循环。

分别选中左右翅根控制器、翅中控制器和翅梢控制器，旋转控制器，将鸟的模型摆放为翅膀展开在最高位置的状态，大概状态和根部控制器的旋转数值如下图所示。

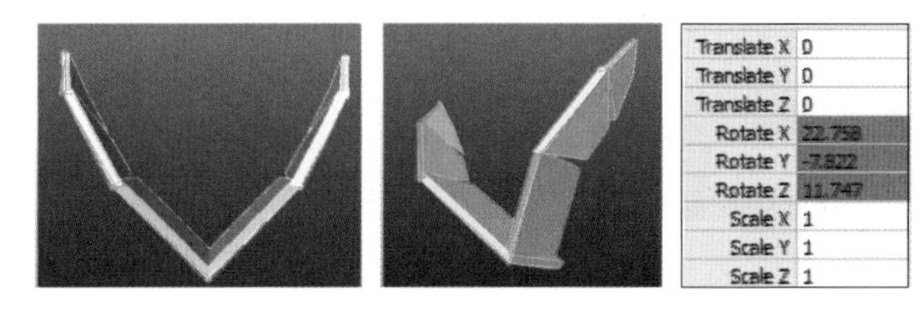

提 示

由于这是雀鸟，翅膀扇动比较剧烈，除了频率快以外，幅度也比较大，所以最高位的地方尽量摆放得夸张一些。

摆放完成之后在第12帧记录完全相同的一帧。

02 之后确定翅膀的最低位。

雀鸟飞行时翅膀的下压和上升所用时间差不多，且由于运动速度快，看不出明显区别，所以我们把翅膀达到最低位的时间定为二分之一时间处，将最低位定在第6帧。分别选中翅根控制器、翅中控制器和翅梢控制器，旋转控制器，将鸟的模型摆放为翅膀展开在最低位置的状态，大概状态和根部控制器的旋转数值如下图所示。

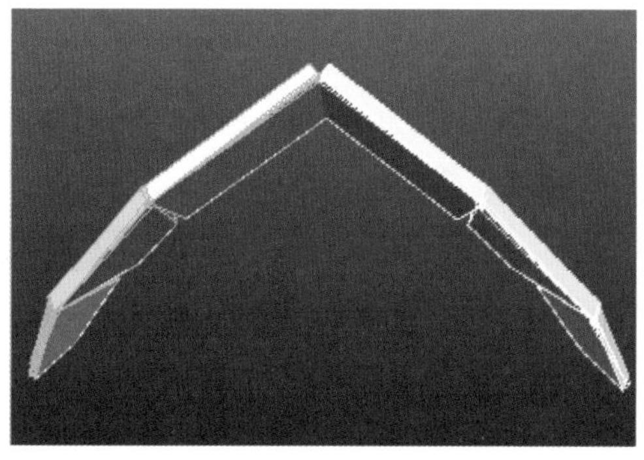

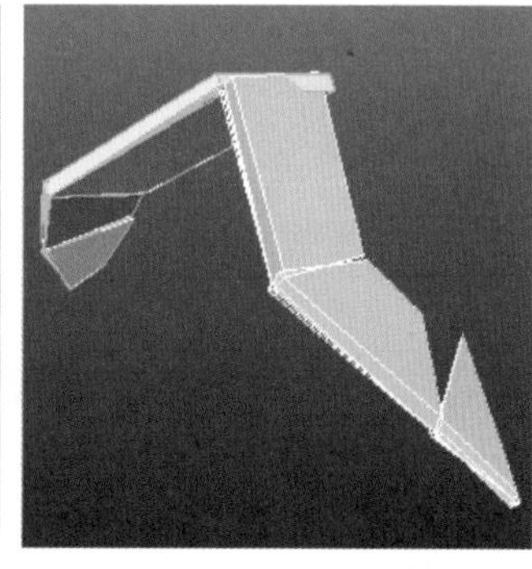

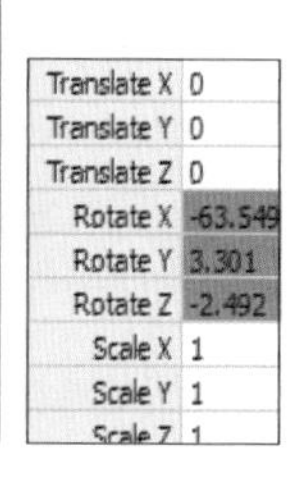

03 之后要做的就是将第 0 帧和第 6 帧连接起来。在连接的过程中要注意体现翅膀关节的“随动”。但是雀鸟飞行过程中随动体现得并不如阔翼鸟类那么明显，而是略显僵硬，之间的“度”要注意把握。

将翅膀根部关节的曲线首尾两点以及底部的关键帧处斜率设为0，保证连接平滑。如下图所示。

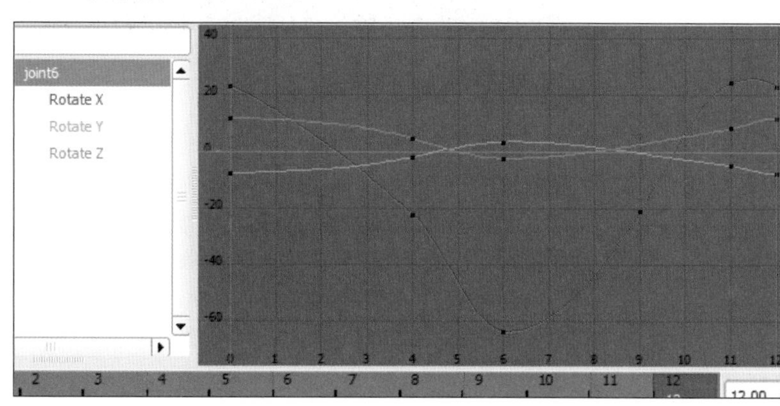

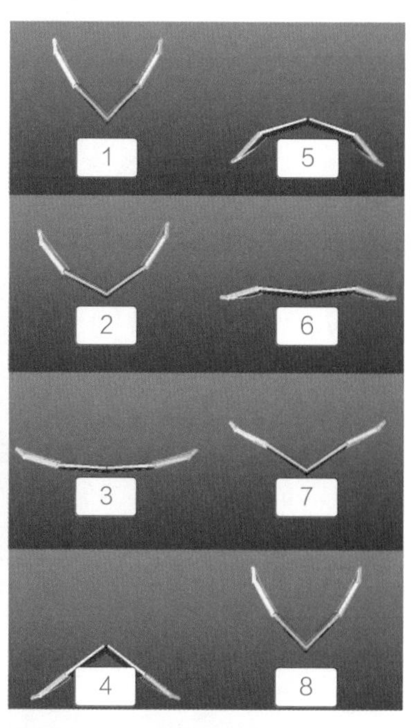

04 选中左右翅膀中部控制器，进行第 0 帧到第 12 帧之间的调节。

注意调节时要保证中部关节要在根部关节之后一拍才跟上，调节完成的模型动作如下图所示。

中部关节的动画曲线如下图所示。

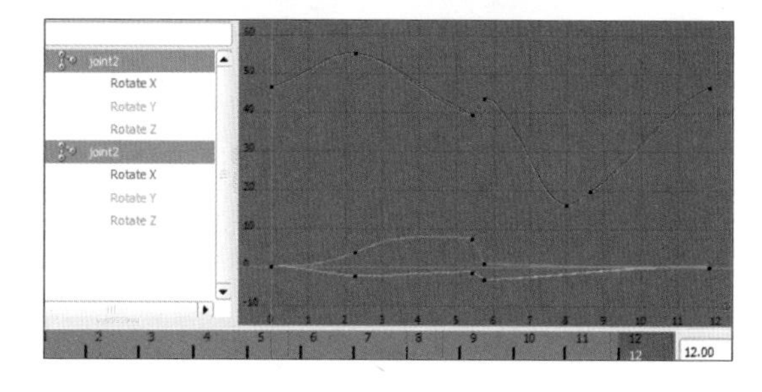

05 接下来进行末梢关节的动画设置。选中左右末梢关节，调节时要注意末梢关节要在中部关节更滞后之后一拍才跟上，感觉上是受到更大的阻力。末梢关节的细节处对整体效果非常重要。调节完成的模型动作如下图所示。

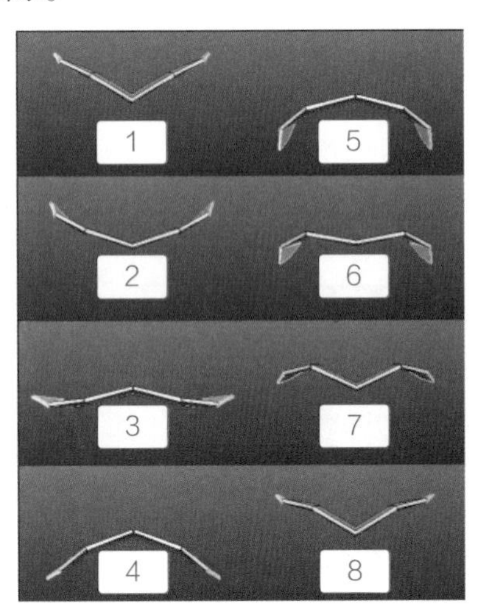

末梢关节的动画曲线如下图所示。

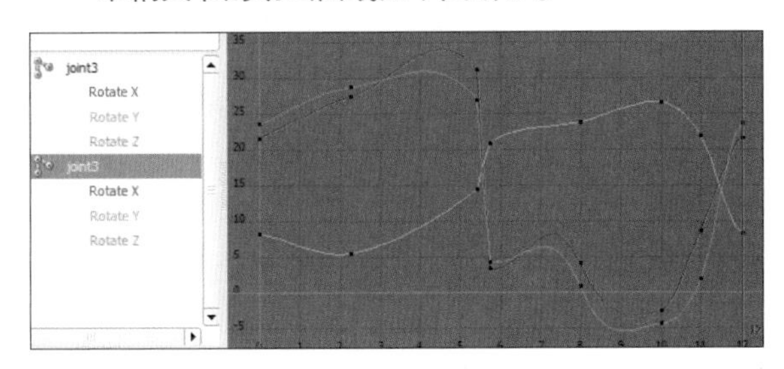

06 翅膀的运动设置完成之后，整个鸟身的上下运动。

当翅膀下压时，鸟身会向上浮动，而翅膀上抬时，鸟身则向下沉去。但雀鸟身体的上下浮动不太明显，我们只略做调整。

同样的，调节整个鸟身的起伏时不要在翅膀关节上设置动画，而是要在整个模型组上进行动画设置。

选中左右两侧的翅膀根部关节，按两次键盘上的向上键，这时我们选中的是整个鸟模型的组合，在这个组合上进行动画调节，如下图所示。

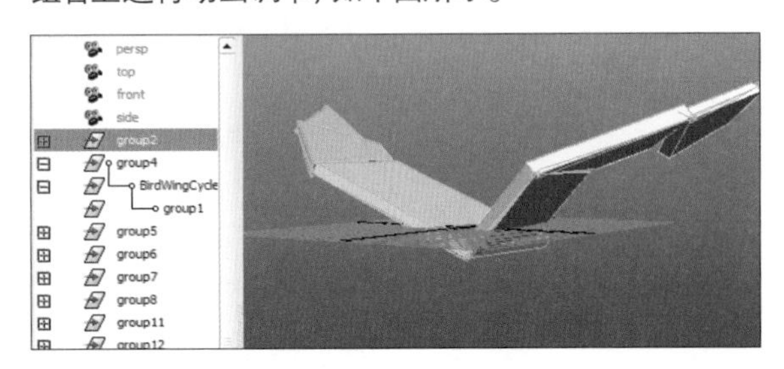

07 在鸟翅下压时将鸟身略向上抬，而翅膀上抬时鸟身略向下沉，如下图所示。

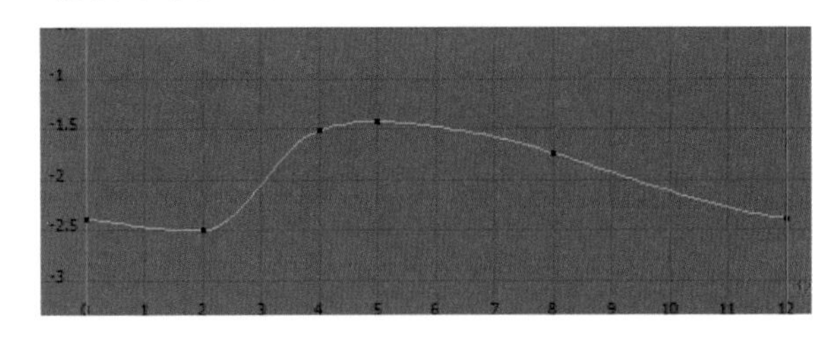

08 同样的，如果需要更长时间地播放动画，我们可以将时间轴上的帧数范围扩展到12帧的倍数，如24帧、36帧等，然后选中所有设置过动画的控制器，执行动画曲线图编辑器的Curves（曲线）>Post Infinity（后方无限）>Cycle（循环）命令，则设置完成的动画会循环播放，如下图所示。

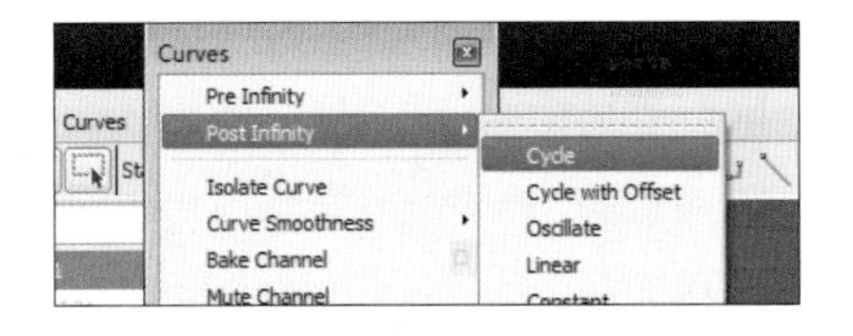

09 在时间轴上单击右键，在弹出的菜单中执行Playblast（播放预览）命令，观察制作好的飞鸟飞行动画进行，如下图所示。

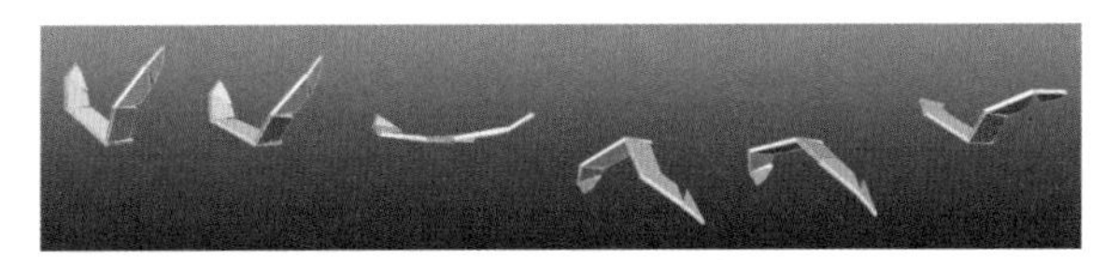

11.2.3 蝙蝠的飞翔

虽然蝙蝠属于哺乳动物，并不是鸟类，但是它也拥有翅膀，善于飞行，且蝙蝠的飞行特点非常突出，我们也经常在动画片中看到蝙蝠的出场，非常夸张，很有意思，所以本章节也讲解一下蝙蝠的飞行。

蝙蝠飞行的速度非常快，上下扇动翅膀的频率也很快，并且翅膀的弯折程度很大，设置动画时应当尽可能夸张一些。

原始文件	bat_wing.mb
注意事项	蝙蝠飞翔的速率及随动特征
核心知识	运用关键帧调节蝙蝠飞翔的循环动画，存在“父子关系”的控制器要从根部开始调节，最后调节梢部，逐级进行

01 打开自动关键帧切换按钮，并将动画时间轴范围调整到 9 帧，确定播放速率为 Real-time[24 fps]（实时 [24 fps]）。

首先确定模型的初始形态。我们将翅膀的最高位设置为第0帧，先向下，后向上，完成一次翅膀的扇动；最后在第9帧恢复成最高位，开始下一个循环。

分别选中左右翅根控制器、翅中控制器和翅梢控制器，旋转控制器，将蝙蝠的模型摆放为翅膀展开在最高位置的状态，大概状态和根部控制器的旋转数值如下图所示。

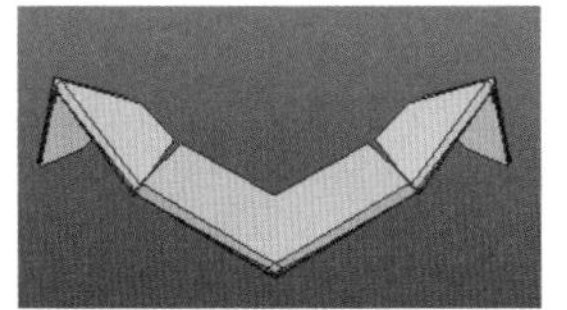
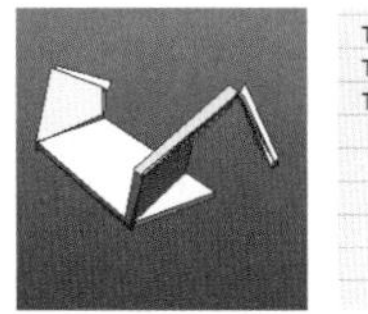
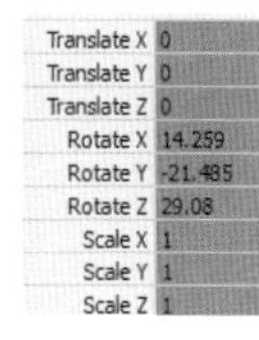

Translate X	0
Translate Y	0
Translate Z	0
Rotate X	14.259
Rotate Y	-21.485
Rotate Z	29.08
Scale X	1
Scale Y	1
Scale Z	1

提 示

蝙蝠的动作和普通鸟类不同，很夸张，且速度快，所以第 1 帧的翅膀为了和接下来的过程连续起来，且有翅膀末梢“随动”的因素，所以第 1 帧处翅膀末梢是弯折的。当然，我们也可以调成直的，在最后的调整阶段再进行修改。

摆放完成之后在第9帧记录完全相同的一帧。

02 之后确定翅膀的最低位。

蝙蝠飞行时力量很大，翅膀的下压速度快，所以我们把翅膀达到最低位的时间定为三分之一时间处，将最低位定在第3帧。分别选中翅根控制器、翅中控制器和翅梢控制器，旋转控制器，将蝙蝠的模型摆放为翅膀展开在最低位置的状态，大概状态和根部控制器的旋转数值如下图所示。

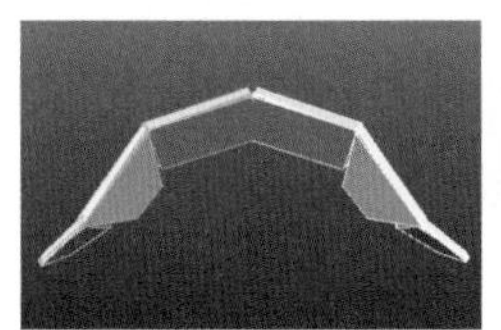
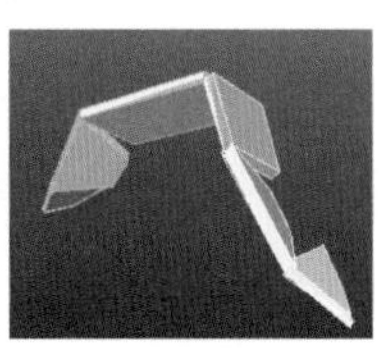
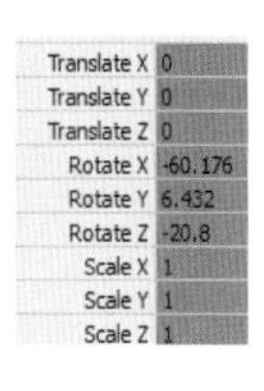

Translate X	0
Translate Y	0
Translate Z	0
Rotate X	-60.176
Rotate Y	6.432
Rotate Z	-20.8
Scale X	1
Scale Y	1
Scale Z	1

03 之后要做的就是将第 0 帧和第 9 帧连接起来。在连接的过程中要注意体现翅膀关节的“随动”。蝙蝠飞行过程中翅膀的弯折很夸张，“随动”现象表现得尤为明显，甚至到了略微卷曲的程度，这点我们需要注意。

将翅膀根部关节的曲线首尾两点以及底部的关键帧处斜率设为0，保证连接平滑。动画曲线如下图所示。

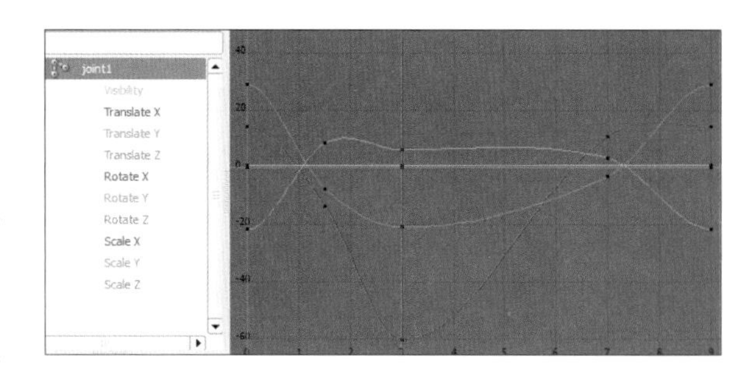

04 选中左右翅膀中部控制器，进行第 0 帧到第 9 帧之间的调节。

注意调节时要保证中部关节要在根部关节之后一拍才跟上，调节完成的模型动作如下图所示。

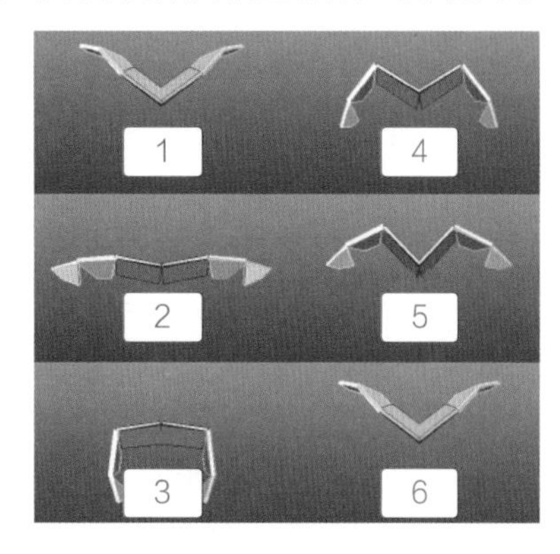

中部关节的动画曲线如下图所示。

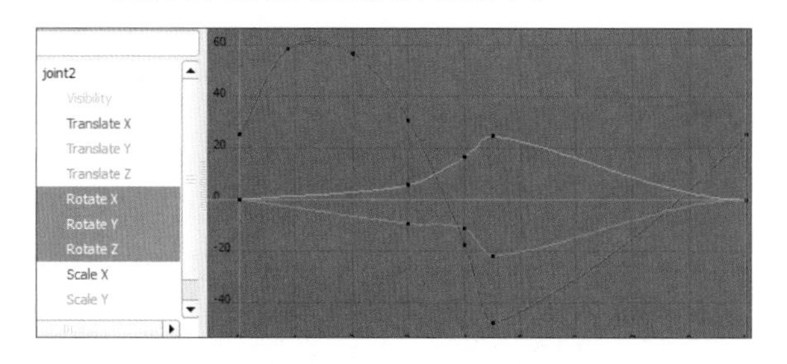

05 接下来进行末梢关节的动画设置。选中左右末梢关节，调节时要注意末梢关节要比中部关节更滞后一拍才跟上，感觉上是受到更大的阻力。末梢关节的夸张比前两个关节更强烈。调节完成的模型动作如下图所示。

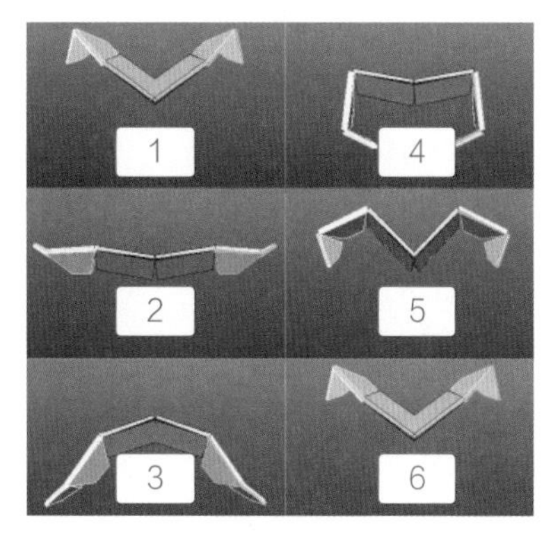

末梢关节的动画曲线如下图所示。

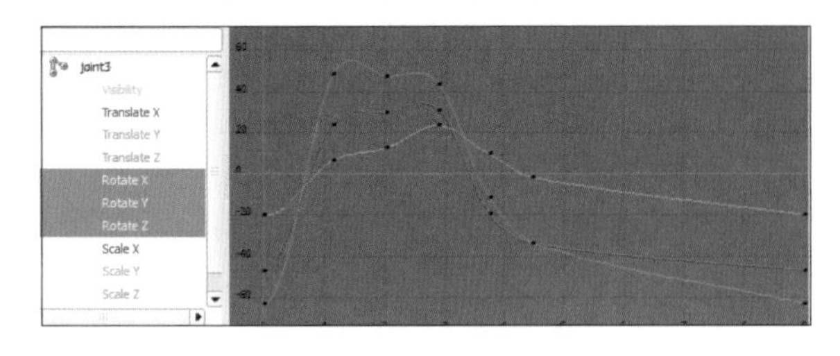

06 翅膀的运动调整完成之后，进行整体的上下调节。

蝙蝠的身体上下起伏较大，但由于频率快所以不要调得过大，看起来会非常吃力。同样的，调节整个身体的起伏时不要在翅膀关节上设置动画，而是要在整个模型组上进行动画设置。

选中左右两边的翅膀根部关节，按两次键盘上的向上键，选中整个模型的组合，在这个组合上进行动画调节，如右上图所示。

07 在翅膀下压时将身体向上抬，而翅膀上抬时身体向下沉，如下图所示。

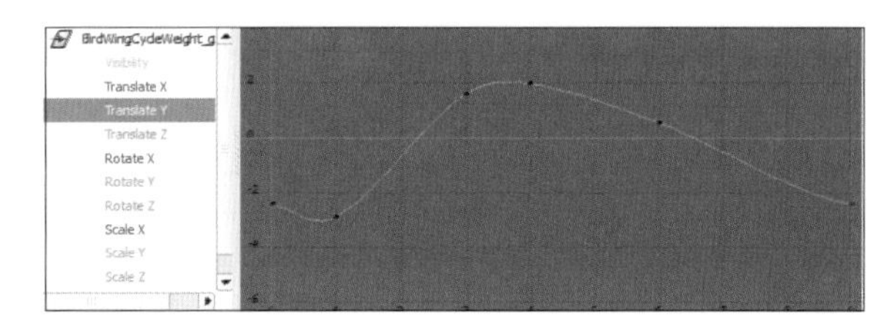

08 同样的，如果需要更长时间地播放动画，我们可以将时间轴上的帧数范围扩展到 9 帧的倍数，如 18 帧、27 帧等，然后选中所有设置过动画的控制器，执行动画曲线图编辑器中的 Curves（曲线）>Post Infinity（后方无限）>Cycle（循环）命令，则设置完成的动画会循环播放，如下图所示。

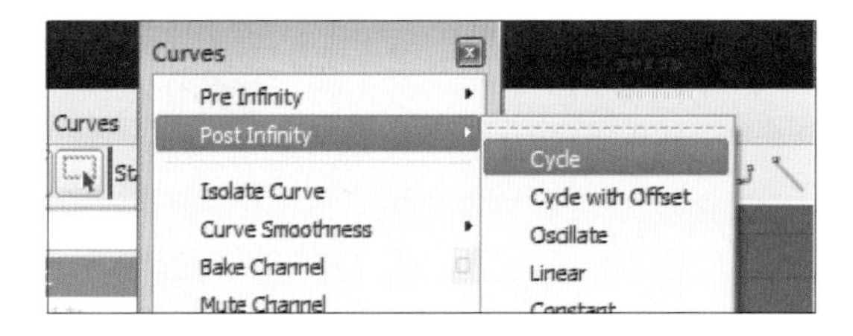

09 在时间轴上单击右键，在弹出的菜单中执行 Playblast（播放预览）命令，观察制作完成的飞鸟飞行动画，如下图所示。

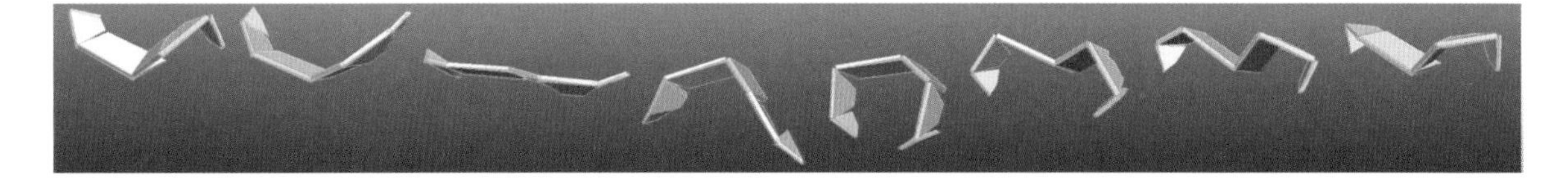

Chapter 12 四足动物

※ **本章概述**

四足动物也是在动画中经常出现的，其动画运动规律基本类似，动画的调制主要集中在四肢的运动、身躯的扭动以及其他部位如头颈、尾巴的配合上。本章主要介绍了四足动物的动画，主要是马的奔跑动画。通过马的奔跑动画的案例说明马奔跑中腿部的关键姿势的设置，躯干的动作以及头颈部动作的配合以及尾巴的随动动画的制作。

※ **核心知识点**

❶ 四足动物动画的基本规律
❷ 四足动物动画的调制顺序
❸ 马奔跑中腿部的关键姿势的设置
❹ 躯干的动作及头颈部动作的配合
❺ 尾巴等部位的随动动画

自然界的动物丰富多样，四足动物是其中相对而言比较常见的，例如猫、狗、鼠、马、羊、牛等都是我们比较熟悉的动物。四足动物的运动基本上类似，不同物种有微小的差异，但总体而言，运动规律大同小异。下面我们以马的奔跑动画为例讲解四足动物动画的设置方法，读者可以在此基础上，举一反三，融会贯通。

01 打开绑定好的马的模型，如下图所示。

02 将时间轴播放头移动到第 1 帧，分别选择四个腿的控制器，调节其参数，将马腿的动作设置为如下图所示的姿势。即选择后左脚控制器 cc_l_legBK01，修改其参数 Translate Y（平移 Y）为 46，Translate Z（平移 Z）为 −45，Rotate X（旋转 X）为 80，按 S 键记录关键帧；选择后右脚控制器 cc_r_legBK01，修改其参数 Translate Y（平移 Y）为 33，Translate Z（平移 Z）为 −5，Rotate X（旋转 X）为 28，按 S 键记录关键帧。选择前左脚控制器 cc_l_legFT01，修改其参数 Translate Z（平移 Z）为 −5，按 S 键记录关键帧；选择前右脚控制器 cc_r_legFT01，修改其参数 Translate Y（平移 Y）为 22，Translate Z（平移 Z）为 −47，Rotate X（旋转 X）为 144，按 S 键记录关键帧。选择 cc_COG01 控制器，修改其参数 Translate Y（平移 Y）为 −6.5，按 S 键记录关键帧。

03 将时间轴播放头移动到第2帧，分别选择四个腿的控制器，调节其参数，将马腿的动作设置为如右图所示的姿势。即选择后左脚控制器cc_l_legBK01，修改其参数Translate Y（平移Y）为44，Translate Z（平移Z）为-21，Rotate X（旋转X）为70，按S键记录关键帧；选择后右脚控制器cc_r_legBK01，修改其参数Translate Y（平移Y）为31，Translate Z（平移Z）为5，Rotate X（旋转X）为13，按S键记录关键帧。选择前左脚控制器cc_l_legFT01，修改其参数Translate Y（平移Y）为8，Translate Z（平移Z）为-38，Rotate X（旋转X）为47，按S键记录关键帧；选择前右脚控制器cc_r_legFT01，修改其参数Translate Y（平移Y）为24.5，Translate Z（平移Z）为-35.8，Rotate X（旋转X）为145，按S键记录关键帧。

04 将时间轴播放头移动到第 3 帧，分别选择四个腿的控制器，调节其参数，将马腿的动作设置为如右图所示的姿势。即选择后左脚控制器 cc_l_legBK01，修改其参数 Translate Y（平移 Y）为 37.6，Translate Z（平移 Z）为 1.5，Rotate X（旋转 X）为 60，按 S 键记录关键帧；选择后右脚控制器 cc_r_legBK01，修改其参数 Translate Y（平移 Y）为 26.6，Translate Z（平移 Z）为 14.4，Rotate X（旋转 X）为 -1.9，按 S 键记录关键帧。选择前左脚控制器 cc_l_legFT01，修改其参数 Translate Y（平移 Y）为 20，Translate Z（平移 Z）为 -43，Rotate X（旋转 X）为 102.8，按 S 键记录关键帧；选择前右脚控制器 cc_r_legFT01，修改其参数 Translate Y（平移 Y）为 25.5，Translate Z（平移 Z）为 -19.5，Rotate X（旋转 X）为 156.7，按 S 键记录关键帧。

05 将时间轴播放头移动到第4帧，分别选择四个腿的控制器，调节其参数，将马腿的动作设置为如右图所示的姿势。即选择后左脚控制器cc_l_legBK01，修改其参数Translate Y（平移Y）为30.8，Translate Z（平移Z）为23，Rotate X（旋转X）为50.7，按S键记录关键帧；选择后右脚控制器cc_r_legBK01，修改其参数Translate Y（平移Y）为20，Translate Z（平移Z）为24.1，Rotate X（旋转X）为-13.7，按S键记录关键帧。选择前左脚控制器cc_l_legFT01，修改其参数Translate Y（平移Y）为26.8，Translate Z（平移Z）为-40.9，Rotate X（旋转X）为153，按S键记录关键帧；选择前右脚控制器cc_r_legFT01，修改其参数Translate Y（平移Y）为20.5，Translate Z（平移Z）为-2，Rotate X（旋转X）为142.9，按S键记录关键帧。

06 将时间轴播放头移动到第5帧，分别选择四个腿的控制器，调节其参数，将马腿的动作设置为如右图所示的姿势。即选择后左脚控制器cc_l_legBK01，修改其参数Translate Y（平移Y）为25.7，Translate Z（平移Z）为41.9，Rotate X（旋转X）为40.3，按S键记录关键帧；选择后右脚控制器cc_r_legBK01，修改其参数Translate Y（平移Y）为12，Translate Z（平移Z）为31.5，Rotate X（旋转X）为-18.5，按S键记录关键帧。选择前左脚控制器cc_l_legFT01，修改其参数Translate Y（平移Y）为31.2，Translate Z（平移Z）为-34.2，Rotate X（旋转X）为165，按S键记录关键帧；选择前右脚控制器cc_r_legFT01，修改其参数Translate Y（平移Y）为15.5，Translate Z（平移Z）为13，Rotate X（旋转X）为110.5，按S键记录关键帧。

07 将时间轴播放头移动到第6帧，分别选择四个腿的控制器，调节其参数，将马腿的动作设置为如右图所示的姿势。即选择后左脚控制器cc_l_legBK01，修改其参数Translate Y（平移Y）为24，Translate Z（平移Z）为53.6，Rotate X（旋转X）为27.7，按S键记录关键帧；选择后右脚控制器cc_r_legBK01，修改其参数Translate Y（平移Y）为0，Translate Z（平移Z）为34.5，Rotate X（旋转X）为0，按S键记录关键帧。选择前左脚控制器cc_l_legFT01，修改其参数Translate Y（平移Y）为32.7，Translate Z（平移Z）为-22.7，Rotate X（旋转X）为175，按S键记录关键帧；选择前右脚控制器cc_r_legFT01，修改其参数Translate Y（平移Y）为16.7，Translate Z（平移Z）为27.7，Rotate X（旋转X）为73，按S键记录关键帧。

08 将时间轴播放头移动到第7帧，分别选择四个腿的控制器，调节其参数，将马腿的动作设置为如右图所示的姿势。即选择后左脚控制器cc_l_legBK01，修改其参数Translate Y（平移Y）为15.8，Translate Z（平移Z）为55.6，Rotate X（旋转X）为-0.8，按S键记录关键帧；选择后右脚控制器cc_r_legBK01，修改其参数Translate Y（平移Y）为0，Translate Z（平移Z）为22，Rotate X（旋转X）为0，按S键记录关键帧。选择前左脚控制器cc_l_legFT01，修改其参数Translate Y（平移Y）为32.3，Translate Z（平移Z）为-7.7，Rotate X（旋转X）为155，按S键记录关键帧；选择前右脚控制器cc_r_legFT01，修改其参数Translate Y（平移Y）为19，Translate Z（平移Z）为44，Rotate X（旋转X）为44，按S键记录关键帧。

09 将时间轴播放头移动到第8帧，分别选择四个腿的控制器，调节其参数，将马腿的动作设置为如右图所示的姿势。即选择后左脚控制器cc_l_legBK01，修改其参数Translate Y（平移Y）为5.25，Translate Z（平移Z）为52.4，Rotate X（旋转X）为-22.3，按S键记录关键帧；选择后右脚控制器cc_r_legBK01，修改其参数Translate Y（平移Y）为0，Translate Z（平移Z）为9.8，Rotate X（旋转X）为0，按S键记录关键帧。选择前左脚控制器cc_l_legFT01，修改其参数Translate Y（平移Y）为31，Translate Z（平移Z）为7.5，Rotate X（旋转X）为129.7，按S键记录关键帧；选择前右脚控制器cc_r_legFT01，修改其参数Translate Y（平移Y）为21.6，Translate Z（平移Z）为57.4，Rotate X（旋转X）为5，按S键记录关键帧。

10 将时间轴播放头移动到第9帧，分别选择四个腿的控制器，调节其参数，将马腿的动作设置为如右图所示的姿势。即选择后左脚控制器cc_l_legBK01，修改其参数Translate Y（平移Y）为0，Translate Z（平移Z）为38.3，Rotate X（旋转X）为0，按S键记录关键帧；选择后右脚控制器cc_r_legBK01，修改其参数Translate Y（平移Y）为17，Translate Z（平移Z）为-33.9，Rotate X（旋转X）为30.9，按S键记录关键帧。选择前左脚控制器cc_l_legFT01，修改其参数Translate Y（平移Y）为29，Translate Z（平移Z）为20，Rotate X（旋转X）为84.5，按S键记录关键帧；选择前右脚控制器cc_r_legFT01，修改其参数Translate Y（平移Y）为22.8，Translate Z（平移Z）为62.9，Rotate X（旋转X）为-23.9，按S键记录关键帧。

11 将时间轴播放头移动到第10帧，分别选择四个腿的控制器，调节其参数，将马腿的动作设置为如右图所示的姿势。即选择后左脚控制器cc_l_legBK01，修改其参数Translate Y（平移Y）为0，Translate Z（平移Z）为-16.7，Rotate X（旋转X）为0，按S键记录关键帧；选择后右脚控制器cc_r_legBK01，修改其参数Translate Y（平移Y）为25.6，Translate Z（平移Z）为-56.8，Rotate X（旋转X）为81，按S键记录关键帧。选择前左脚控制器cc_l_legFT01，修改其参数Translate Y（平移Y）为27，Translate Z（平移Z）为65.5，Rotate X（旋转X）为9.2，按S键记录关键帧；选择前右脚控制器cc_r_legFT01，修改其参数Translate Y（平移Y）为0，Translate Z（平移Z）为31.6，Rotate X（旋转X）为0，按S键记录关键帧。

12 将时间轴播放头移动到第11帧，分别选择四个腿的控制器，调节其参数，将马腿的动作设置为如右图所示的姿势。即选择后左脚控制器cc_l_legBK01，修改其参数Translate Y（平移Y）为23，Translate Z（平移Z）为-52，Rotate X（旋转X）为44.6，按S键记录关键帧；选择后右脚控制器cc_r_legBK01，修改其参数Translate Y（平移Y）为30.3，Translate Z（平移Z）为-64，Rotate X（旋转X）为98.6，按S键记录关键帧。选择前左脚控制器cc_l_legFT01，修改其参数Translate Y（平移Y）为24.4，Translate Z（平移Z）为67，Rotate X（旋转X）为-30，按S键记录关键帧；选择前右脚控制器cc_r_legFT01，修改其参数Translate Y（平移Y）为0，Translate Z（平移Z）为-8.6，Rotate X（旋转X）为0，按S键记录关键帧。

13 将时间轴播放头移动到第12帧，分别选择四个腿的控制器，调节其参数，将马腿的动作设置为如右图所示的姿势。即选择后左脚控制器cc_l_legBK01，修改其参数Translate Y（平移Y）为40，Translate Z（平移Z）为-73，Rotate X（旋转X）为89.3，按S键记录关键帧；选择后右脚控制器cc_r_legBK01，修改其参数Translate Y（平移Y）为32.3，Translate Z（平移Z）为-53，Rotate X（旋转X）为75.7，按S键记录关键帧。选择前左脚控制器cc_l_legFT01，修改其参数Translate Y（平移Y）为0.9，Translate Z（平移Z）为44，Rotate X（旋转X）为-38，按S键记录关键帧；选择前右脚控制器cc_r_legFT01，修改其参数Translate Y（平移Y）为0，Translate Z（平移Z）为-48.7，Rotate X（旋转X）为50，按S键记录关键帧。

14 将时间轴播放头移动到第 13 帧，分别选择四个腿的控制器，移动到第 1 帧，单击右键，选择 Copy（复制）命令，移动到第 13 帧，单击右键，选择 Paste（粘贴）> Paste（粘贴）命令，这样将第 1 帧的四条腿的关键帧分别复制到第 13 帧，便于循环播放。此时姿势如右图所示。

15 由于马在奔跑过程中身体有上下的起伏，第3帧腾空的状态位置最高，第11帧准备再次跳起的时刻位置最低。故选择cc_COG01控制器，移动到第3帧，修改其参数Translate Y（平移Y）为-0.4，按S键记录关键帧；移动到第3帧，修改其参数Translate Y（平移Y）为-7.5，按S键记录关键帧。其动画曲线如下图所示。

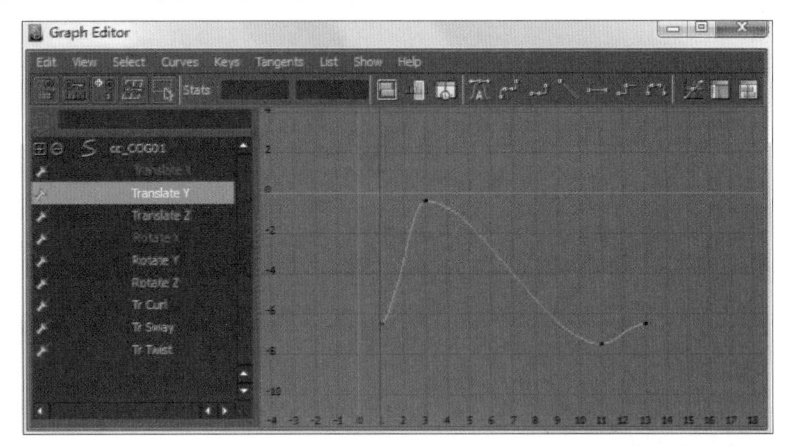

16 播放动画，会发现前肢的关节处肌肉没有运动，比较僵硬，如右图所示。

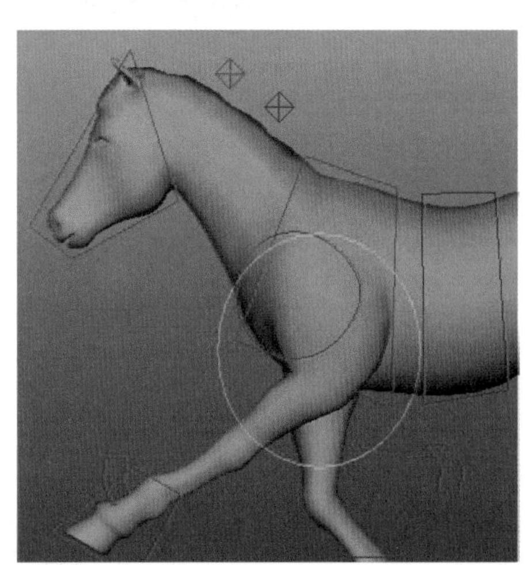

因此需要为前肢关节处的控制器设置动画。选择左腿关节控制器cc_l_shoulder01，在第3帧时，设置Translate Z（平移Z）为-8，Translate Y（平移Y）为13，按S键记录关键帧；在第11帧时，设置Translate Z（平移Z）为0，Translate Y（平移Y）为13，按S键记录关键帧；在第1帧记录关键帧，复制该帧到第13帧，复制帧操作如同第14步操作。打开曲线图编辑器，修改第1和第13帧关键点，如下图所示。

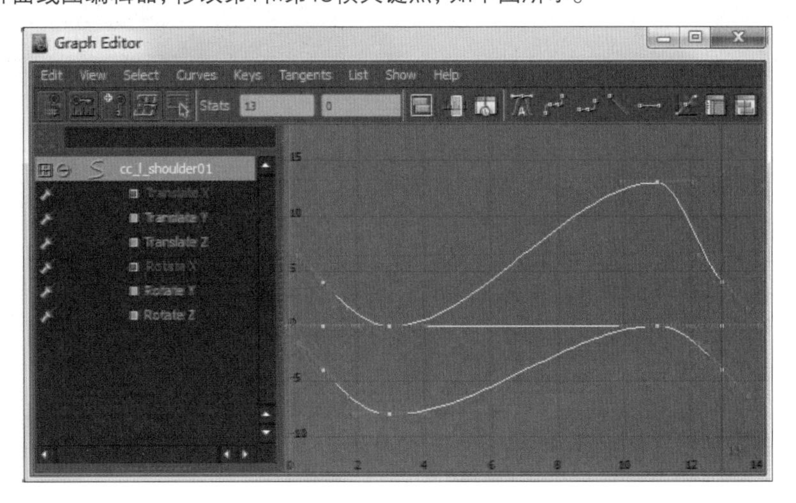

选择右腿关节控制器cc_r_shoulder 01，在第9帧设置Translate Y（平移Y）为13，Translate Z（平移Z）为0；按S键记录关键帧，在第1帧和第13帧，设置Translate Y（平移Y）为0，Translate Z（平移Z）为-8，按S键记录关键帧。其曲线如下图所示。

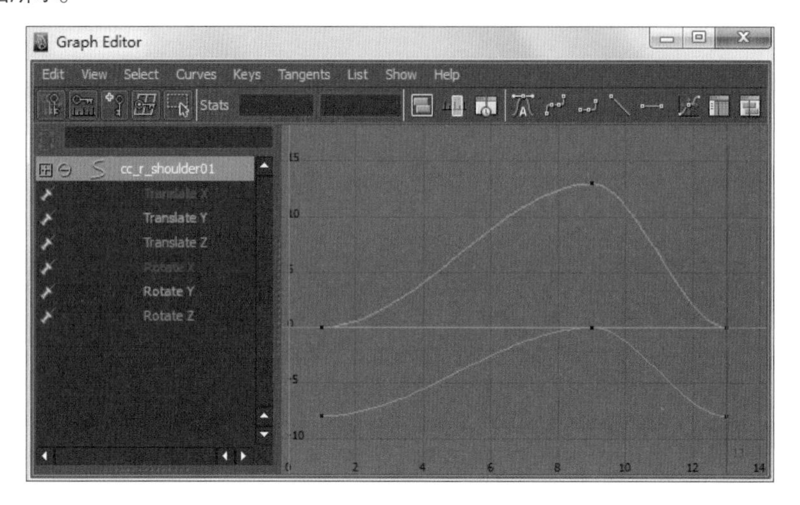

17 现在身躯部分还是比较僵硬，随着奔跑的动作，身躯部分前后应该有所变化。选择后半部身躯腰部控制器cc_hipSway01，在第1帧和第13帧，分别设置Rotate X（旋转X）为5，按S键记录关键帧；将时间轴播放头移动到第7帧，设置Rotate X（旋转X）为-5，按S键记录关键帧。再选择前半部控制器cc_thoracic01，将时间轴播放头移动到第3帧，取默认值按S键记录关键帧；将时间轴播放头移动到第10帧，设置Rotate X（旋转X）为10，Translate Y（平移Y）为6.8，Translate Z（平移Z）为-2；将时间轴播放头移动到第1帧，按S键记录关键帧，复制帧，移动第13帧，粘贴第1帧的关键帧。打开动画曲线图编辑器，对Translate Y（平移Y）、Translate Z（平移Z）、Rotate X（旋转X）的曲线进行调整，得到的曲线及动画播放的效果如下图所示。

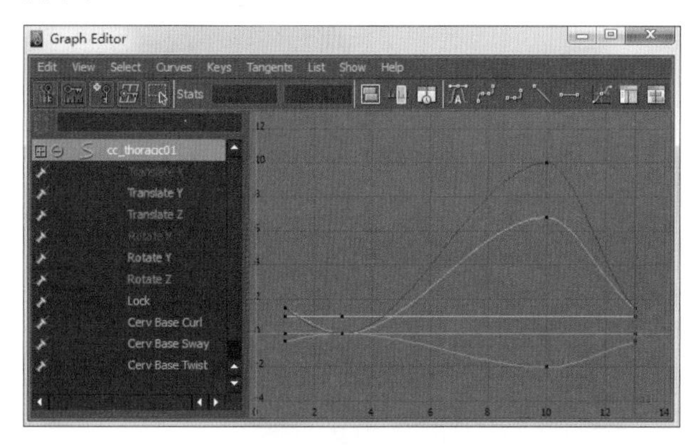

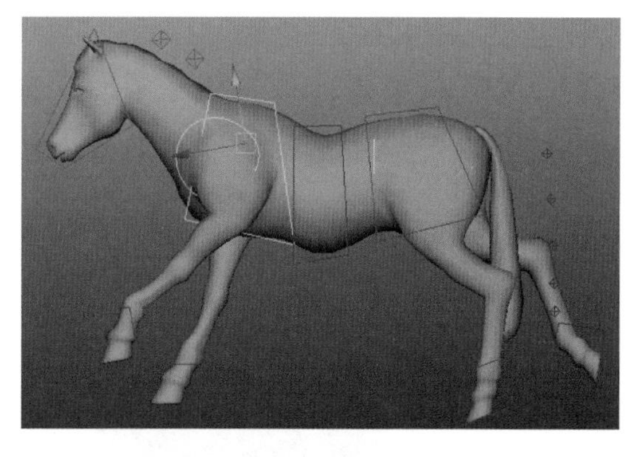

18 接下来对马头进行动画处理，使动画更加自然。选择头部控制器 cc_head01，将时间轴播放头移动到第 7 帧，设置 Rotate X（旋转 X）为 16，按 S 键记录关键帧；将时间轴播放头移动到第 1 帧，设置 Rotate X（旋转 X）为 -12，按 S 键记录关键帧；现在颈部仍然有点僵硬，选择颈部第 2 个控制器 cc_cervical01，将时间轴播放头移动到第 1 帧，设置 Translate Y（平移 Y）为 0，Rotate X（旋转 X）为 5，按 S 键记录关键帧；将第 1 帧关键帧复制粘贴到第 13 帧；将时间轴播放头移动到第 7 帧，设置 Translate Y（平移 Y）为 -10，Rotate X（旋转 X）为 -10，按 S 键记录关键帧。结果如右图所示。

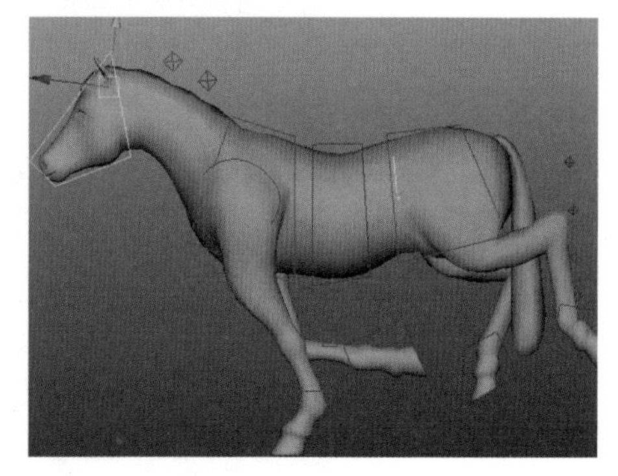

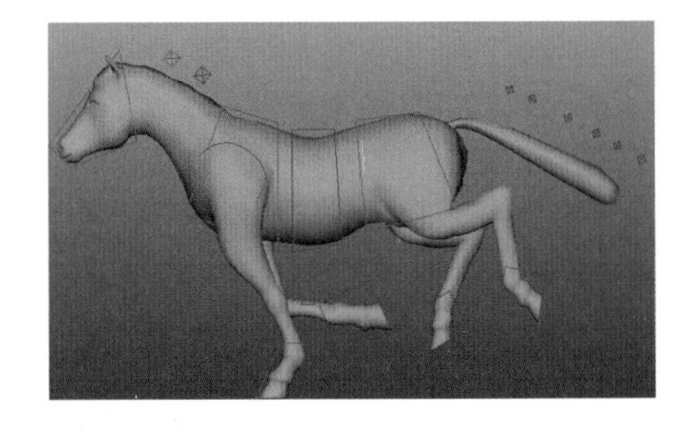

19 现在其他部分设置完毕，还剩下尾巴部分需要进行随动。选择cc_COG01控制器，在通道栏中单独对Tr Curl属性进行关键帧设置，它是控制尾巴甩起来的角度的属性。在第1帧时，设置Tr Curl为60，在Tr Curl属性名称上单击右键，选择Key Selected（为选定项设置关键帧）命令；在第13帧，设置Tr Curl为60，在Tr Curl属性名称上单击右键，选择Key Selected（为选定项设置关键帧）命令；在第7帧，设置Tr Curl为70，在Tr Curl属性名称上单击右键，选择Key Selected（为选定项设置关键帧）命令。结果如右图所示。

20 选择尾巴第1节控制器，在第3帧，设置Translate Y（平移Y）为8，Translate Z（平移Z）为8，按S键记录关键帧；在第9帧时，设置Translate Y（平移Y）为-8，Translate Z（平移Z）为-8，按S键记录关键帧；在第1帧按S键记录关键帧，复制第1帧关键帧粘贴到第13帧，打开曲线图编辑器，将曲线修改为如下图所示。

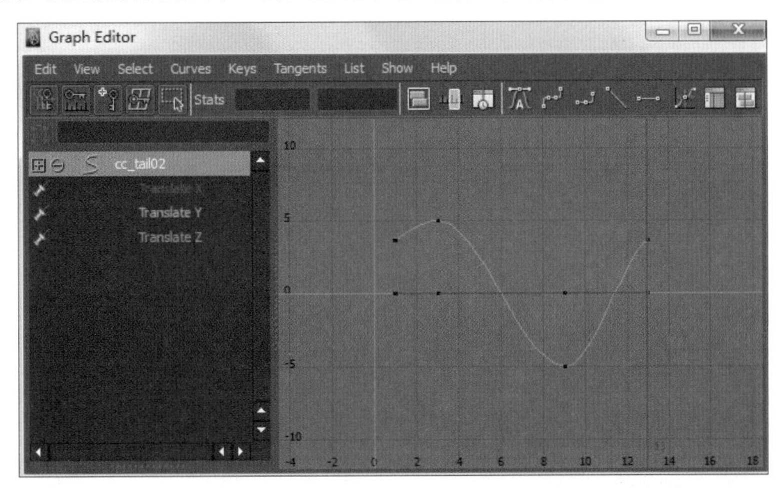

21 选择所有尾巴控制器，在曲线图编辑器中选择cc_tail02，单击曲线图编辑器中的Edit（编辑）>Copy（复制）命令，再选择cc_tail03，单击Edit（编辑）>Paste（粘贴）命令，则cc_tail03控制器会被赋予同cc_tail02一样的动画曲线；同理对cc_tail04、cc_tail05、cc_tail06、cc_tail07单击Edit（编辑）Paste（粘贴）命令。在曲线图编辑器中选择cc_tail02- cc_tail07，结果如下图所示。

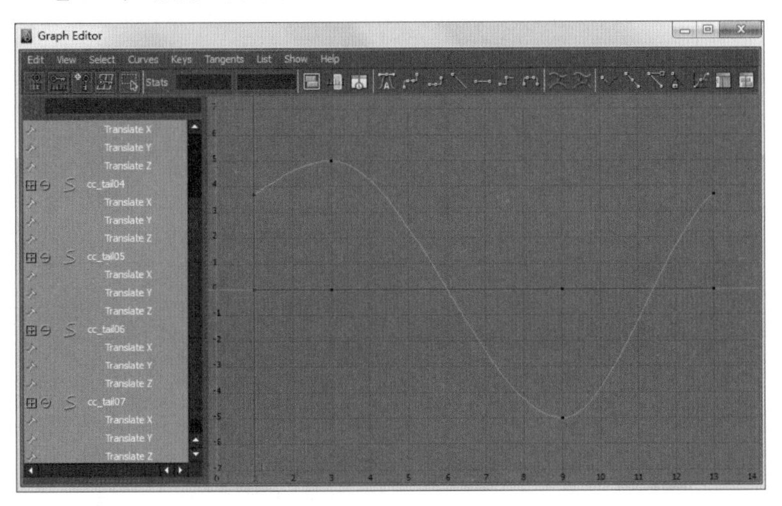

22 在曲线图编辑器中，选择cc_tail03- cc_tail07，框选右边区域的曲线，用移动工具按住Shift键同时往右移动1帧；再选择cc_tail04- cc_tail07，框选右边区域的曲线，用移动工具按住Shift键同时往右移动1帧；选择cc_tail05- cc_tail07，框选右边区域的曲线，用移动工具按住Shift键同时往右移动1帧；选择cc_tail06- cc_tail07，框选右边区域的曲线，用移动工具按住Shift键同时往右移动1帧；选择cc_tail07，框选右边区域的曲线，用移动工具按住Shift键同时往右移动1帧；这样每个尾巴控制器的运动都会比前1个慢1帧，达到随动的效果，最终的曲线如下图所示。

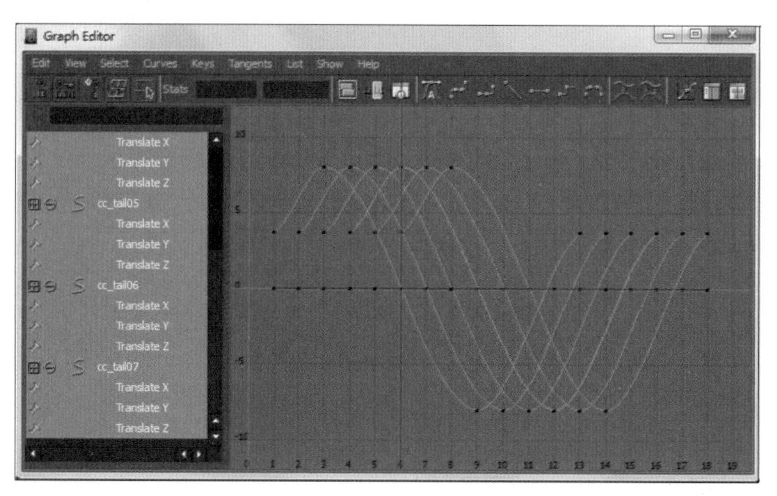

在曲线图编辑器中，单击Curves（曲线）>Pre Infinity（前方无限）>Cycle（循环）命令，单击Curves（曲线）>Post Infinity（后方无限）>Cycle（循环）命令，单击View（视图）>Infinity（无限）命令，这样尾巴的动画曲线会进行自动循环，如下图所示。

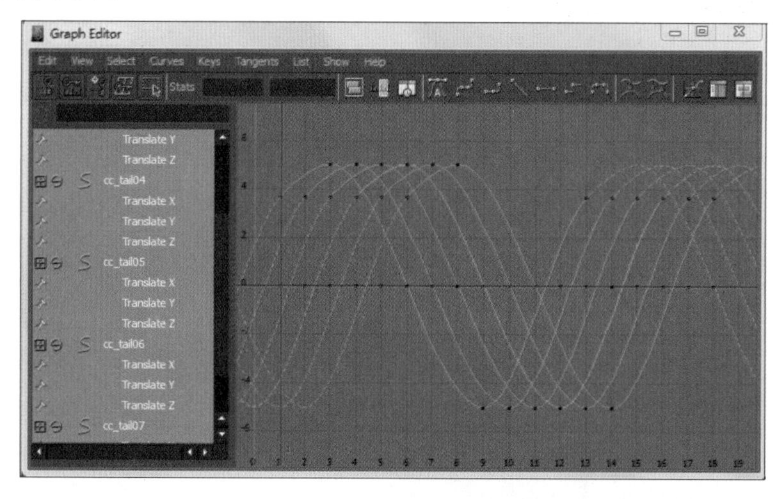

将播放区域改为12帧，播放动画，此时马的奔跑动画设置完毕。得到的最终结果如右图所示。

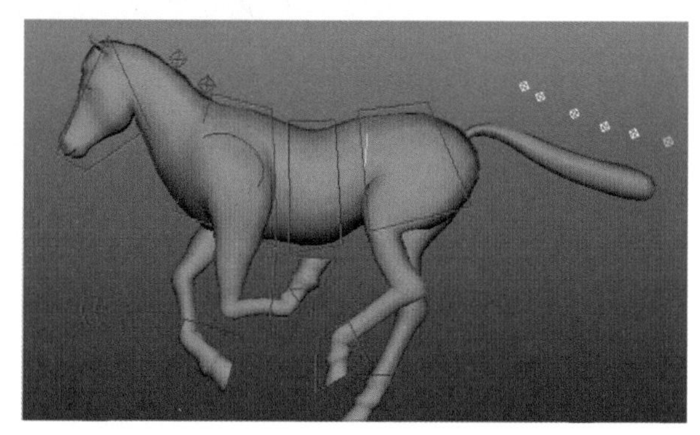

Chapter 13 软体动画

※ **本章概述**

软体动画也是动画影片中非常常见的一类动画，其变化方式多种多样，因而其动画调制方法也不尽相同，需要根据实际情况具体分析。本章主要介绍了软体动画的制作。软体动画的特点是在动画过程中本身会发生变形，因此会用到诸如路径动画、变形动画等相关知识。本章运用两个案例：蛇游动动画及柔体球的变形动画说明了路径动画和变形动画在软体动画中的运用。

※ **核心知识点**

❶ 软体动画的特点及适用场合
❷ 软体动画的制作和实现方法
❸ 运用路径动画方式设置蛇游动动画
❹ 对蛇游动动画的调节
❺ 运用变形动画方式设置柔体球的拉伸动画
❻ 属性的添加与属性的连接，对属性制作动画

在制作动画的过程中，常常会遇到自身质感较为柔软的对象，它们的动画效果与一般对象的运动有较大的区别，其自身形状会随着运动的变化而发生改变，这种动画我们称为软体动画。较为常见的如蛇、蚯蚓、蜗牛、毛毛虫的动画等，还有些如揉面团、泡泡糖、柔体球的动画等。下面以蛇的动画和柔体球的拉伸为例来讲解软体动画的制作。

13.1 蛇

对于蛇的运动而言，最常见的动作是在地面上游动，其运动轨迹呈现为曲线，且身体沿曲线蜿蜒前行。这种运动最适合的方式是路径动画，读者可以事先复习下第3章路径动画部分的内容。下面我们就运用路径动画的设置方法来制作蛇的游动动画。

01 打开创建好的蛇的模型，如下图所示。

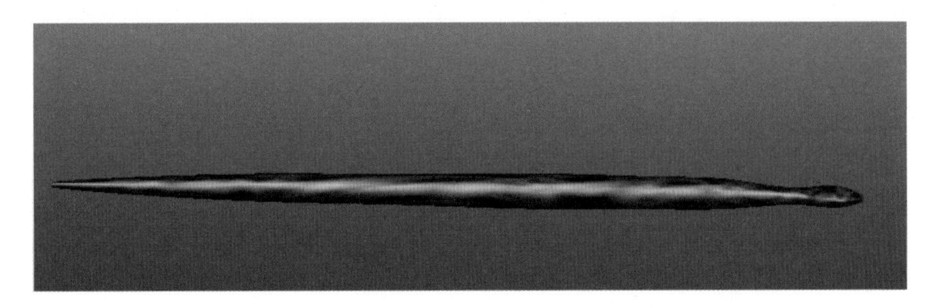

02 想象好蛇的运行轨迹，创建一条曲线，在曲线上单击右键，选择Control Vertex（控制顶点）命令，用移动工具进行调整，使之符合蛇的运行轨迹，如下图所示。

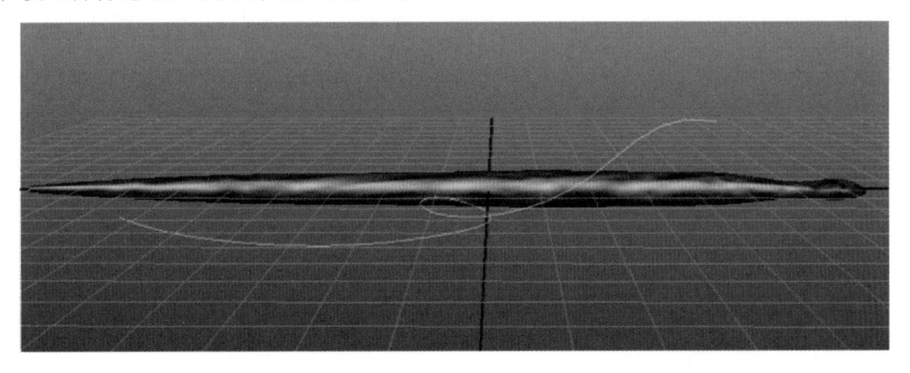

03 在曲线上单击右键，选择 Object Mode（对象模式）命令，选择曲线，按下 Insert 键，用移动工具将曲线的中心点移动到曲线的起始端，再次按下 Insert 键。这一步骤较为重要，能让蛇沿着曲线运动，而不是偏离曲线。如下图所示。

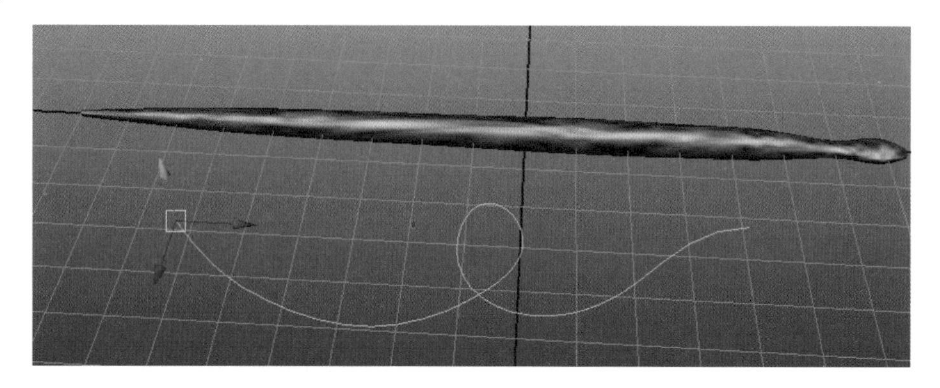

04 切换至 Animation（动画）模块。选择蛇模型，按住 Shift 键加选曲线，单击 Animate（动画）> Motion Path（运动路径）> Attach to Motion Path（连接到运动路径）命令，从而使蛇沿路径运动，其结果如下图所示。

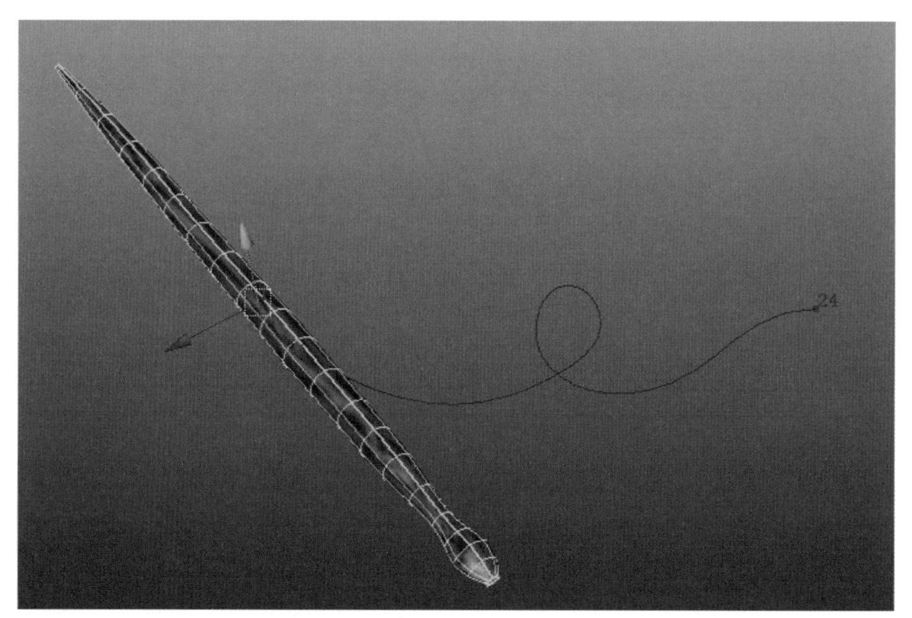

05 选择蛇，单击 Animate（动画）> Motion Path（运动路径）> Flow Path Object（流动路径对象）命令，这样蛇的形状会随路径发生变化，蛇外面包裹着变形器。如下图所示。

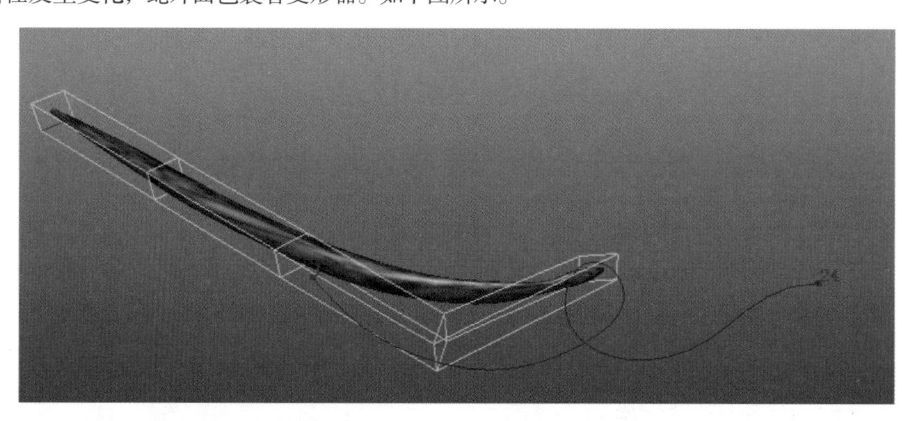

06 选择变形器，按 Ctrl+A 快捷键，在右边的属性栏中找到 ffdLatticeShape 栏，找到其下方的 Lattice History 栏里的 S Devision（S 分段数）栏，将其数值改为 70，如下图所示。

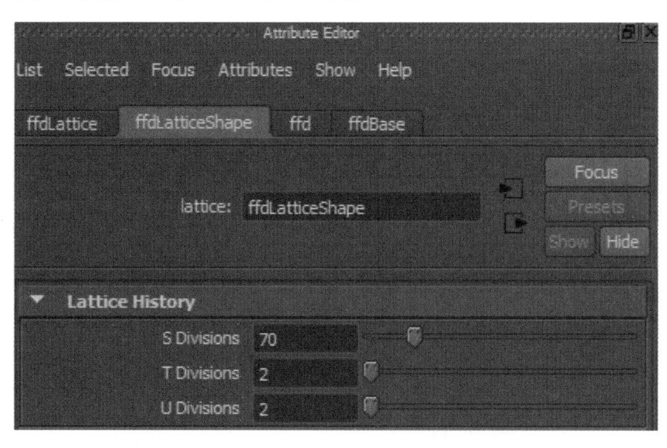

将时间轴播放头移动到第12帧，蛇变形的结果及渲染得到的结果如下图所示。

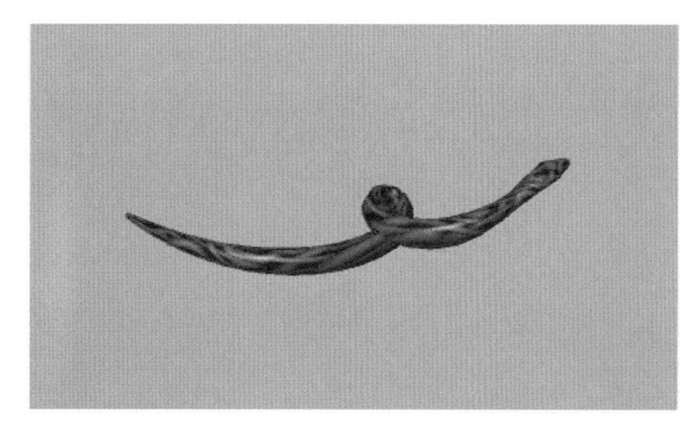

07 如果此时对蛇的路径还不太满意，可以在曲线上继续单击右键，选择 Control Vertex（控制顶点）命令，用移动工具进行调整，使之符合要求，在调整的过程中，可以看到蛇的形状的实时变化。如下图是最终调整好的结果。

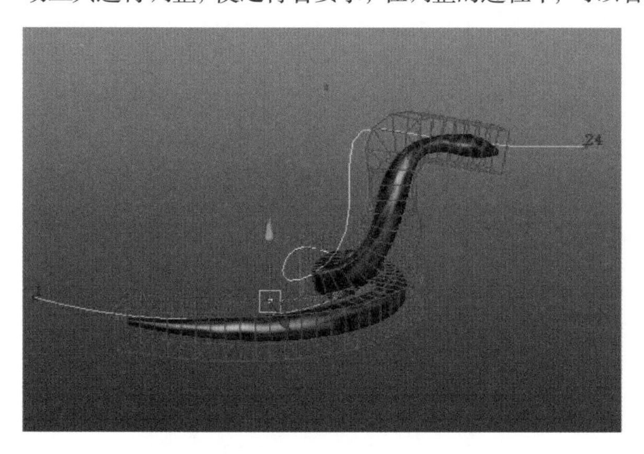

13.2 柔体拉伸

还有一种随运动发生变形的对象，比如之前说的面团、橡皮筋等。这些对象的运动的规律是随着运动发生，对象的体积不变，而在某一方向的长度或者面积发生了改变。下面以一个柔体球来说明柔体的拉伸动画。

01 创建一个球体，赋予其简单的材质，在材质球颜色通道上贴上棋盘格材质。如下图所示。

02 为了实现柔体球的挤压和拉伸的效果，可以为球体运用变形器，关于变形动画的基础知识，读者可以再复习一下第4章变形动画的相关知识。在这里，切换至Animation（动画）模块，选择小球，单击执行Create Deformers（创建变形器）>Nonlinear（非线性）>Squash（挤压）命令，结果如下图所示。

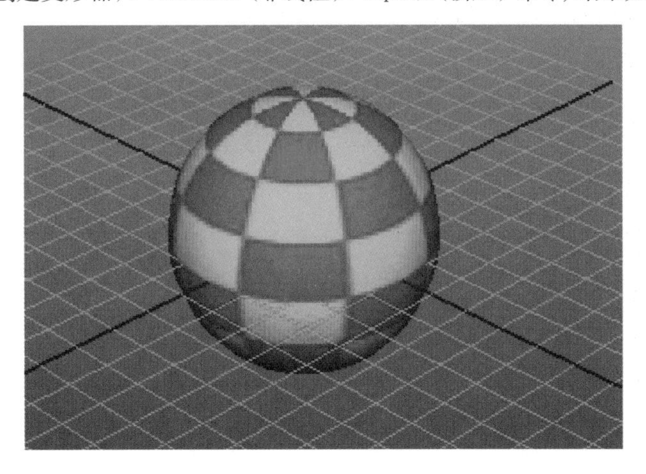

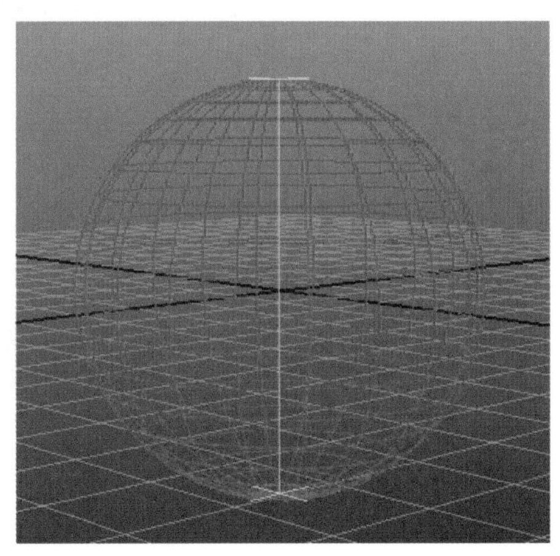

03 保持选中挤压变形器，按Ctrl+A快捷键，在右边的通道栏，找到Input栏，单击squash1将其展开，得到如下图所示的属性栏。

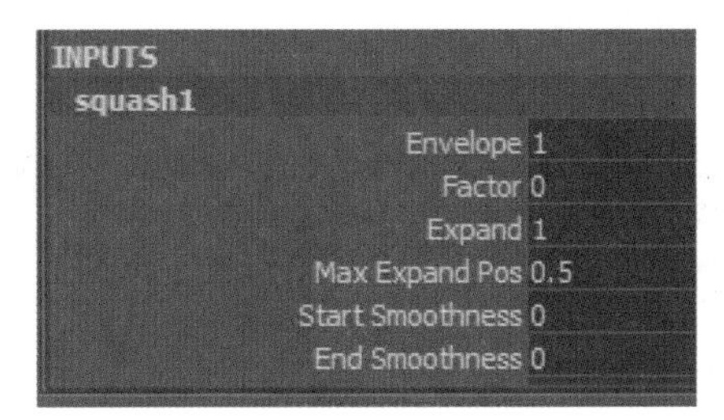

04 更改Factor（因子）参数为1，得到如下图所示的效果；更改Factor（因子）为3，更改Start Smoothness（开始平滑度）为1，End Smoothness（结束平滑度）为1，得到如下图所示的效果。

Factor为1

Factor为3，Smoothness为1，End Smoothness为1

05 由上面可知，可以通过 Factor（因子）、Start Smoothness（开始平滑度）、End Smoothness（结束平滑度）这几个属性达到对柔体进行拉伸的目的。下面对这几个属性进行一些整合。保持 Start Smoothness（开始平滑度）、End Smoothness（结束平滑度）仍然全都为 1，将 Factor（因子）属性更改为 0，然后将它与球体的属性进行连接：首先选择球体，执行 Modify（修改）> Add Attribute（添加属性）命令，为球体添加一个名为 Squash Y 的属性，即在 Y 轴上的拉伸挤压属性，单击 OK（确定）按钮。如下图所示。

06 添加完属性后，对属性进行连接。选择球体，单击 Window（窗口）> General Editor（常规编辑器）> Connection Editor（连接编辑器）命令，打开属性连接窗口。如下图所示。

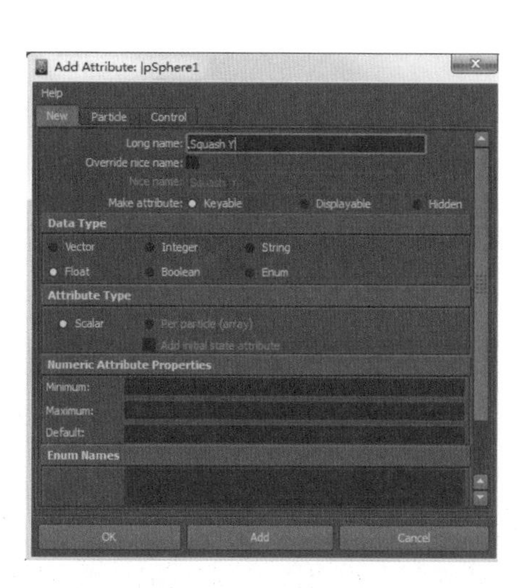

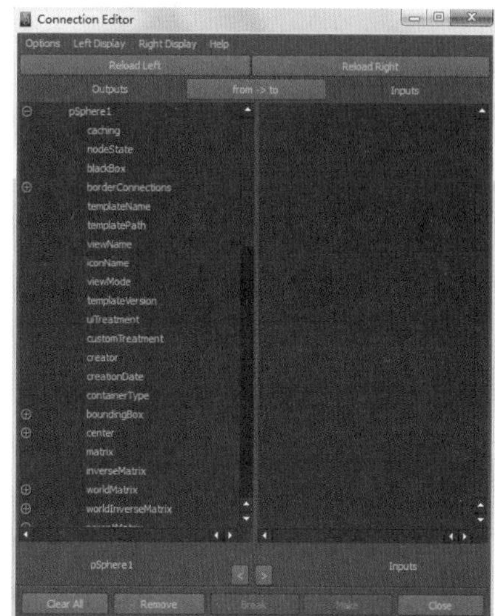

单击Window（窗口）> Outliner（大纲视图）命令，打开大纲视图，执行大纲视图窗口中的Display（显示）Shape（形状）命令，选择球体上的挤压变形器，展开大纲视图，选择变形器的形状节点，即Squash1HandleShape。如下图所示。

在连接编辑器中单击Reload Right，将变形器的形状节点，即Squash1HandleShape导入连接编辑器，在左边栏中选择球体新加的属性Squash Y，右边栏选择factor，这样两者就进行了连接，如下图所示。单击Close（关闭）按钮关闭连接编辑器。

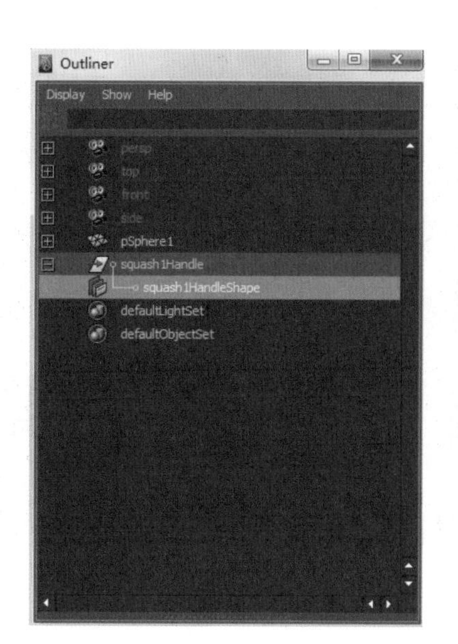

07 选择球体，更改 Squash Y 的值，可以看到球体的变形动画。以上是对 Y 轴方向上的拉伸。下面来设置 X 和 Z 轴向的挤压拉伸。选择球体，执行 Create Deformers（创建变形器）>Nonlinear（非线性）>Squash（挤压）命令，创建一个新的挤压变形器，保持变形器选择状态，在通道栏中更改 Rotate Z（旋转 Z）为 90，Factor（因子）为 1.6，Start Smoothness（开始平滑度）为 1，End Smoothness（结束平滑度）为 1，参数设置及结果如下图所示。

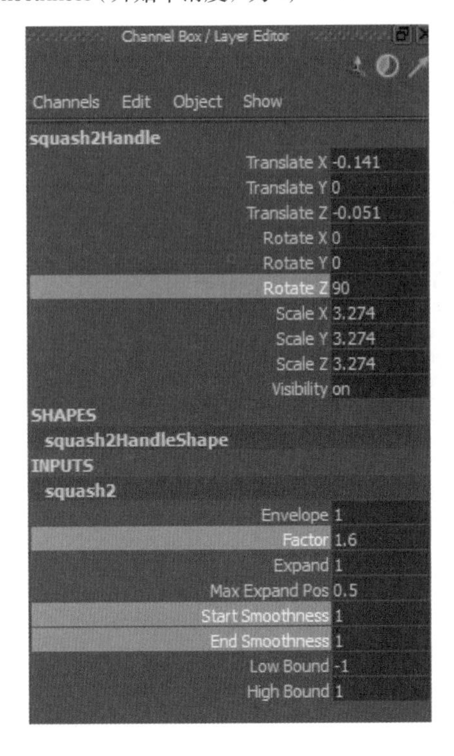

08 将Factor（因子）恢复为0，其他设置不变。为球体添加属性Squash X（添加属性操作见第5步），打开连接编辑器，将新的挤压变形器形状节点的factor与球体的Squash X进行连接（具体步骤参照第6步）。这样用Squash X属性可控制球体X方向上的拉伸。

09 同理，添加新的挤压变形器，修改其参数使 Rotate X（旋转 X）为 90，再执行第 7、8 步的操作，给球体添加 Squash Z 属性，将它与新的变形器节点的 factor 连接，这样用 Squash Z 属性可控制球体 Z 方向上的拉伸。最终的结果及参数设置如下图所示。

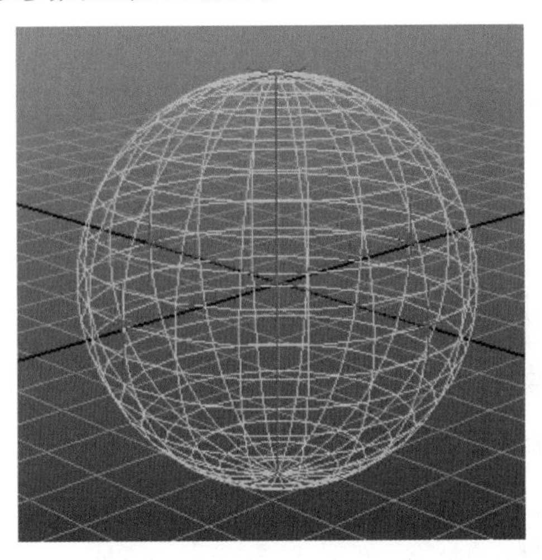

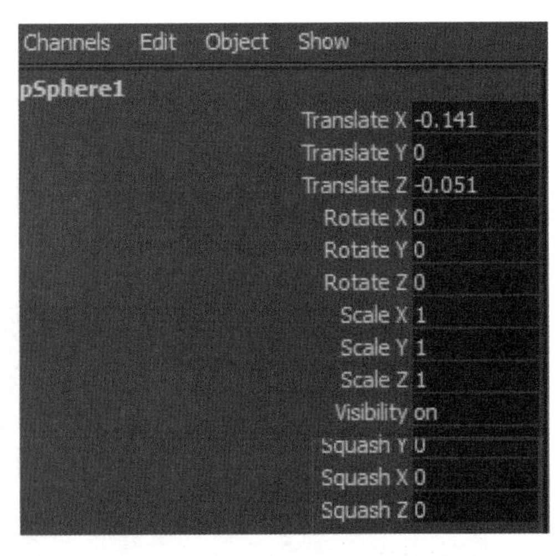

10 对球体设置动画：在第1帧，设置Squash Y为0，在属性名称上右击，在弹出菜单中单击Key Selected（为速定项设置关键帧）命令记录关键帧；第8帧，设置Squash Y为5，在属性名称上右击，在弹出菜单中单击Key Selected（为速定项设置关键帧）命令记录关键帧；第14帧，设置Squash Y为0，在属性名称上右击，在弹出菜单中单击Key Selected（为速定项设置关键帧）命令记录关键帧；第16帧，设置Squash X为0，在属性名称上右击，在弹出菜单中单击Key Selected（为速定项设置关键帧）命令记录关键帧；第23帧，设置Squash X为5，在属性名称上右击，在弹出菜单中单击Key Selected（为速定项设置关键帧）命令记录关键帧；第29帧，设置Squash X为0，在属性名称上右击，在弹出菜单中单击Key Selected（为速定项设置关键帧）命令记录关键帧；第31帧，设置Squash Z为0，在属性名称上右击，在弹出菜单中单击Key Selected（为速定项设置关键帧）命令记录关键帧；第38帧，设置Squash Z为5，在属性名称上右击，在弹出菜单中单击Key Selected（为速定项设置关键帧）命令记录关键帧；第46帧，设置Squash Z为-0.5，在属性名称上右击，在弹出菜单中单击Key Selected（为速定项设置关键帧）命令记录关键帧；第48帧，设置Squash Z为0，在属性名称上右击，在弹出菜单中单击Key Selected（为速定项设置关键帧）命令记录关键帧；播放动画，即可看到如下图所示的拉面团一样的动画效果。至此，柔体球的拉伸动画制作完毕。

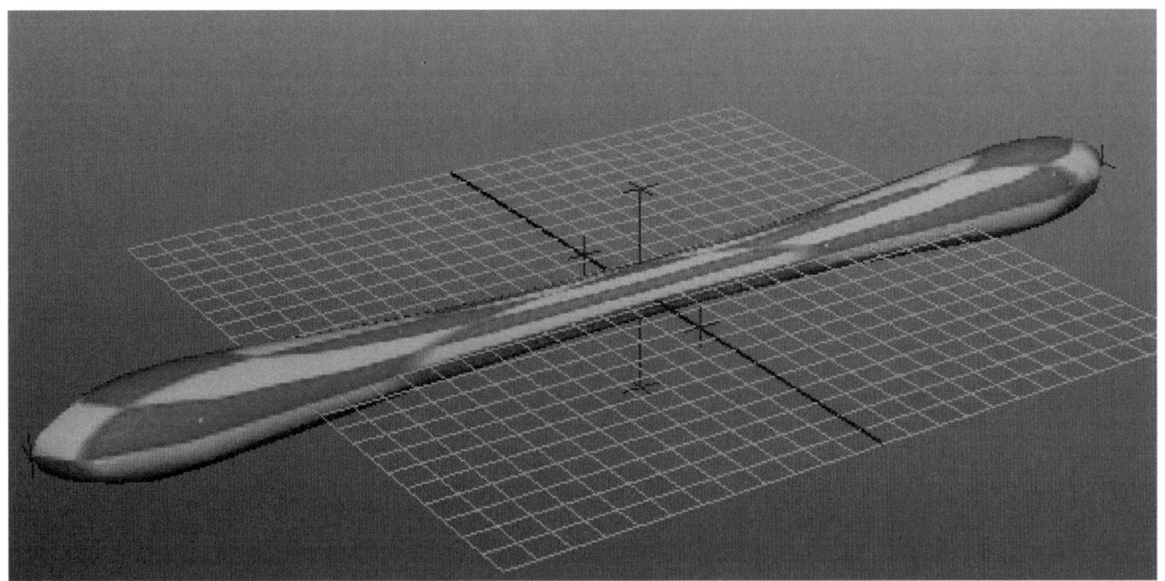

Chapter 14 综合实例

※ **本章概述**

在动画和电影中，角色动画是最重要也是最复杂的。好的角色动画能够让角色生动起来。在Maya的动画调节中，配合现有的对话，设计角色动作，并对角色的动作适当地进行夸张处理，可以令角色更具吸引力。

本章以一小段角色动画为例，讲解如何制作角色动画。这里需要注意的是角色动画的制作顺序——一般以身体的整体动作为优先，之后再进行面部表情和口型的调节。

※ **核心知识点**

❶ 配合对话设计并制作角色身体动画

❷ 配合对话设计并制作角色面部动画

在本章中，我们将制作一小段动画，其中会运用到很多之前章节中学习的内容。

14.1 控制器讲解

在动画中，调节角色动画是比较复杂的，尤其是控制器繁复的角色。所以，在进行动画制作前，我们先简述一下这个模型的绑定和控制器，如右图所示。

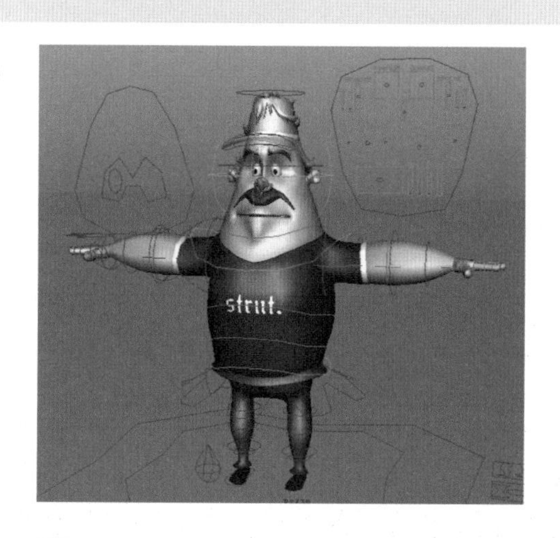

01 首先，是模型的总控制器，Rig1ControlShape，这个控制器是所有控制器的总控制器，移动它可以移动模型的位置、旋转角度，如下图所示。

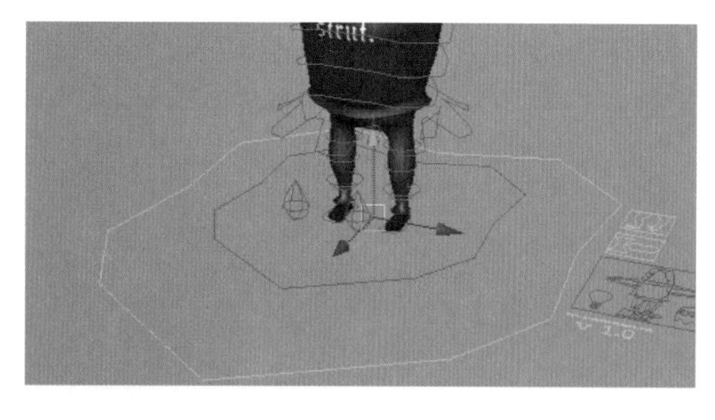

提 示

在调节动画时，首先要进行关键帧设置的就是总控制器。通过设置总控制器的位置，确定模型的位置、方向。

02 两只脚下的控制器可以控制脚的移动，如下图所示。（IK绑定下）

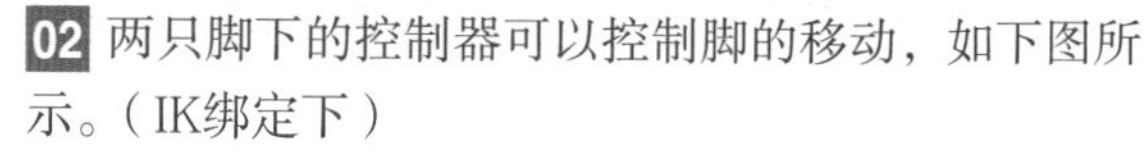

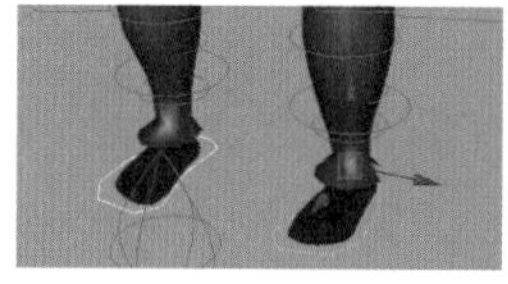

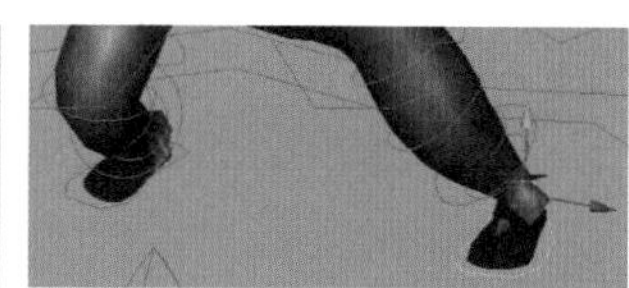

打开通道栏，可以看到脚部控制器还可以控制脚尖、脚跟的弯曲方向及弯曲程度，以及其他弯曲方式和拉伸压缩的数值。具体的操作在视频教程中进行讲述，如下图所示。

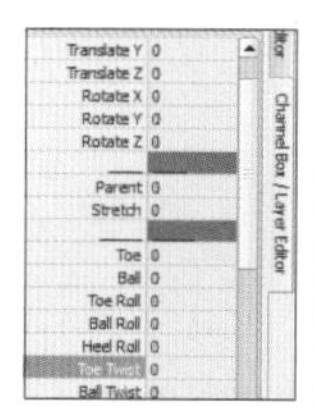

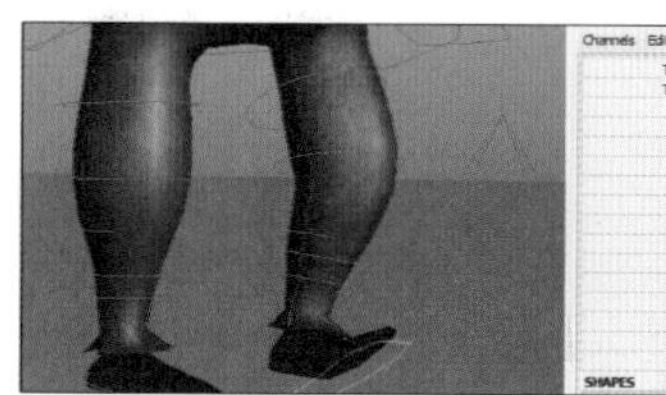

03 接着我们来看腿上的一系列控制器。

膝盖的控制器是KneeLArcControl，这个控制器用来控制膝盖的位置及转动方向，如下图所示。

小腿部分的控制器LegRArcControl2，控制小腿局部的位置和转向，如下图所示。

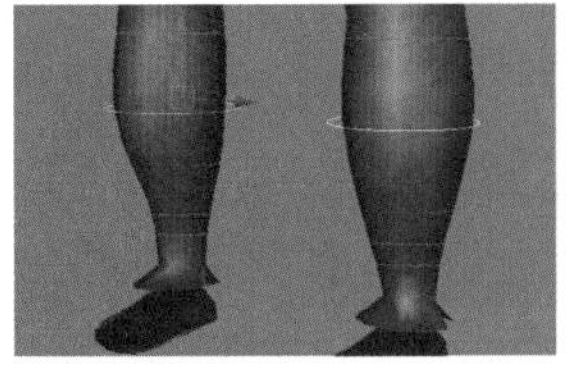

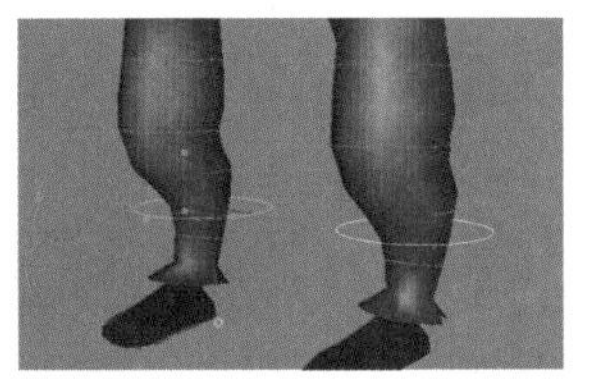

在LegRArcControl2控制器上下各有一个小控制器，它们从属于LegRArcControl2，会跟随LegRArcControl2的移动而一起移动，分别是LegRArcControl3和LegRArcControl4，控制局部的移动和转动，如下左图所示。

在大腿处还有一个控制器LegRArcControl1，控制大腿局部的位置和转动，如下右图所示。

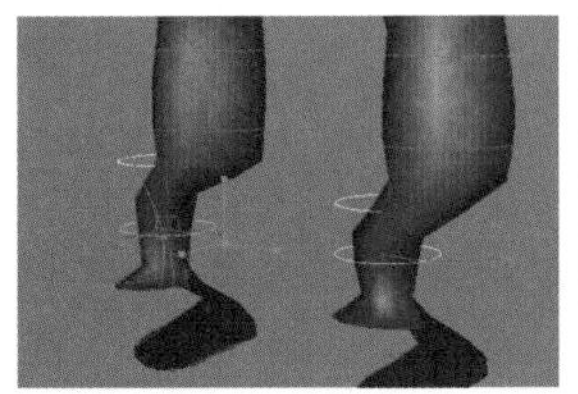

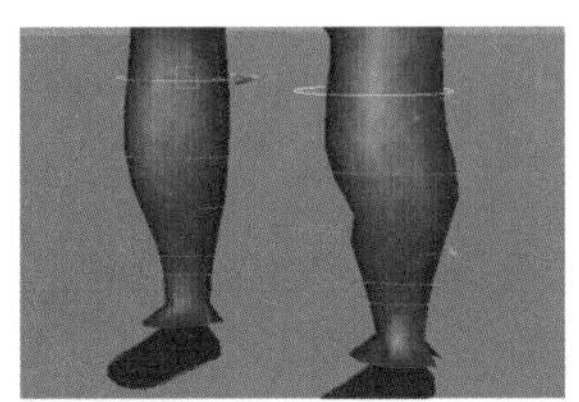

最后，在大腿根部有一个控制器LegRControl，控制大腿根部的位置和转动，如下左图所示。

膝盖前方有两个水滴状的控制器LegLPoleControl，控制膝盖的转向，如下右图所示。

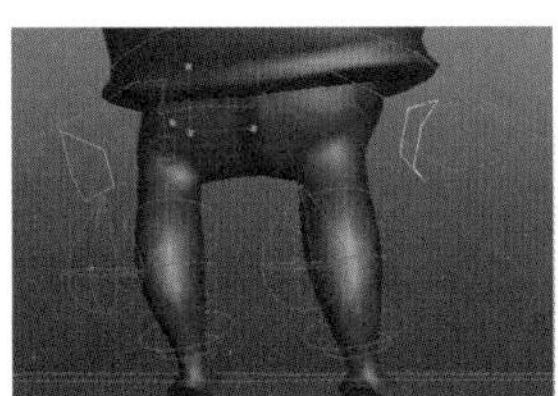

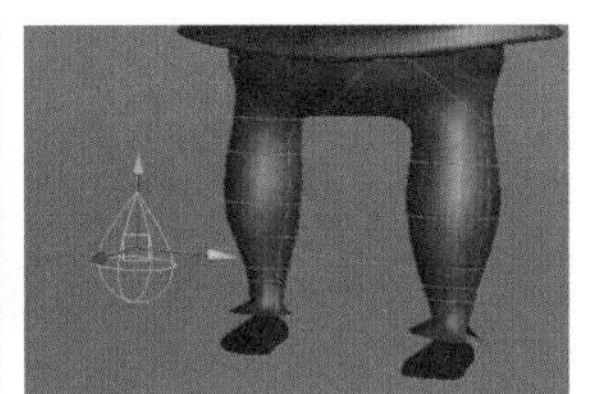

04 当我们准备调整个身体的运动趋势时，首先应该调节的控制器就是CogControl，它可以控制整个身体的大致动势。我们应该先调节这个控制器，之后再调节其他控制器，让整个身体的动作协调，如右侧上图所示。

提 示

在角色的基本位置确定下来之后，调节角色姿势的正确顺序应当是——先利用 CogControl 摆放好角色的大体姿势，然后再调节臂部和肩膀，根据 CogControl 的位置来逐一调节所有的控制器，找到角色动态线，逐步完善角色姿态。

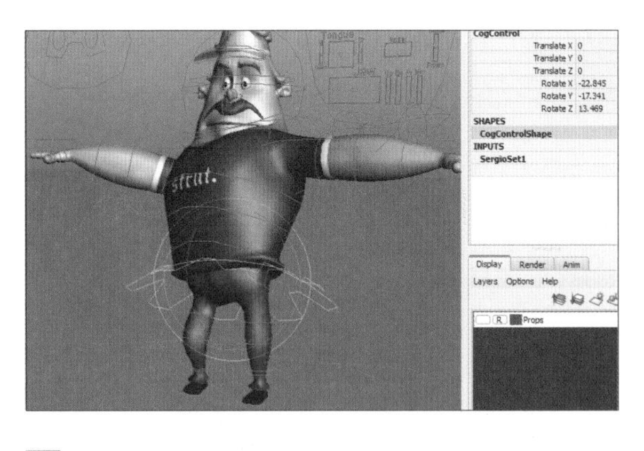

05 接着我们介绍躯干部分的四个控制器。

Back1Control控制腹部下方，通过位移和旋转可以调节整个躯干的下端位置，如下图所示。

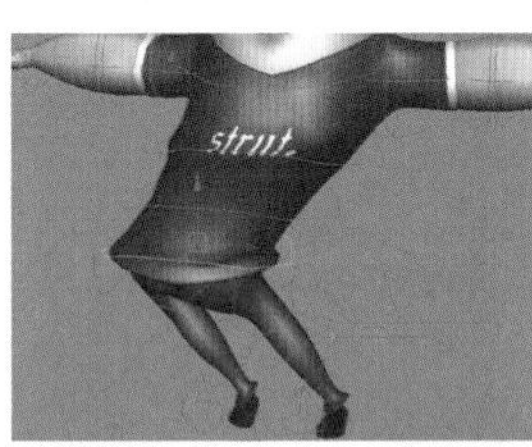

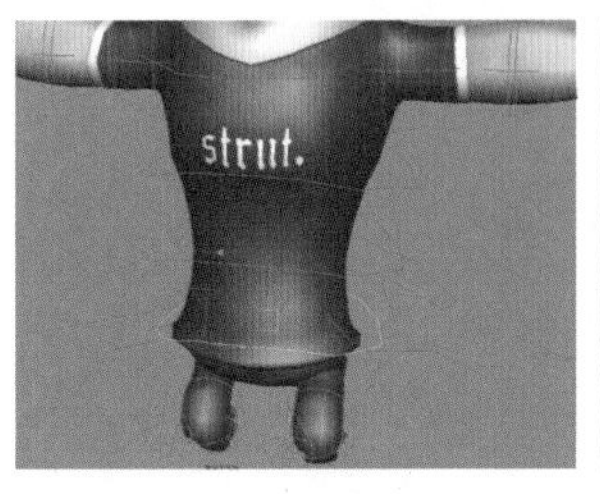

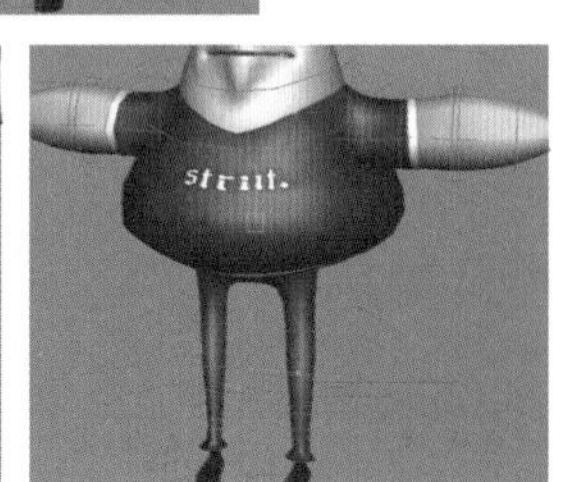

Back2Control可以控制肚子的位置，通常要与上下控制器配合使用，如下图所示。

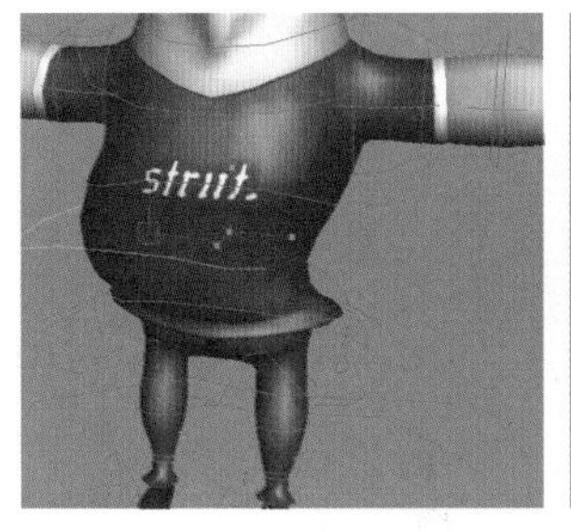

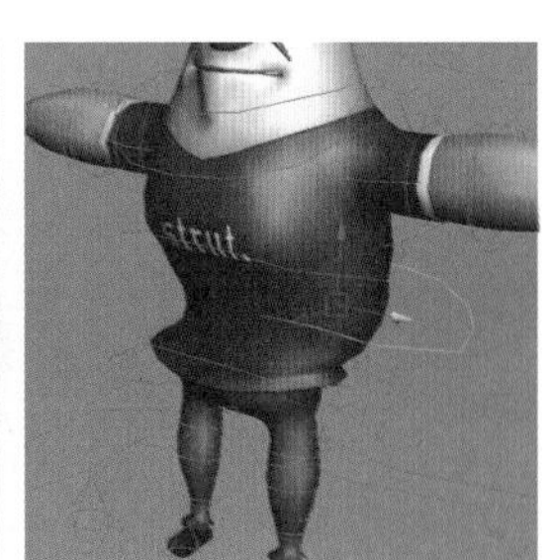

Back3Control控制角色胸部的位置和旋转方向，如下图所示。

Back4Control非常重要，可以控制肩膀的位置和转动方向，如下图所示。

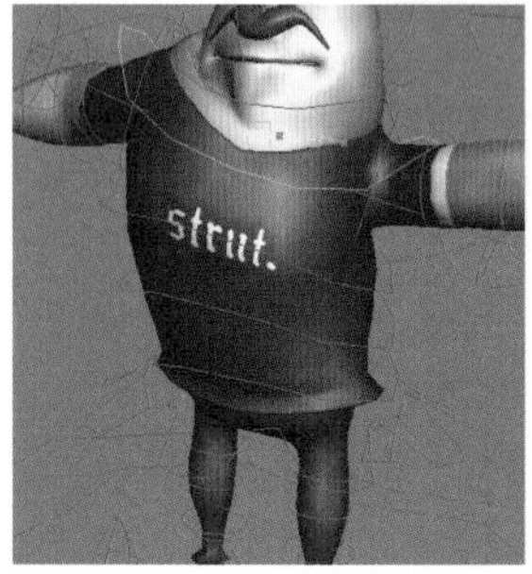

06 控制脖子位移的NeckControl。通常与下一个介绍的HeadControl一起使用，如下图所示。

07 控制头部位置与旋转方向的HeadControl，如下图所示。

08 头部中间的控制器HeadLOAMidControl，可以控制头部局部的位移、旋转方向和大小缩放，这个控制器对调节身体整体的动态线很有帮助，如下图所示。

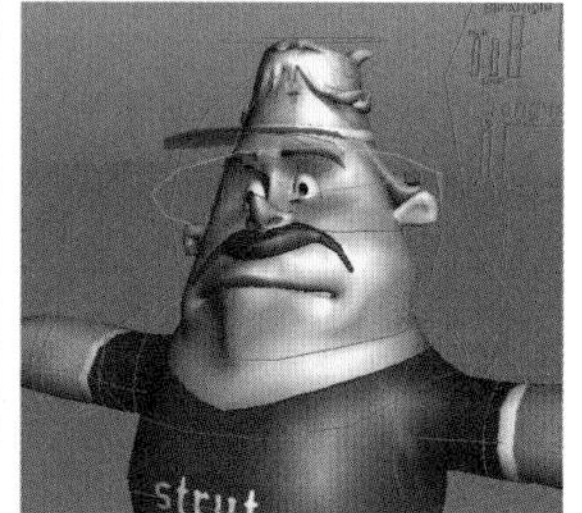

09 头顶控制器HeadLOATopControl，可以控制头顶的位移与旋转方向，如下图所示。

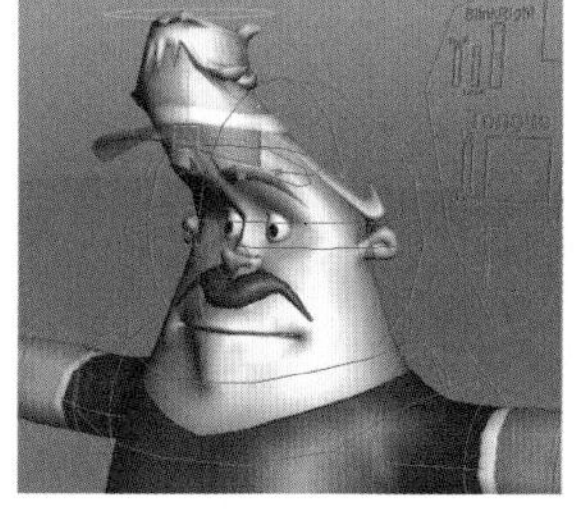

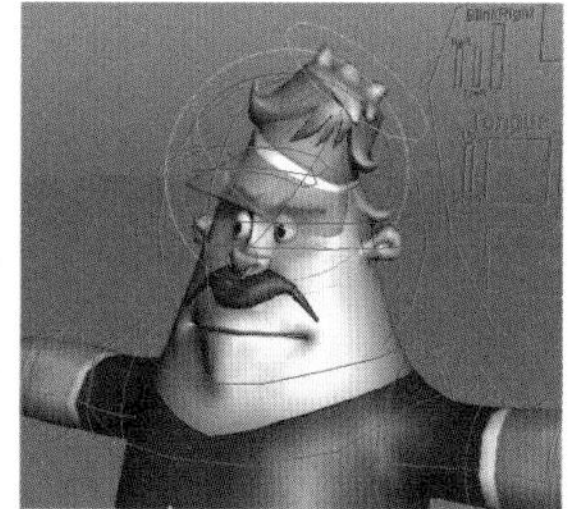

10 还有控制帽檐的HatControl1和HatControl2，如下图所示。

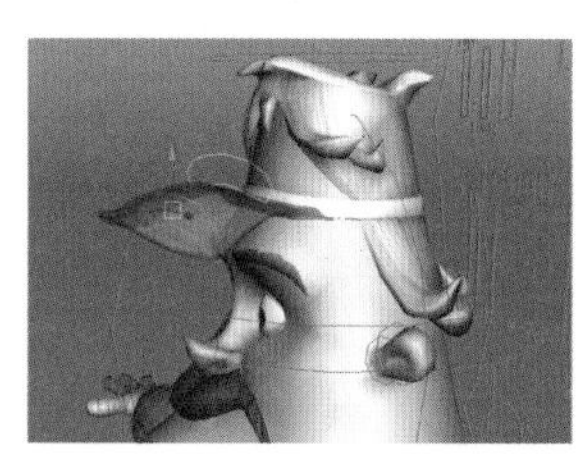

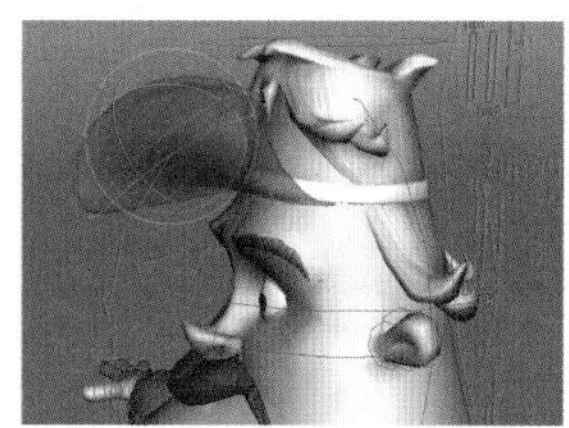

11 控制耳朵的EarL1Control和EarL2Control，如下图所示。

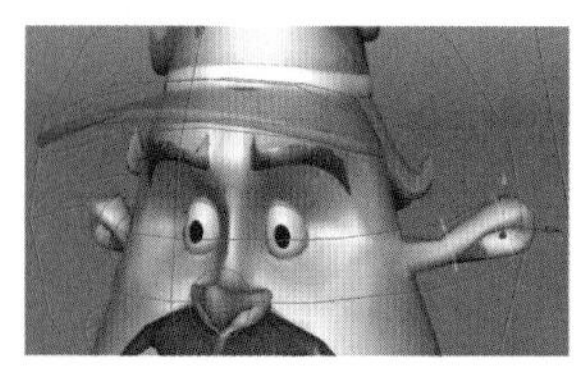

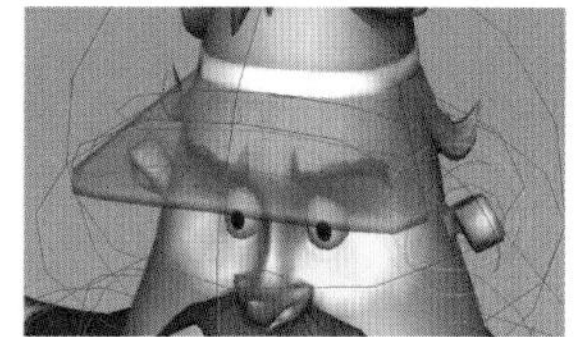

12 接着我们来看手臂的控制器。

模型手部上方有一个手形的控制器Hand-Control，选中控制器进行移动和旋转，可以控制手的位移和方向，如下图所示。

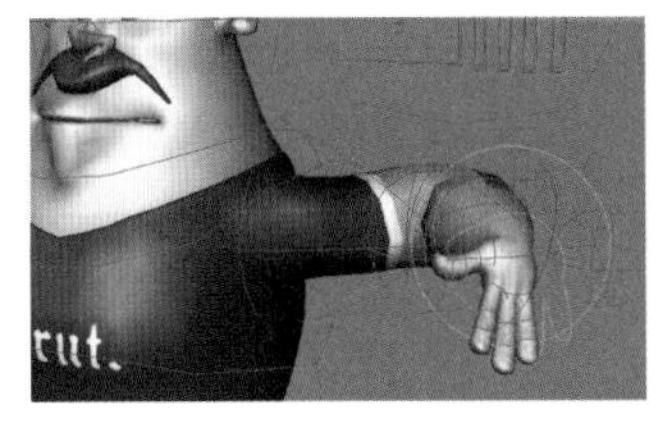

再来介绍一下手形控制器的其他控制功能。

CurlA同时控制食指和中指的弯曲，CurlB同时控制中指和四指的弯曲，Curl则同时控制三个手指头的弯曲，如下图所示。

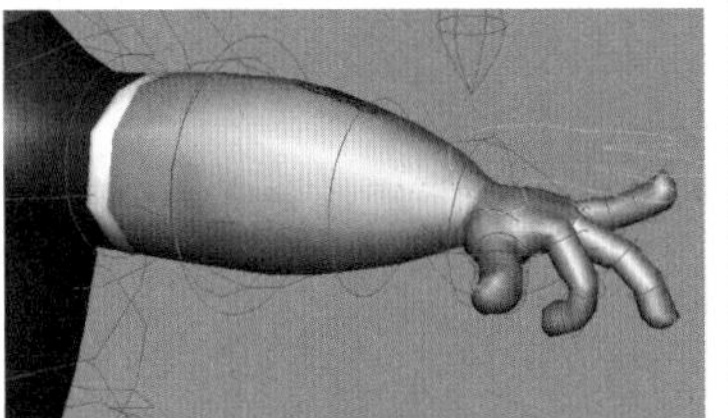

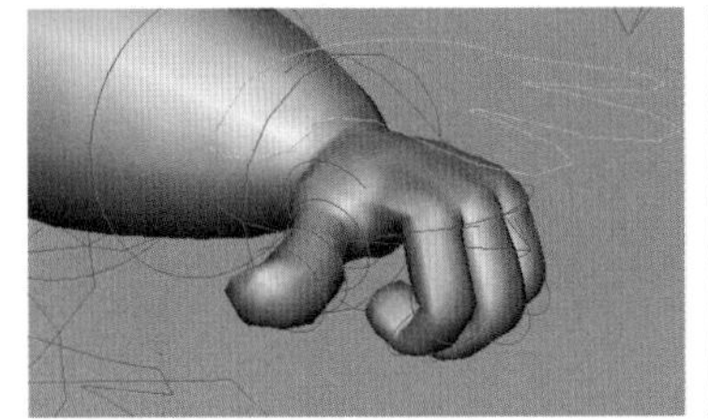

Offset控制食指和四指向相反的方向弯曲，如下图所示。

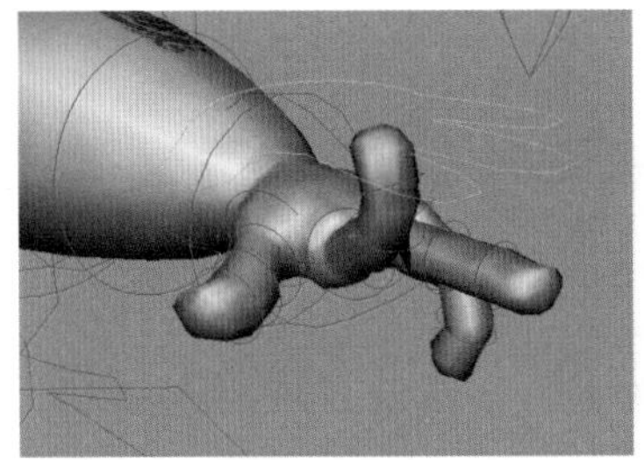

Spread控制食指和四指向外开合，如下图所示。

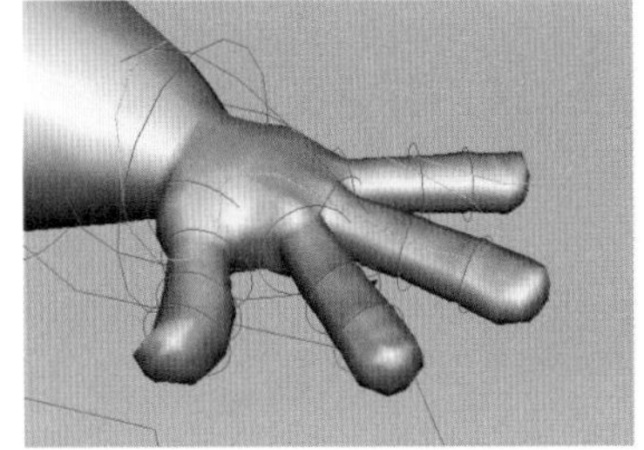

ThumbCurl控制大拇指的内外弯曲，如下图所示。

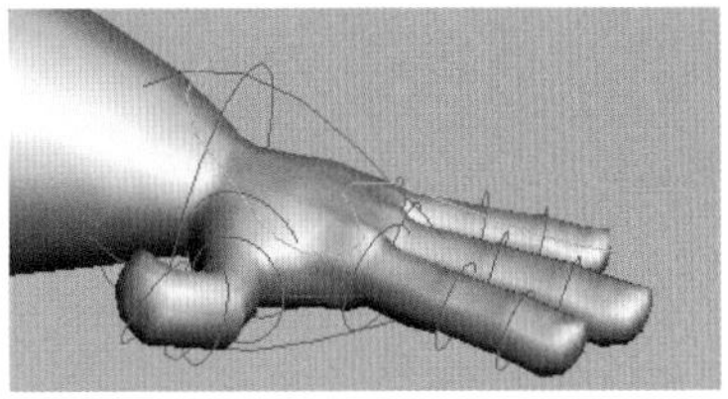

ThumbSpread控制大拇指的上下开合，如下图所示。

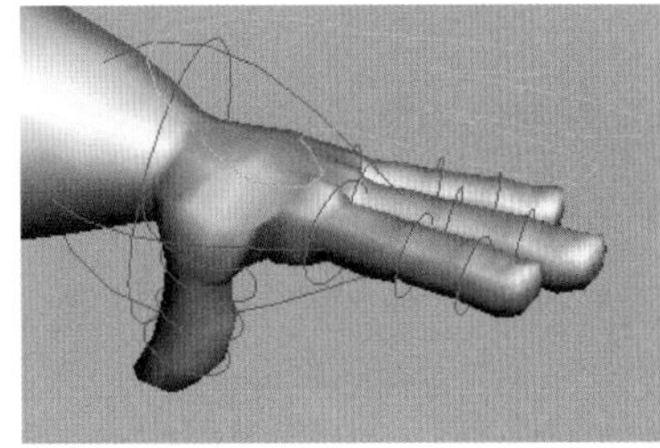

Index控制食指弯曲，Middle控制中指弯曲，Pinky控制四指弯曲，如下图所示。

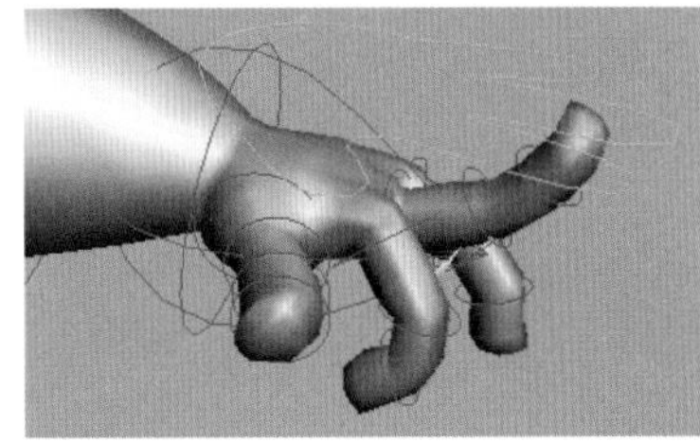

提 示

手指上的小控制器（IndexL1~3，MiddleL1~3，PinkyL1~3）还可以对局部手指关节进行调节。

13 做到这里，我们一定会问，调节手臂姿势常用的FK绑定在哪里？要如何进行IK和FK的切换？

在模型的左脚边，可以看到几个小图标状的控制器。我们选中脚形的控制器，可以看到在通道栏中有IK和FK的切换属性，这个控制器就是对胳膊绑定进行切换的控制器IKFKSwitch，如下图所示。

Left/Right Arm IK FK默认为0时，手臂为Ik绑定，即控制手的位置，而胳膊的位置随之而动；当更改Left/Right Arm IK FK的值为1时，手臂为FK绑定。

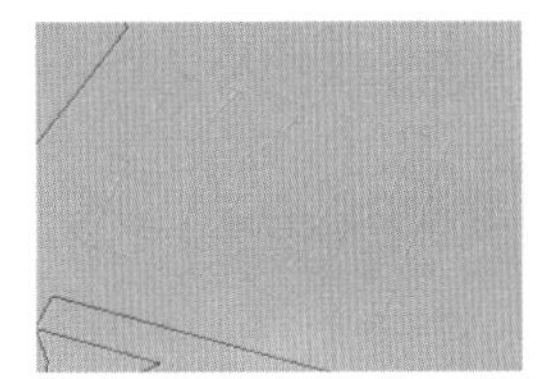

提示

左右手可以一边使用 FK，另一边使用 IK。

这时手臂将变成由肩膀到胳膊肘，到手腕，再到手指这样的调节顺序，控制器的顺序依次是肩膀ArmLFKControl、胳膊肘ElbowLFKControl、手腕WristLFKControl。

当手臂为FK绑定时，我们通过另一套控制器来调节手臂的位置和转向，如下图所示。

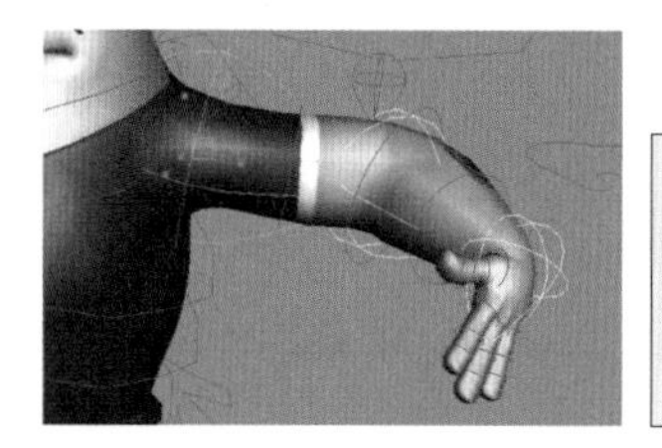

ArmLFKControl...	
Translate X	0.611
Translate Y	0.216
Translate Z	-0.349
Rotate X	0.935
Rotate Y	5.953
Rotate Z	-9.213

提示

这时手形控制器 HandLControl 依然可以控制手指的动作，同时，手指上的小控制器（IndexL1~3，MiddleL1~3，PinkyL1~3）也可以控制手指的位移和弯曲方向。

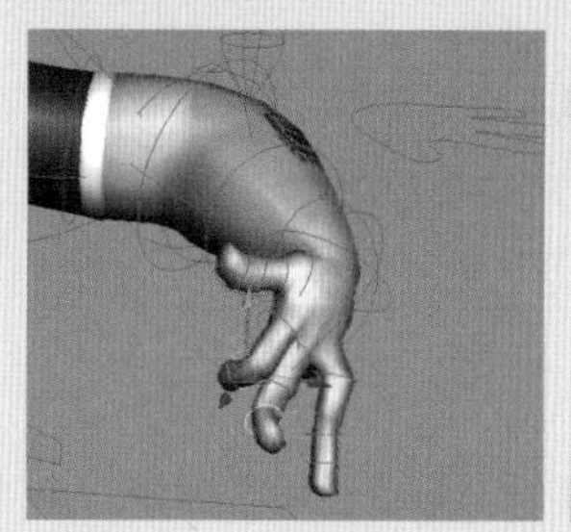

MiddleL3	
Translate X	0
Translate Y	0
Translate Z	0
Rotate X	-37.994
Rotate Y	4.934
Rotate Z	46.981

而IK和FK切换控制器中下一个属性FK Toogle默认值为1，这时如果我们使用的是IK控制器，则可以将FK Toogle的值更改为0，这时FK的控制器将隐藏不见，如下图所示。

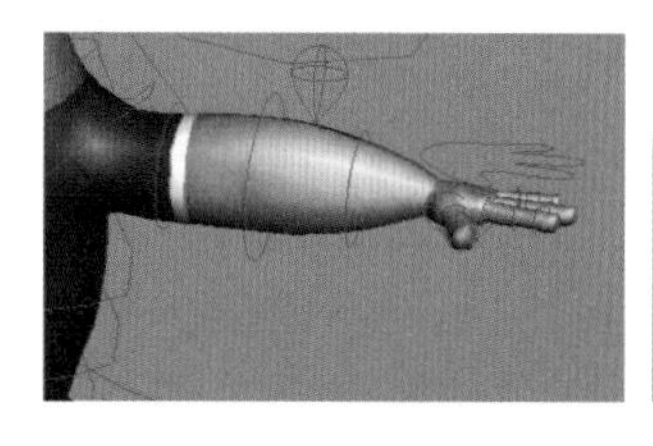

IkFkSwitch	
Left Arm Ik Fk	1
Right Arm Ik Fk	0
Fk Toggle	0
Hand Parent	0

但是当手臂使用FK绑定时，我们发现手形控制器一直停留在原处，不随胳膊位置的改变而跟着一起移动，这时将HandParent属性值更改为1，则手形控制器可随着胳膊的动作而发生位移，一直跟在角色手部旁边，如下图所示。

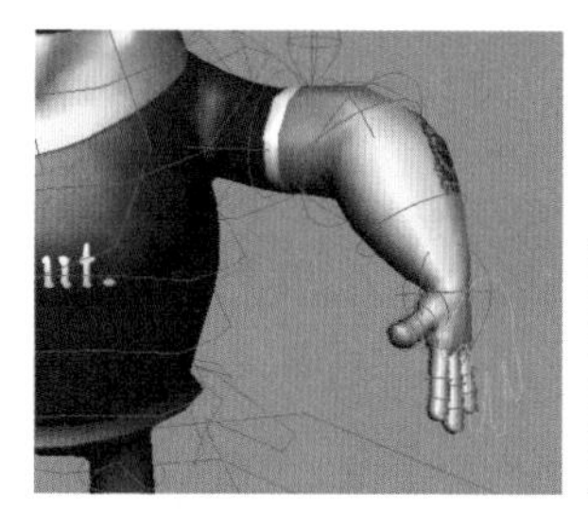

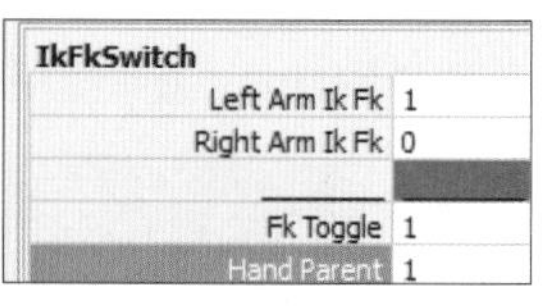

IkFkSwitch	
Left Arm Ik Fk	1
Right Arm Ik Fk	0
Fk Toggle	1
Hand Parent	1

14 每个膝盖和手肘外侧各有一个水滴状的控制器，控制膝盖的是LegLPoleControl，控制手肘的是ArmL-PoleControl，它们的位移控制着膝盖和手肘的朝向，尤其是在胳膊和腿弯曲时控制效果最为明显，如下图所示。

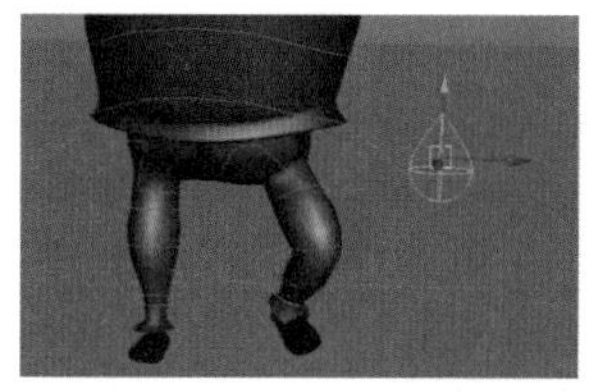

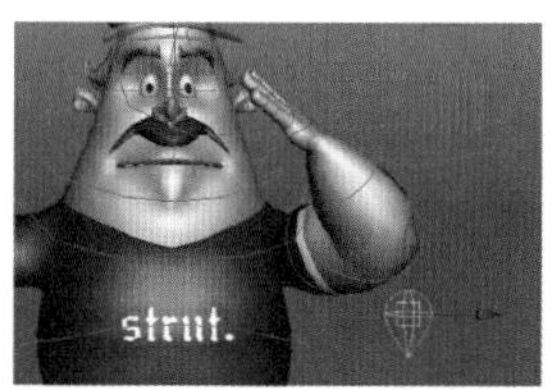

15 接下来介绍面部的控制器。

角色面部的正前方有一个椭圆形控制器，它的位移可以控制头部的整体朝向，如下图所示。

而中间的眼罩形控制器只能控制角色眼珠的旋转方向，如下图所示。

16 角色头部侧面的是调节面部表情的面板，所有的面部表情都可以通过该面板进行调节，如下图所示。

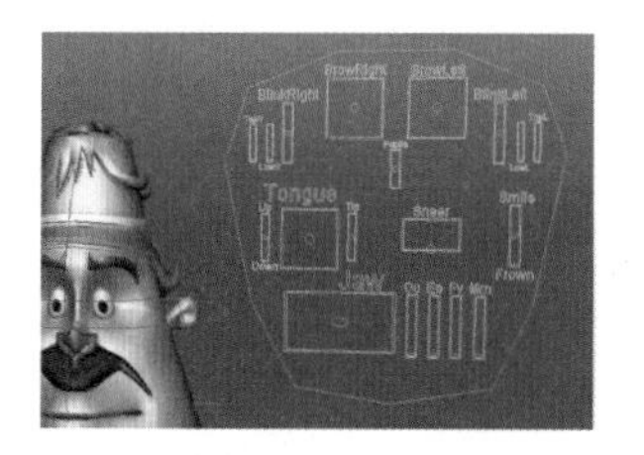

17 最上方的两个控制器BrowRightCircleCtrl和BrowLeftCircleCtrl控制两个眉毛的运动，如下图所示。

18 两侧的控制器BlinkLeftCircleCtrl和BlinkRightCircleCtrl控制左右眼的眨眼动作，也就是控制眼皮的开合。这两个控制器是上下眼皮一起进行移动和控制的，不能分别控制上下眼皮，如下图所示。

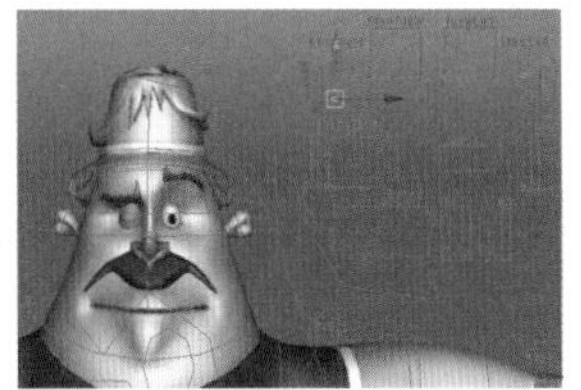

旁边两个更小的控制器则可以分别控制左右眼的上下眼皮，如下图所示。

19 中间有一个小控制器PupilsCircleCtrl控制眼珠的大小，如下图所示。

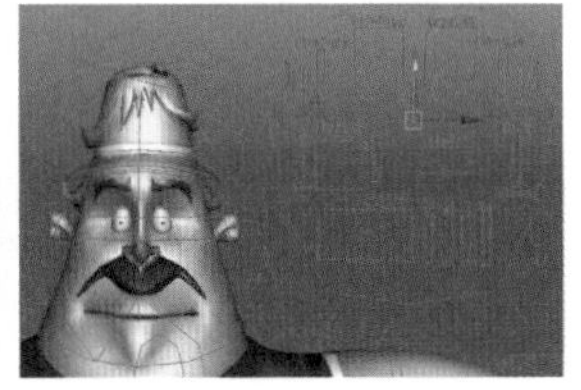

20 接着来看嘴部的控制器，如下图所示。

冷笑控制器SneerCircleCtrl可以控制角色上唇嘴角的上翘开合位置程度，令牙齿露出，同时牵动面部肌肉，如下图所示。

21 微笑控制器SmileFrounCircleCtrl可以控制嘴角的上下弯曲，左右嘴角是对称的，且嘴是闭合的，如下图所示。

22 控制器JawCircleCtrl可以控制下颌的开合程度及方向，下颌打开时可以看到嘴的内部，如下图所示，如下图所示。

23 控制打开嘴型的还有一系列控制器，Oo、Ee、Fv、Mm。这几个口型是角色说话时非常典型的几个口型，对话中经常使用，如下图所示。

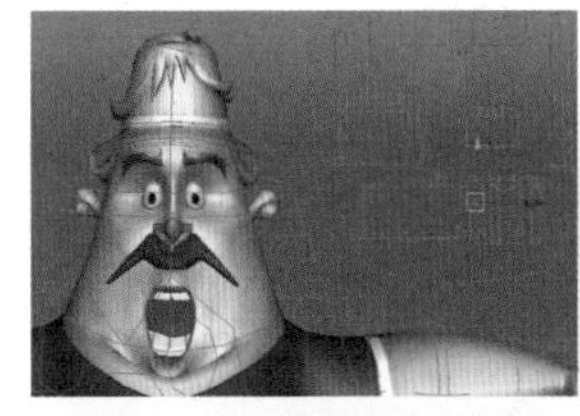

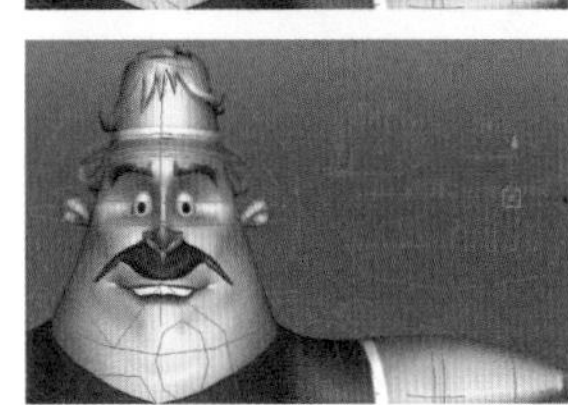
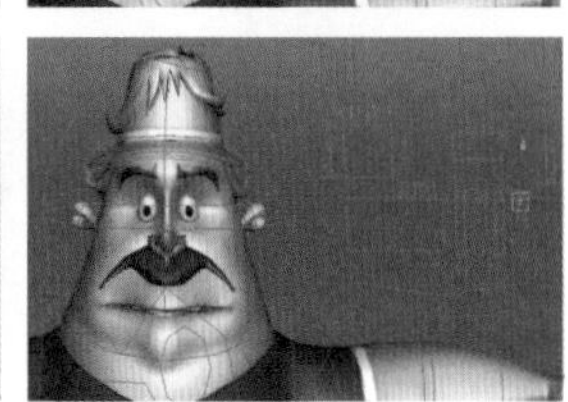

24 接着来看一下舌头的控制。角色说话、吃饭时不可避免地要涉及到舌头的动作。

控制器TongueCircleCtrl可以控制舌头的伸长程度以及伸出的方向。

旁边两个小控制器UpDownCircleCtrl和TipCircleCtrl分别控制舌头的上下角度和弯曲程度，但是单独调节并不会让舌头伸出口腔，经常配合上一个控制器进行调节，如下图所示。

25 介绍完头部的控制器之后，我们看角色脚边的几个小控制器。

之前我们已经介绍过了IK和FK切换控制器，它旁边的SquashNStretch控制器中的Neck属性可以控制脖子的鼓涨程度，Chest属性则控制肚子的鼓涨程度，如下图所示。

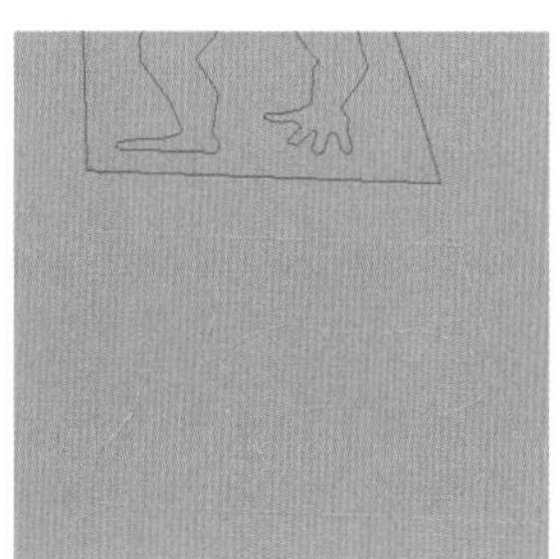

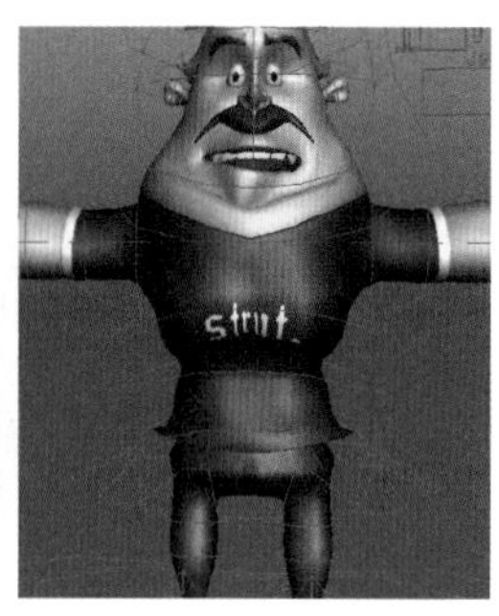

26 由于本模型的控制器较复杂，同时显示出来会非常繁复，而且在设置动画时容易误选，所以模型脚旁边的一组控制器可以控制模型上每一组控制器是否显示，默认值1为显示，更改为0则隐藏起来。这样一来，当我们进行某个步骤的调节时可以将其他部分的控制器隐藏，就会看起来很清晰，并且不会误选了，如下图所示。

14.2 身体动画

当我们调节一段角色动画时，一般是从身体的动态开始制作，整个身体的动态基本确定之后，再进行表情的调节。本小节我们来制作身体的整体动态。

每个人说话的时候，身体会随着说话的内容和说话时的情感变化而发生改变。所以在调试前我们在Maya中导入一段话。

提 示

本例中的话选自“疯狂的神父”(Nache Libre 2006) 中的一段话。

内　容　是：Over there in the tree is a chipmunk nest. Here we have the corn. The best in the city. It's delicious.That is where I get the day-old chips, over in a secret plane.And that is a crazy lady. So~~~~~~~~~now you got a little taste of what I do. It's pretty dang exciting,huh?

翻译为：在那边的树上有一个花栗鼠的窝。现在我们手里有玉米粒。这城里最好的。味道好极了。那有一个秘密地点，我就是在那拿到这些薯条的。还有，那是个疯狂的女士。所以现在你要知道我在做什么的。这真是见鬼的兴奋啊，对吧?

当我们调节一段动画之前，如果想不到应该如何进行动作的安排，可以自己演出一下这段话，自己拍下来放在一边当做参照。或者在 Maya 中建立一个平面，将视频附在材质上，放置在角色边上，这样我们在调节动画的时候就可以边对照边看了。

在设置动画之前，有几个设定我们必须要预先做好。

1. 手臂使用 FK 控制

在IkFkSwitch中，通过更改Left/Right Arm Ik Fk的值为1，将左右手臂都更改为FK控制，这样手臂动作就会随着上身的动作而变化。同时，为了让手形控制器跟随手臂一起动，我们将Hand Parent也设置为1，如下图所示。

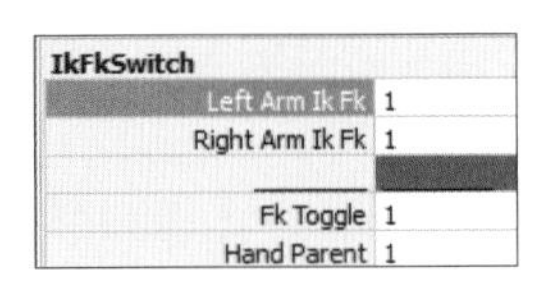

2. 让头与视线跟随身体的运动一起移动旋转

我们需要将头部控制器HeadControl的Head Look Switch和Head Parent都设置为1。

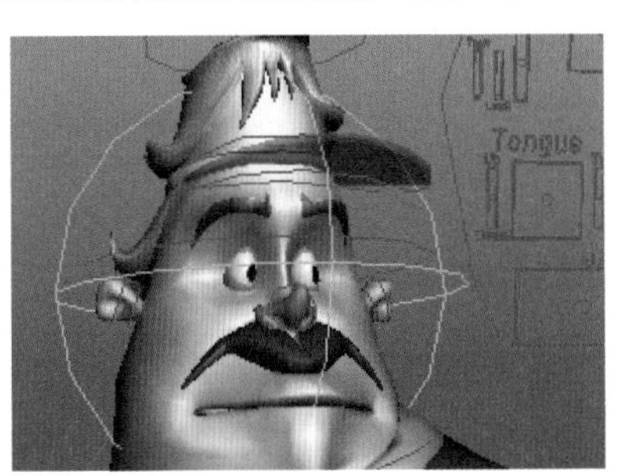

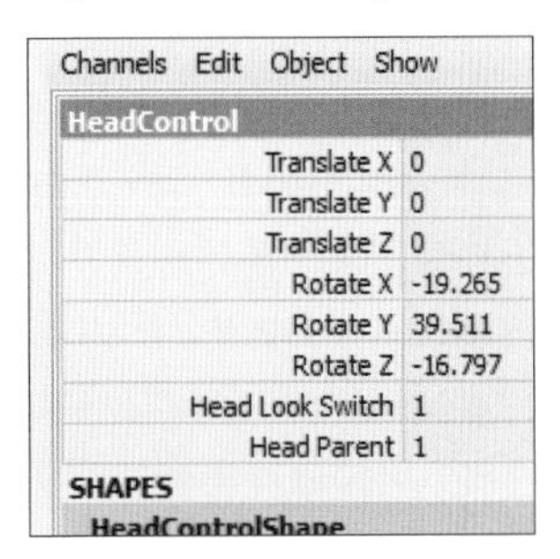

3. 手的动作我们通过手形控制器 HandL/RControl 来进行调节

所以手部关节的小控制器可以都隐藏起来。我们通过将Left/RightArmVisibility控制器的Finger Control属性更改为0，来隐藏手指的小控制器，这样在调节动画时可以看得清晰一些，如下图所示。

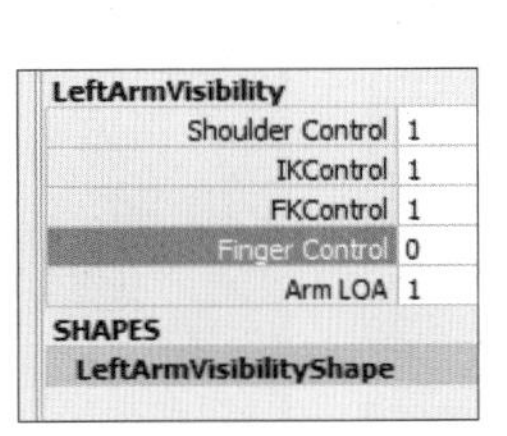

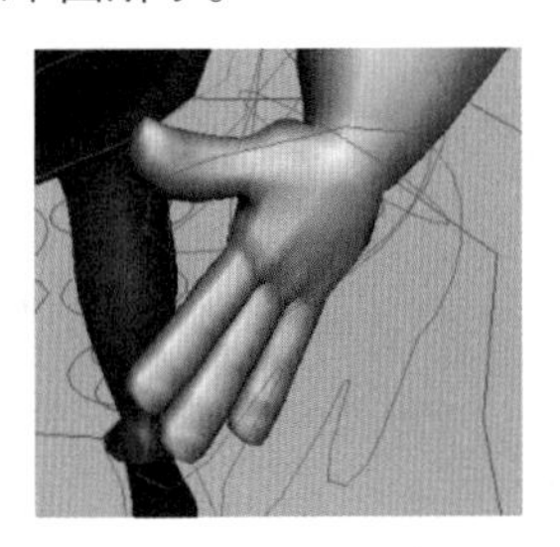

4. 我们再把本例中不需要设置的控制器隐藏起来

比如大腿根部的控制器，以及手臂和腿部骨头中间部分的控制器。我们将Left/RightLegVisibility控制器中的Hip Control和Leg LOA属性设置为0，隐藏控制器，并将Left/RightArmVisibility控制器中的Arm LOA属性设置为0，如下图所示。

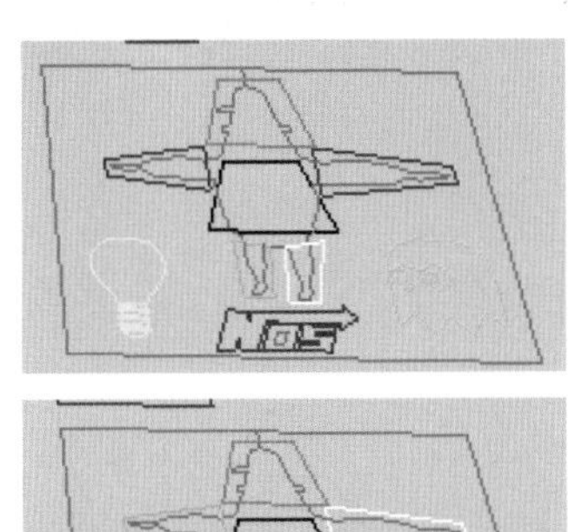

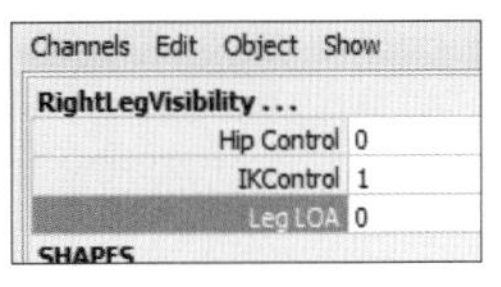

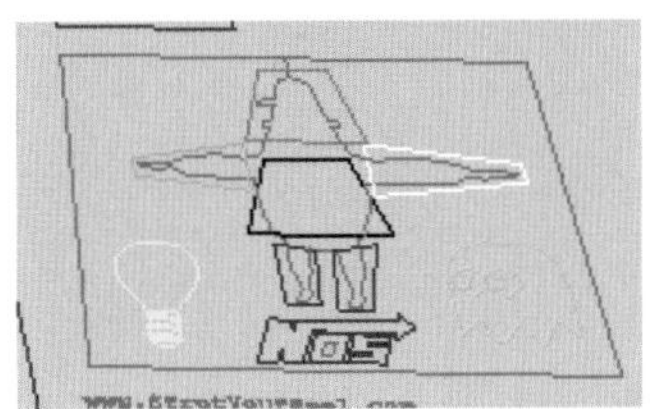

01 将音频文件导入Maya。

单击File（文件）>Import（导入）后的选项设置按钮，找到文件dangexciting.wav，双击导入。或者直接从文件夹中将音频文件拖入Maya的时间轴上。拖入之后音频时间轴上就有了声波，如下图所示。

之后，我们要做的就是按照声音的重拍找到角色动画的几个重点位置，先把几个重点位置的关键动作调好，之后再将中间动作丰富起来。

我们将几个重点的定在：一开始，念到tree的时候（此时转身指着斜上方的树），说到corn的时候（转回来低头看），说到chips时（转向另一侧指着反方向），说到crazy lady时（下半身转向反方向但上身转回来），结束时（转回来）。

02 这句话不需要走来走去边说，所以我们不在Rig1Control上设置关键帧。

选中CogControl，根据语言的重音来确定身体关键帧的位置。

设定开始角色的站立方向为向前，假设角色就是对着面前一个虚拟的人在说话。第一句话开始的时候，角色的方向就进行移动，向左前方略转。说到have the corn时身体转回来，低头。之后说到delicious时抬起头来。之后提到secret plane时，因为是给人指出某个地方和某个人，所以身体转向另外一侧，即右后方，手指指着那里；直到说到crazy lady时，上身仍然朝向右后方。最后，说到So的时候，好像总结一样，对着面前的人说话，所以把身体重新转回来。

下面进行调节。

我们大致来设置几个比较典型的动作，以视频为参考，来对比时间点和整体动势。当然，我们设置好的动画和真人做出的动作相比会有较大差异，会更加夸张、丰富、有趣。

起始的动作，如下图所示。

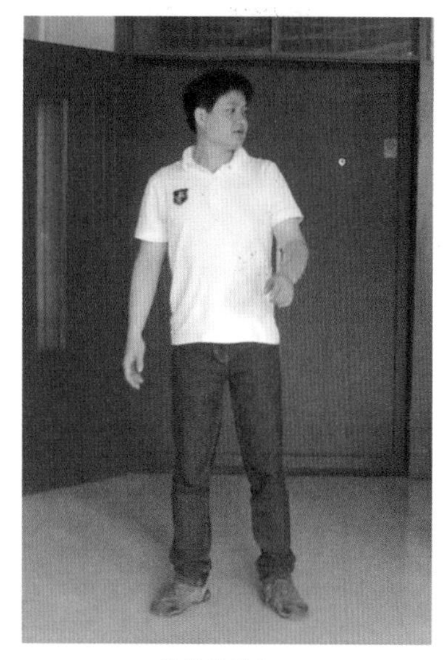

起始的动作。

说到in the Tree时右手指着树上。

说到have the corn时转过身，双手比划着有很多玉米。

提 示

我们最好参考着自己录制的动作视频进行制作。

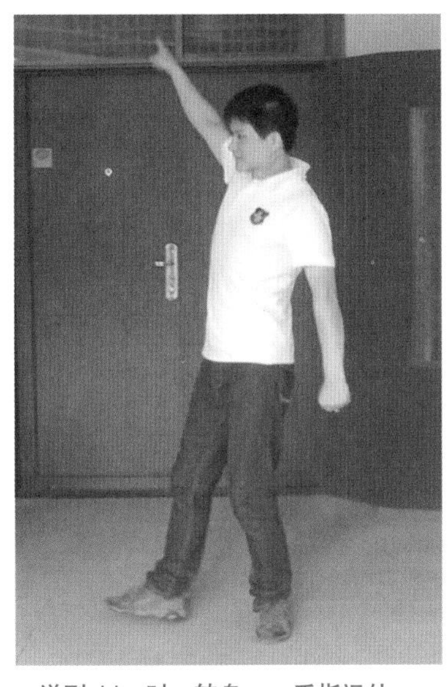
说到chips时，转身，一手指远处。

说到crazy lady时，单手叉腰，另一只手抬起做解说。

说到what I do时，双手叉腰，动作幅度较小。

提 示

在调节身体位置前，将手臂的绑定更改为 FK，这样手臂才能随着身体一起运动。

开始的位置，如下图所示。

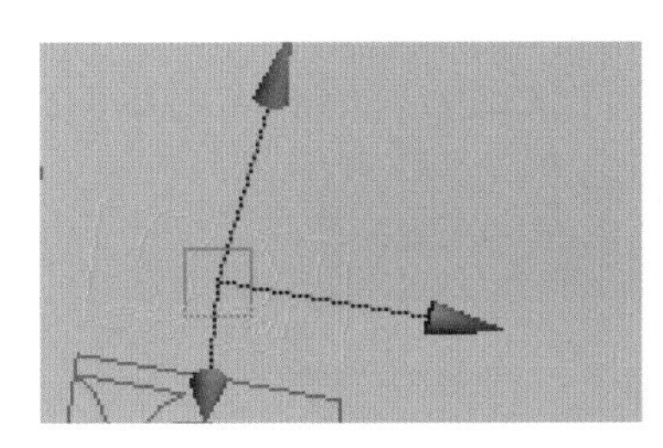

IkFkSwitch	
Left Arm Ik Fk	1
Right Arm Ik Fk	1
Fk Toggle	1
Hand Parent	1
SHAPES	

第一句话说到tree时候的位置，如下图所示。

CogControl	
Translate X	-0.195
Translate Y	0.365
Translate Z	-0.102
Rotate X	14.442
Rotate Y	11.068
Rotate Z	-20.264

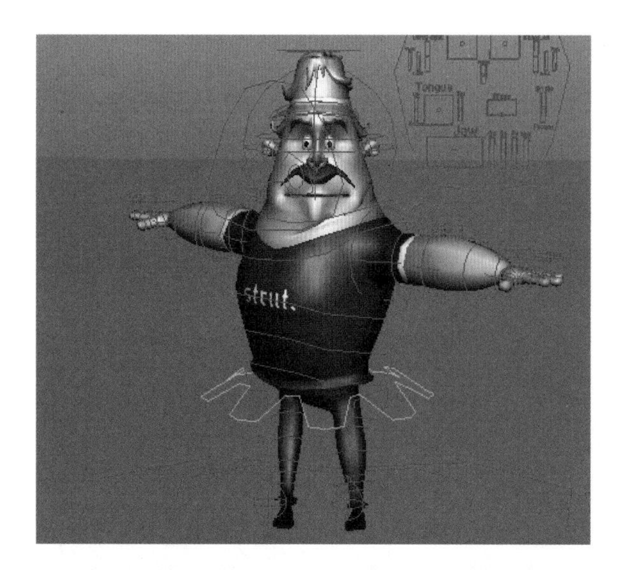

说到have the corn时的位置，如左图所示。

CogControl	
Translate X	-0.195
Translate Y	0.367
Translate Z	-0.115
Rotate X	14.441
Rotate Y	11.061
Rotate Z	-20.262

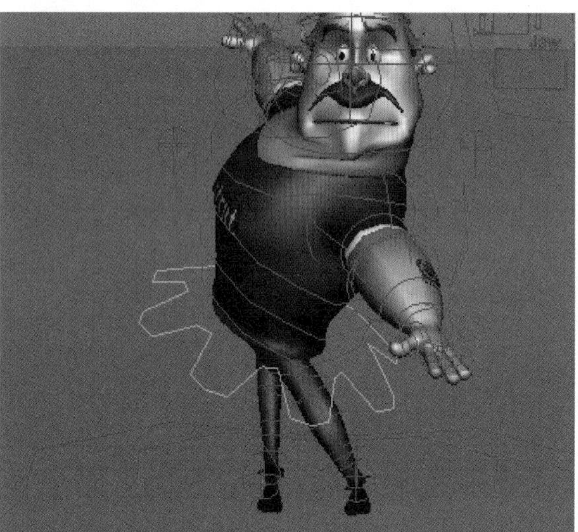

说到chips时的位置，如左图所示。

CogControl	
Translate X	-2.499
Translate Y	0.508
Translate Z	-4.538
Rotate X	34.822
Rotate Y	-59.957
Rotate Z	-49.255

说到crazy lady时的位置，如左图所示。

CogControl	
Translate X	-3.142
Translate Y	0.539
Translate Z	-4.027
Rotate X	-1.391
Rotate Y	-50.678
Rotate Z	19.594

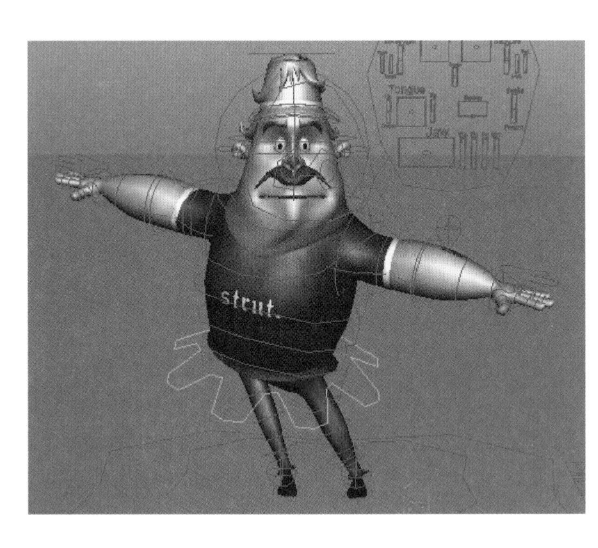

说到what I do时的位置，如左图所示。

CogControl	
Translate X	-3.808
Translate Y	1.179
Translate Z	-0.663
Rotate X	18.395
Rotate Y	-18.822
Rotate Z	-11.552

提 示

这里具体某个位置在哪一帧并不需要非常准确，但是要记住的是，虽然我们是按照控制器依次调节，但是这个顺序并不是固定的，我们心里还是要有一个动作到下一个动作的概念，每个动作中都可以随时调节其他控制器。

03 根据已经设置好的身体动态来调节双脚的位置。

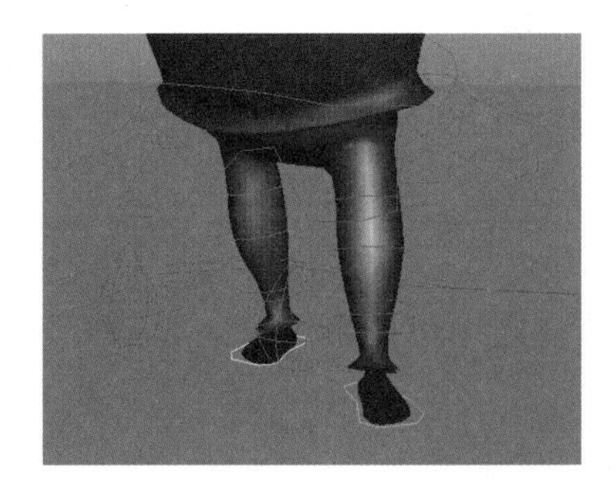

说到have the corn时的位置，如下图所示。

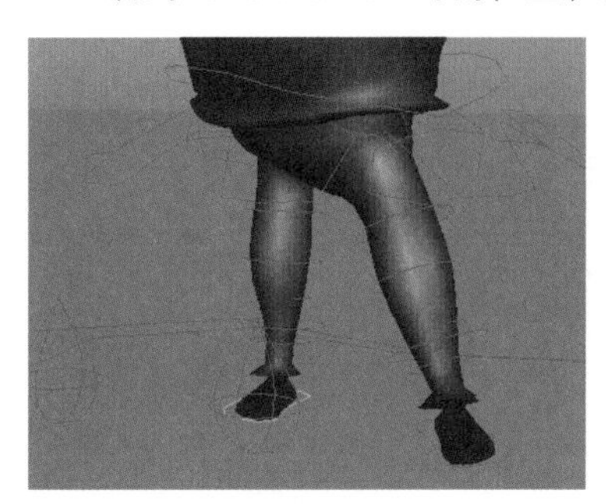

第一句话说到tree时的位置：左腿向后撤，右腿不动，如下图所示。

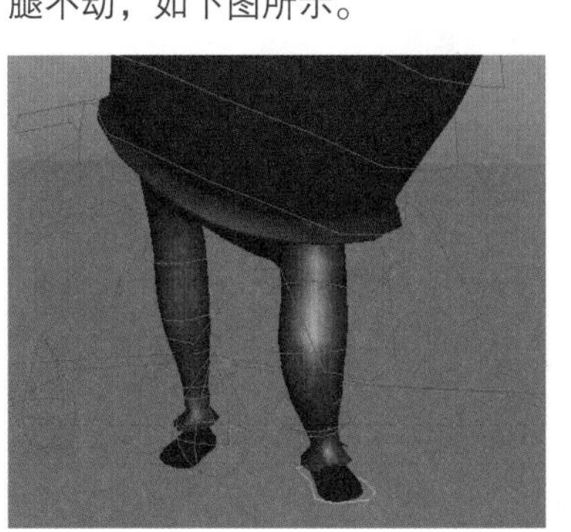

说到chips时的位置，如下图所示。

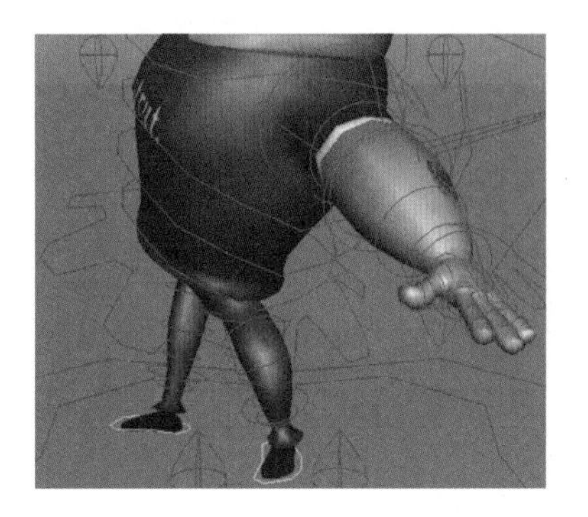

提 示

不是在跑跳的时候，切记不可两条腿同时在地面上滑动。

说道crazy lady时的位置，如下图所示。

04 根据身体的姿态调节肩膀Back4Control和头的方向HeadLookControls，以及位置HeadControl，配合肩膀的姿势，我们同时也调节身体的其他几个BackControl。

开始的位置，如下图所示。左脚前，右脚斜后。

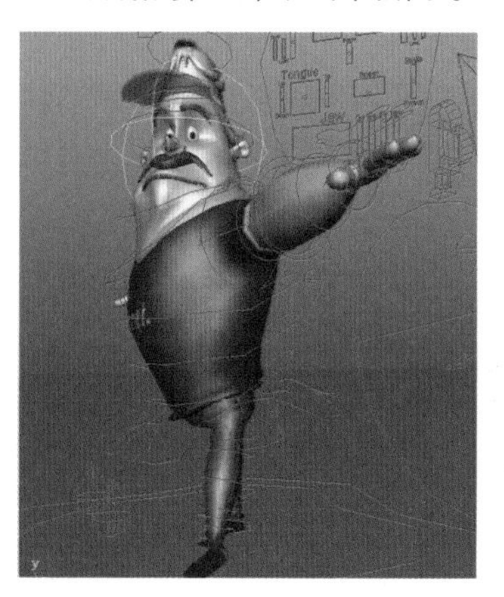

提 示

HeadControl 的属性中 Head Look Switch 和 Head Parent 都要更改为 1。

第一句话说到tree时候的位置，如下图所示，左腿向后撤，右腿不动。

说到have the corn时的位置，如下图所示。

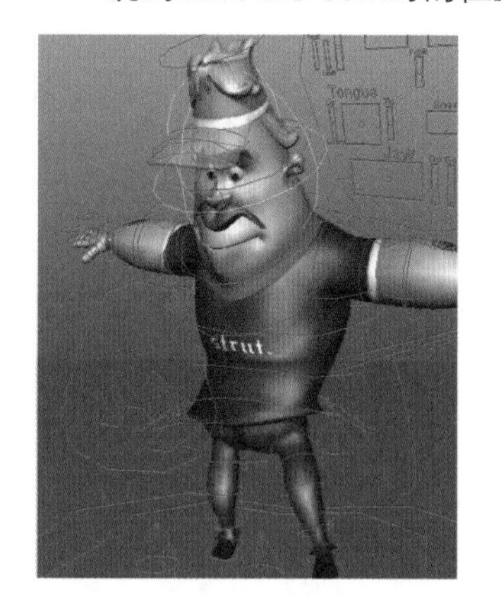

说到chips时的位置，如下图所示。

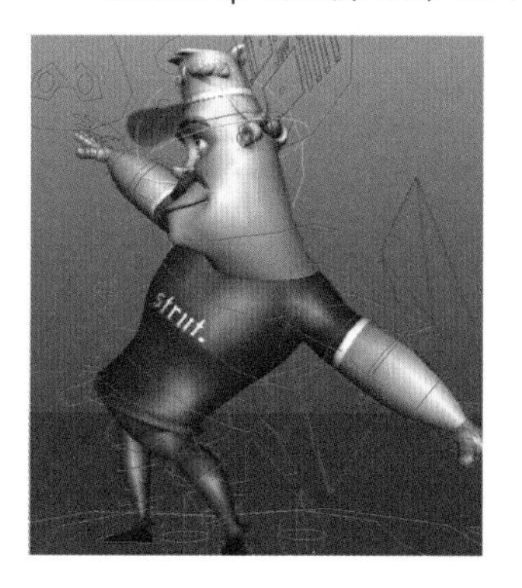

说到crazy lady时的位置，如下图所示。

结束时的位置，如下图所示。

05 配合双手的位置。

这里需要注意的是，我们用的是FK绑定，要先从肩膀ArmLFKControl开始，注意配合肩胛骨ShoulderBladeRControl，再到手肘Elbow LFK Control，最后是手腕WristLFKControl，胳膊设置完成之后才是手上的细节。

开始的位置：左手前，右手斜后。

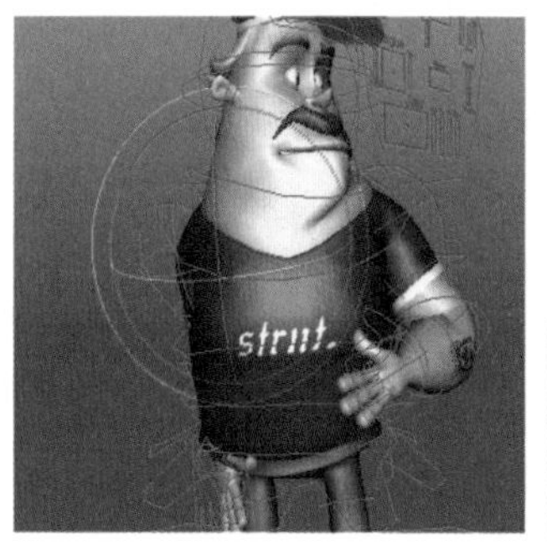

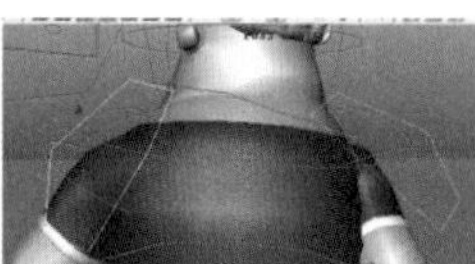

提 示

如果不调整肩胛骨的控制器ShoulderBladeRControl，胳膊就会像左图一样插进身体里，调整肩胛骨之后胳膊的位置才能正常。

调整之后的姿势，如下图所示。

第一句话说到tree时的位置，如下图所示。右手伸出，注意右手肩胛部分要提起。

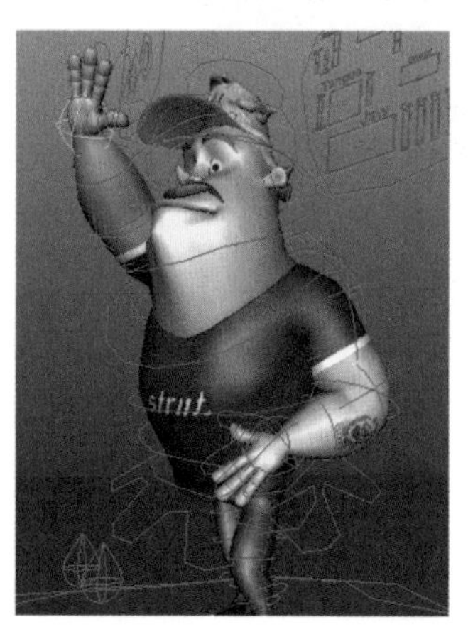

说到have the corn时的位置，如下图所示。

说到 chips 时的位置，如下图所示。转过身再次伸出手。

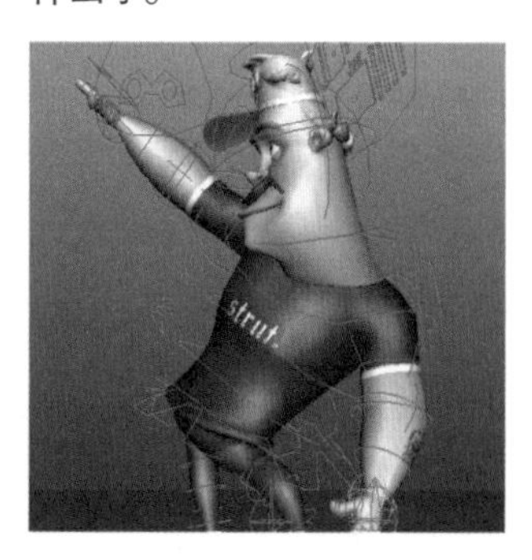

说到crazy lady时的位置，如下图所示。一手叉腰。

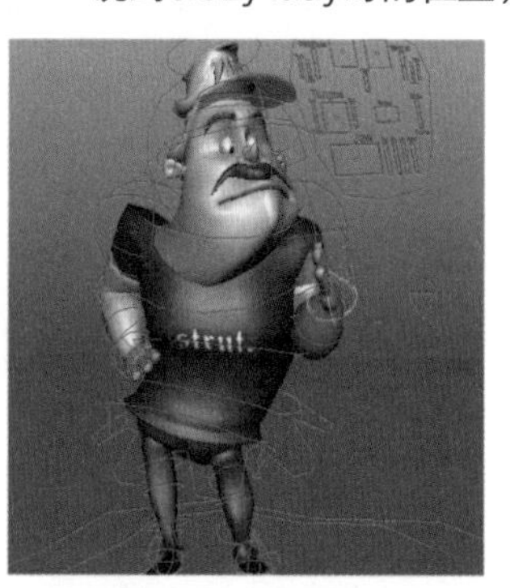

结束时的位置，如下图所示。身体略微直起。

到这里为止，这几个关键动作的身体大概姿势已经有了，接着把手指的细微动作设置出来，如下图所示。

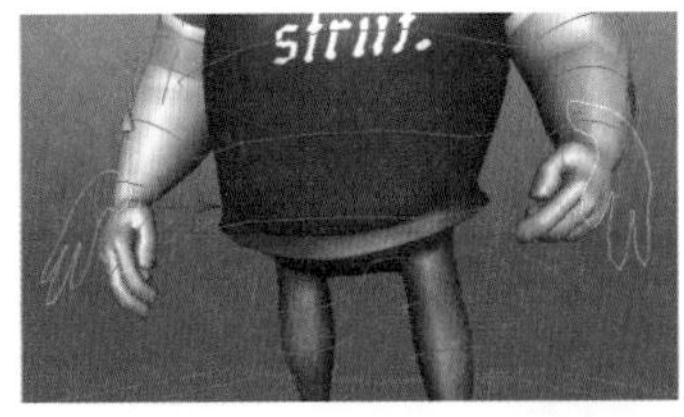
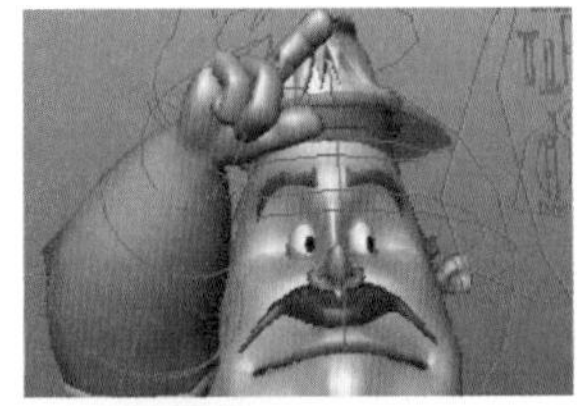
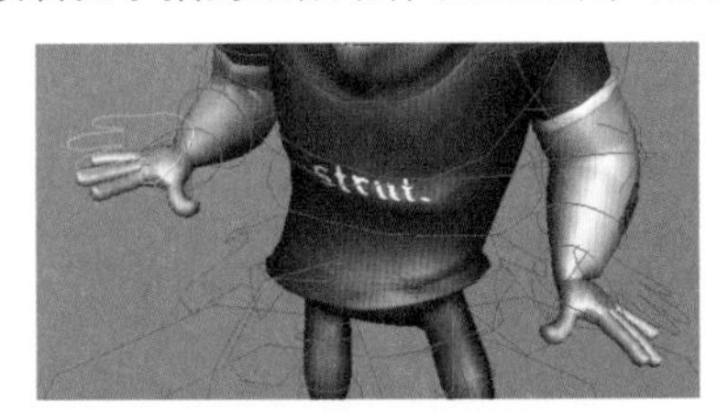

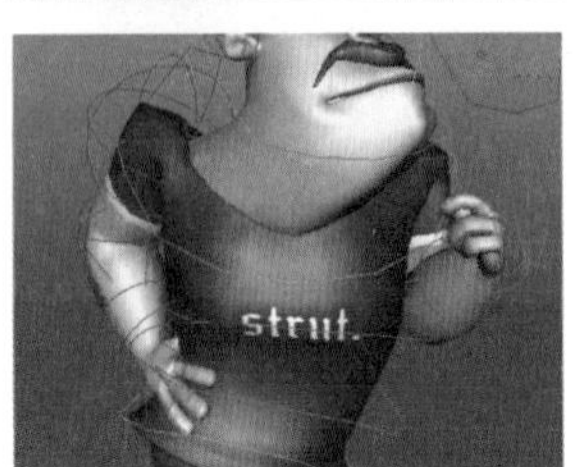

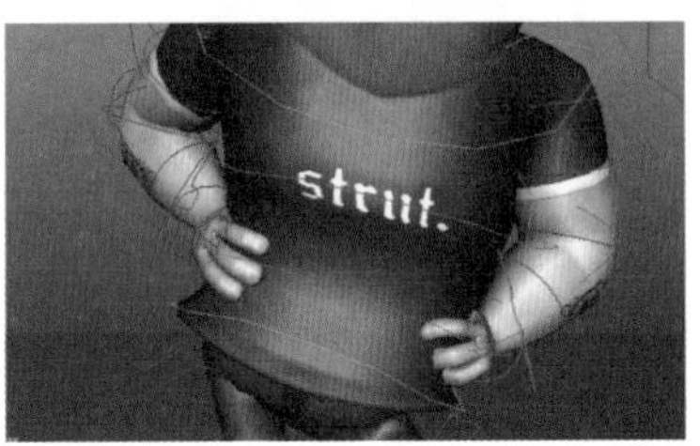

提 示

在设置手部动画时，如果觉得胳膊的动作有哪里不合适，则需要进行反复调整。

06 调整身体的细节。到这里，我们基本上把这几个重要位置的姿势都设置完成了。

开始的位置，如右侧左图所示。

第一句话说到tree时的位置，如右侧右图所示。

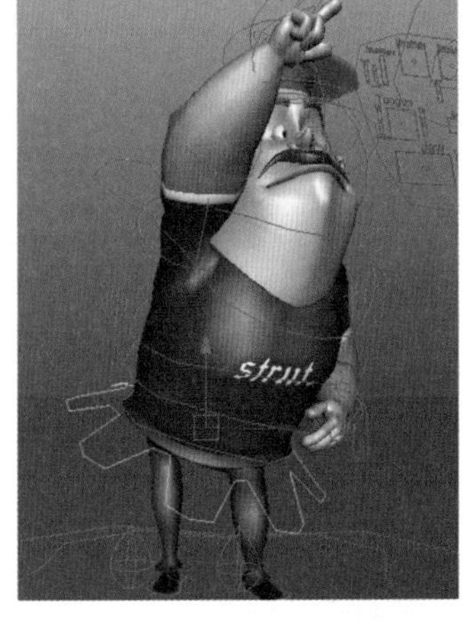

说到have the corn时的位置，如右侧左图所示。

说到chips时的位置，如右侧右图所示。

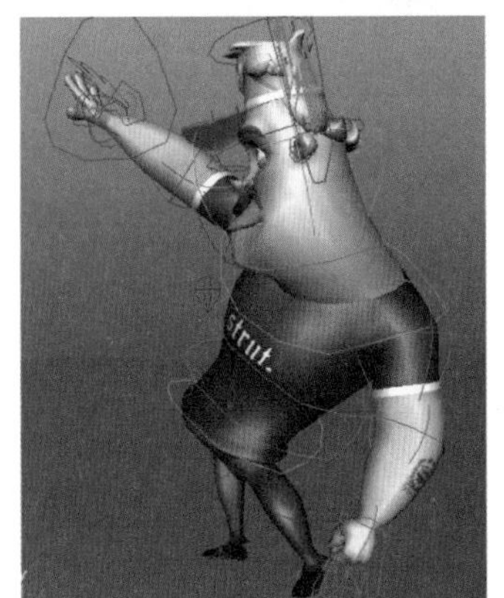

说到crazy lady时的位置，如右侧左图所示。

结束时的位置，如右侧右图所示。

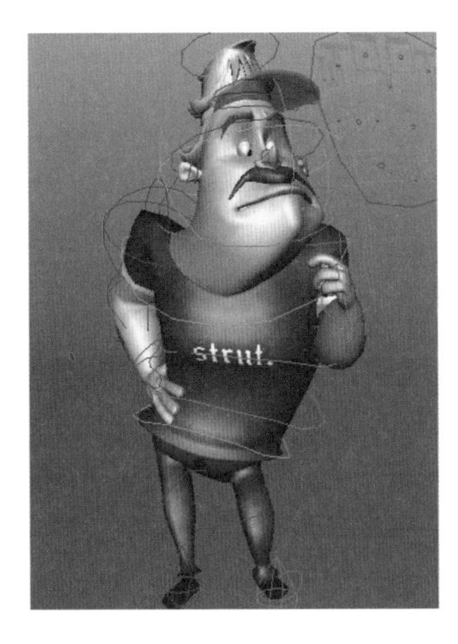

07 然后，将这些姿势依次连接起来。连接中还有许许多多小的动作需要设置，设置这些小动作时，我们主要还是依照先从整体到局部的顺序，如下图所示。

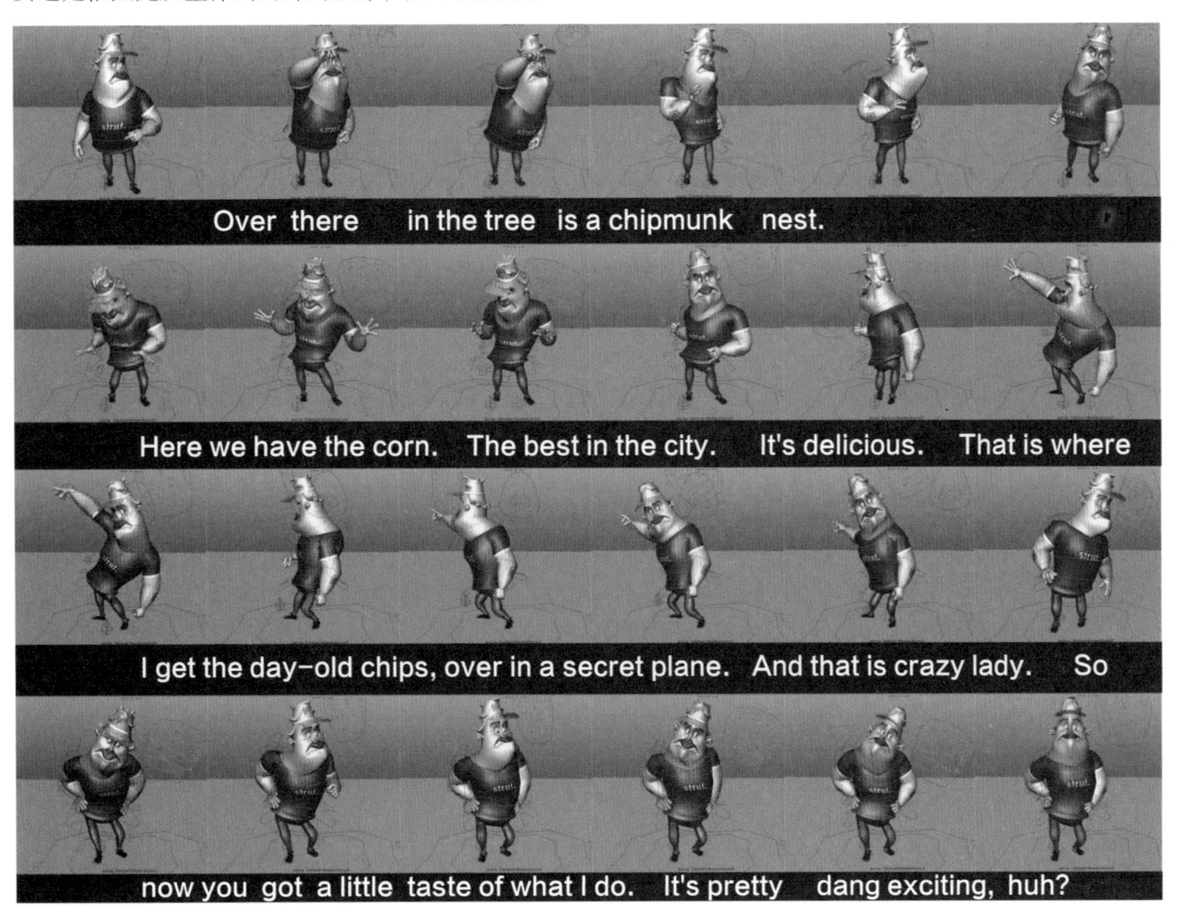

提 示

动画的设置中最重要的是经验和耐心，一个动作往往需要反复修改很多遍，并非一次设置完成就再也不变动的，这里介绍的过程无法将每一个微小调整的内容都详细叙述出来，请大家参考视频教程，并自己多加揣摩和练习。

14.3 表情动画

在设置表情动画时，我们依然可以自己照着镜子念对白，看看哪些重音是口型变化最大的，哪些是可以一带而过的。同时注意自己念对白时脸部其他部分的表情。

在制作有对白的表情动画时，我们不妨先将变化最明显的嘴部动作设置好，再根据角色的情绪添加其他部分的细节。

本例我们以第一句话“Over there in the tree is a chipmunk nest”为例，为大家进行讲解。

01 我们来看，第一句中哪些音节的口型变化最大并且延迟时间较长。

首先，over的O音，口型呈O状，且是本句话的第一个音节，非常重要，如下图所示。

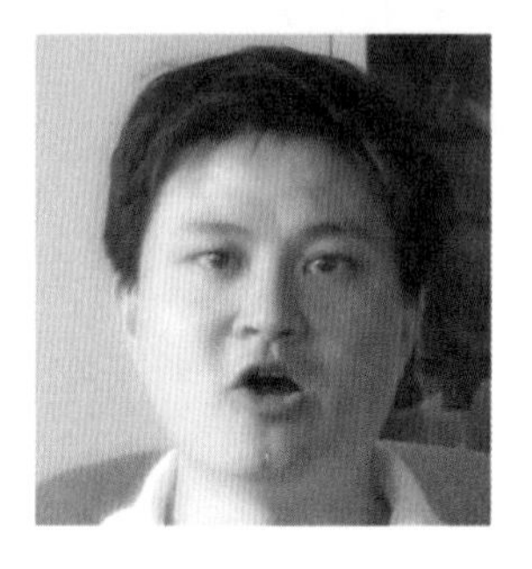

there一词的口型是扁的，持续时间较长，很明显，如下图所示。

tree一词的口型是由撅起变到扁平向外咧，其变化非常重要，需要反映出来，如下图所示。

chipmunk一词的变化较多，首先是chi的音口型咧开，m发音时嘴唇又闭合再张开，如下图所示。

紧跟着nest一词也是口型由闭到开，如下图所示。

其余的音节基本都因为吃音或滑音一带而过，或者口型变化不大，这些音节我们不用一个个都设置出来，只要在前后两个明显音节之间设置好过渡即可。例如：over的ver音和in the都不明显。以及is a连读，从口型几乎无法分辨，nest中的辅音st很轻，也可以忽略。

提 示

如果刻意地每一个音节都将对应的口型清晰地设置出来，反而播放时会觉得很不自然，有一种非常“刻意”的生硬感。只要我们自己照着镜子说话看看就会发现，我们在说话时也有很多音节直接吞掉，甚至嘴唇不太动就能带出很多个字。

02 我们来设置over一词。

首先我们调节JawCircleCtrl控制器，设置其Translate Y（平移Y）值为-1，下颌打开最大，如下页图所示。

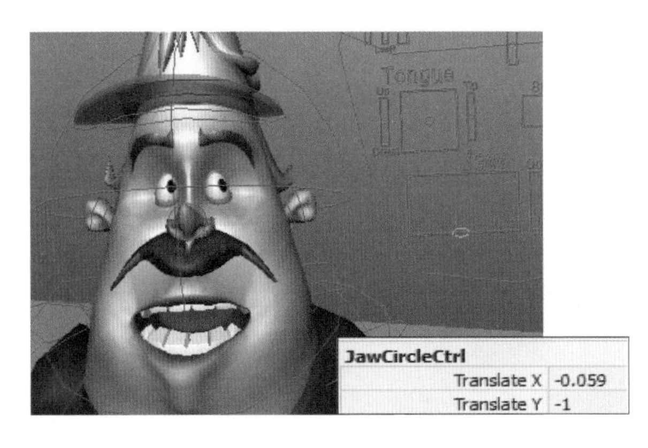

OoCircleCtrl控制器自然是设置为最大值1，如下图所示。

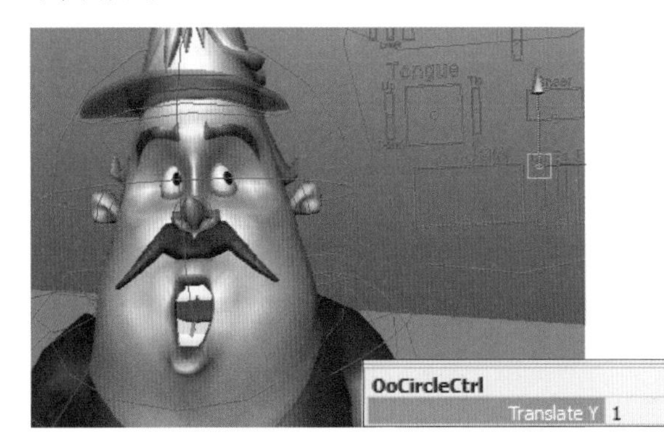

相应的，我希望口型不要太纯粹地圆并且绷直，希望上嘴唇可以再向下收缩一点，再微调Ee Circle-Ctrl和MmCircleCtrl控制器，如下图所示。

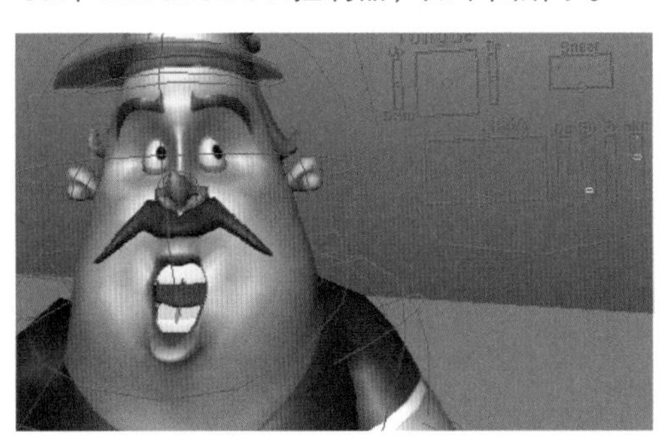

但这时，我们仔细看，会发现舌头有点出来了，但实际上o字发音时舌头是在口腔内部的，所以我们再调节TongueCircleCtrl控制器，把舌头缩回，如下图所示。

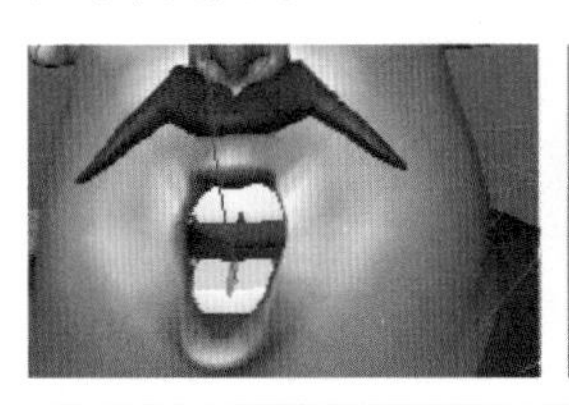
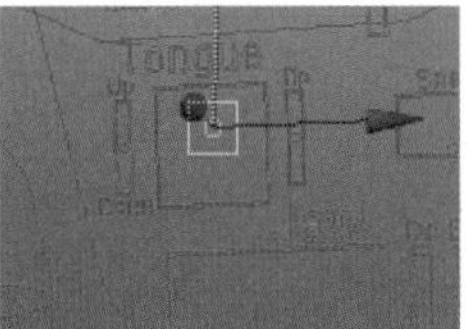

这个口型基本就调好了，虽然嘴周围的肌肉会带动面部其他的肌肉产生运动，但是这些等我们设置完口型之后再统一微调其他面部控制器。

03 之后是ver时，上下嘴唇闭合，上牙咬住下唇。

首先还是把JawCircleCtrl控制器调高，上下颌基本闭上，如下图所示。

OoCircleCtrl控制器调小一些，如下图所示。

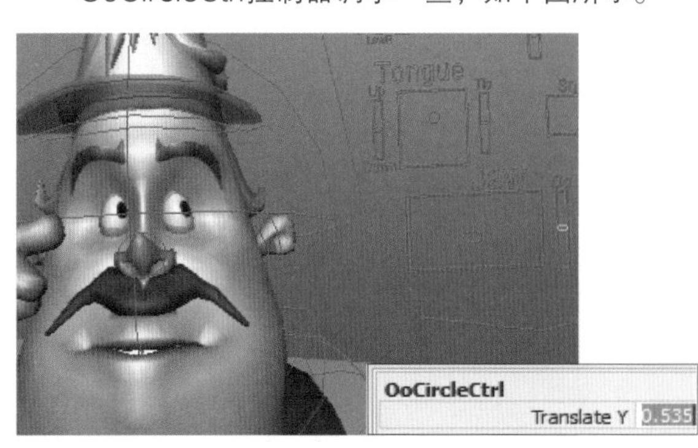

再调节SmileFrounCircleCtrl控制器，让嘴角比较向下，如下图所示。

发现嘴几乎不开了，并且太紧，稍微调节Ee-Circle-Ctrl控制器，让嘴放松一点，如下图所示。

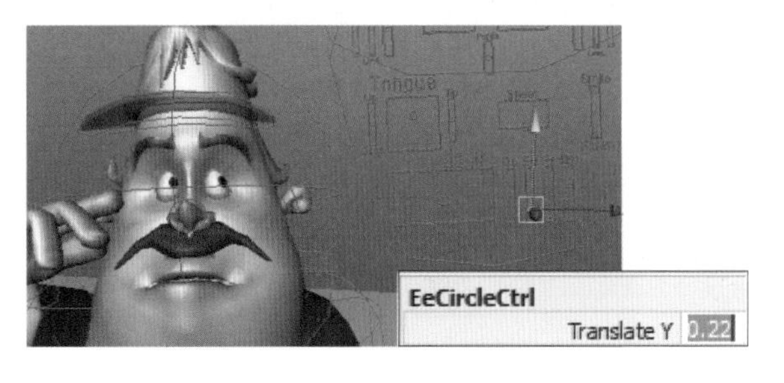

04 再来设置there一词。

还是先调节JawCircleCtrl控制器，让嘴张开一些，如下图所示。

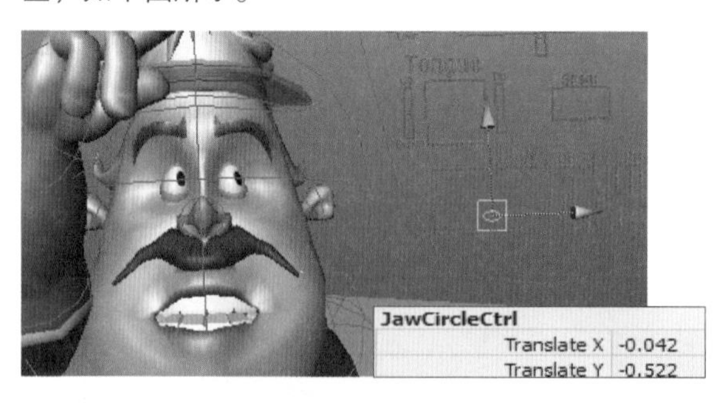

OoCircleCtrl向下调，如下图所示。

EeCircleCtrl向上调，如下图所示。

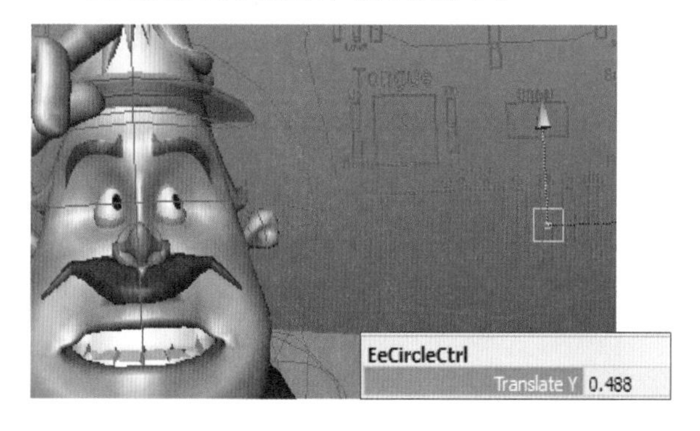

th的音舌头从牙齿中间伸出一点，调节TongueCircleCtrl控制器，同时配合UpDownCircleCtrl和TipCircleCtrl控制器，让舌头不要伸出太多，只要一点就好，如下图所示。

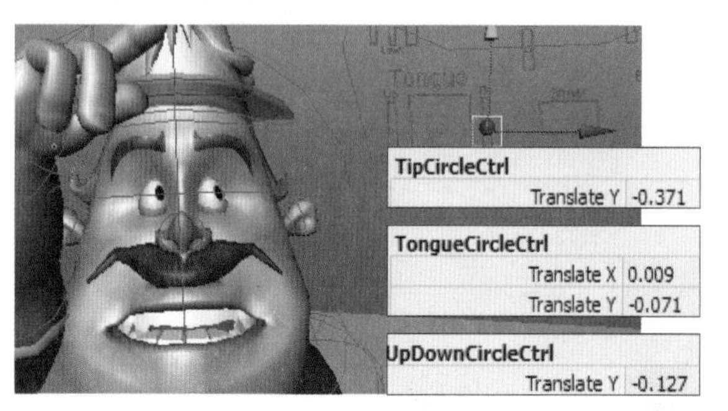

05 再来设置tree。

还是先调节JawCircleCtrl，让嘴张张开一些，如下图所示。

OoCircleCtrl调高，让口型聚拢，如下图所示。

EeCircleCtrl调低一点，如下图所示。

嘴咧得有点开，把SmileFrounCircleCtrl调低一点，如下图所示。

06 tree后面的元音ee。

嘴型变得扁长。调整OoCircleCtrl控制器向下，如下图所示。

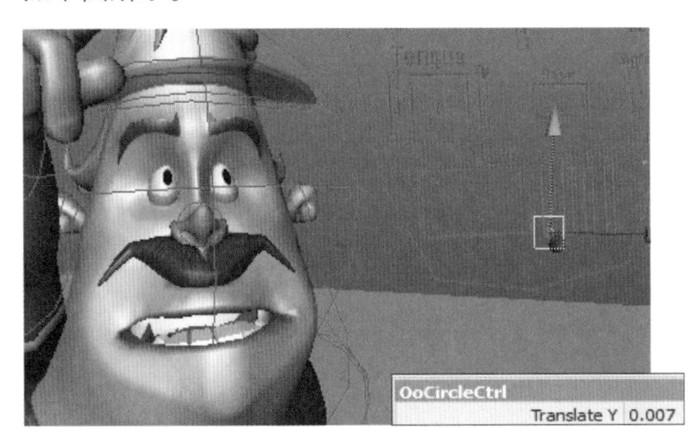

但是这时发现舌头露出来一些，调整Tongue-CircleCtrl控制器把舌头放回去，如下图所示。

SmileFrounCircleCtrl控制器也微调一些，让嘴角稍微向上弯曲，如下图所示。

07 说完tree之后，有个短暂停顿，嘴需要闭上。

调整JawCircleCtrl控制器，如下图所示。

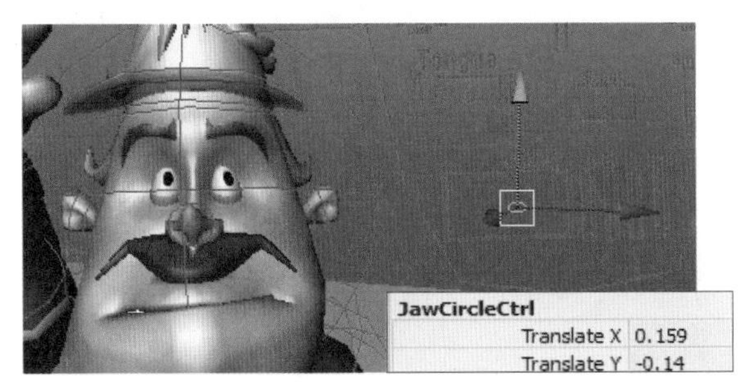

调节EeCircleCtrl控制器，如下图所示。

调节SmileFrounCircleCtrl使得嘴角向上弯曲，如下图所示。

这里要调节FvCircleCtrl控制器了，让嘴唇咬紧，如下图所示。

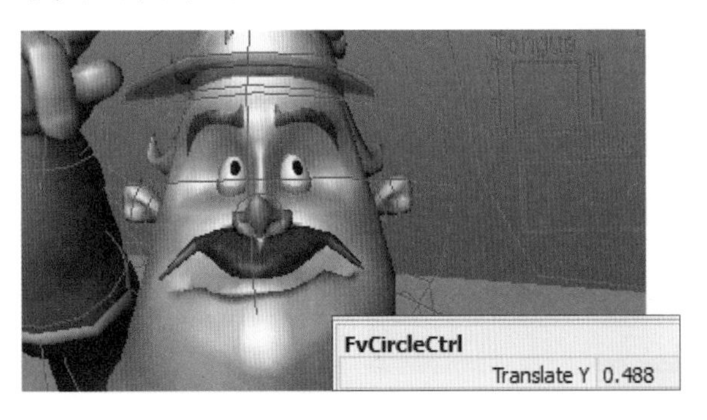

08 然后是chipmunk一词。

chi的口型比较夸张，将下颌张开的幅度调大，如下图所示。

EeCircleCtrl调大，让嘴咧开，如下图所示。

再调节SmileFrounCircleCtrl控制器，让嘴再上翘一些，如下图所示。

09 munk时，嘴又要重新闭上。

JawCircleCtrl控制器上调，让下颌收拢一些，如下图所示。

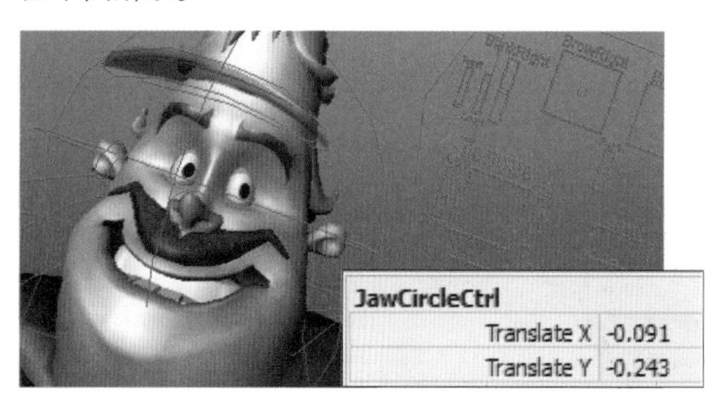

OoCircleCtrl稍微调大一点，让嘴型收拢，如下图所示。

EeCircleCtrl调低，让嘴角左右收拢，如下图所示。

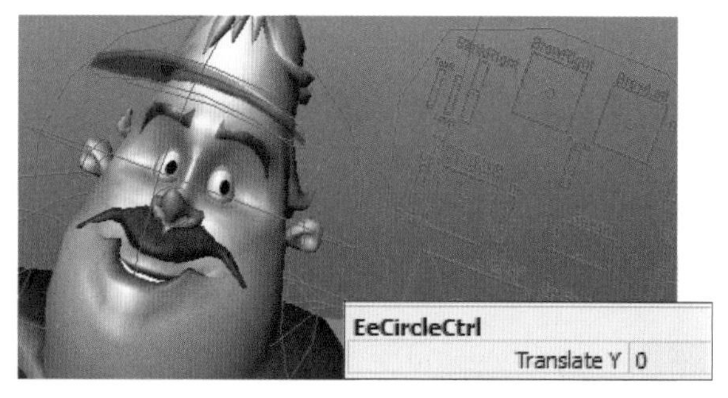

调节SmileFrounCircleCtrl控制器，让嘴角落下来，如下图所示。

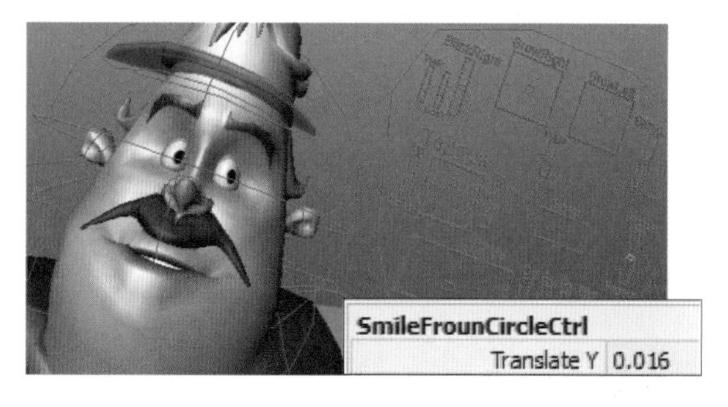

10 munk的元音un，嘴张开。

JawCircleCtrl再次张开，不妨试试看让下巴向一边歪，会让角色显得很有趣，如下图所示。

将OoCircleCtrl调节得小一些，让嘴咧开一点，如下图所示。

相应地，EeCircleCtrl要调大一点，如下图所示。

将SmileFrounCircleCtrl调小，可以让嘴角下落一点，如下图所示。

11 nest的辅音，由于配音的口音很重，所以n的发音和m很像，依然是上下嘴唇紧闭，由于对话对这个词很强调，我们也让表情夸张一些。让下嘴唇有些包住上嘴唇。

首先，将JawCircleCtrl上调到1，下颌完全收回，如下图所示。

OoCircleCtrl也完全调为0，如下图所示。

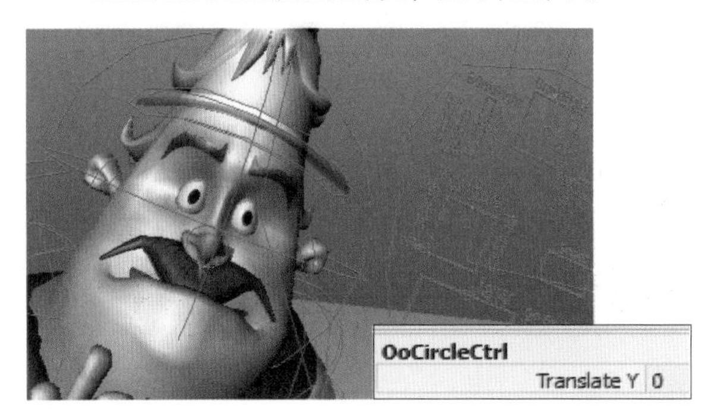

调节SmileFrounCircleCtrl为-1，如下图所示。

12 nest的元音，配音发得很饱满，也很长，我们把这个口型夸张化，让角色显得更生动有趣。

首先将JawCircleCtrl控制器向下调，然后歪着调，让下巴扭向反方向，如下图所示。

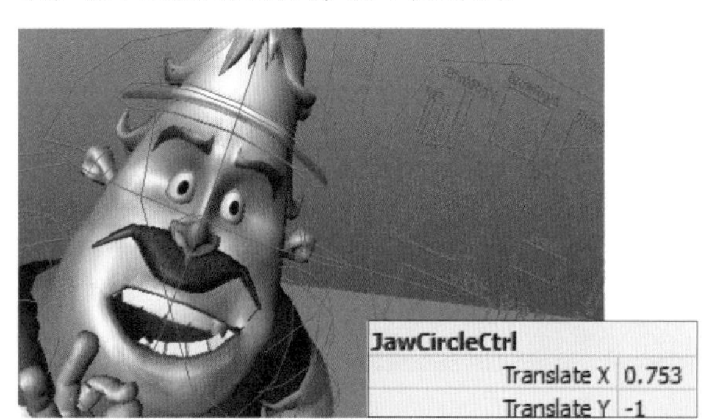

为了让嘴咧开，EeCircleCtrl要调大，如下图所示。

同时，SmileFrounCircleCtrl控制器也上调，让嘴角吊起，如下图所示。

13 最后，nest发完之后，嘴闭合。

首先JawCircleCtrl要调上，让嘴闭上，如右图所示。

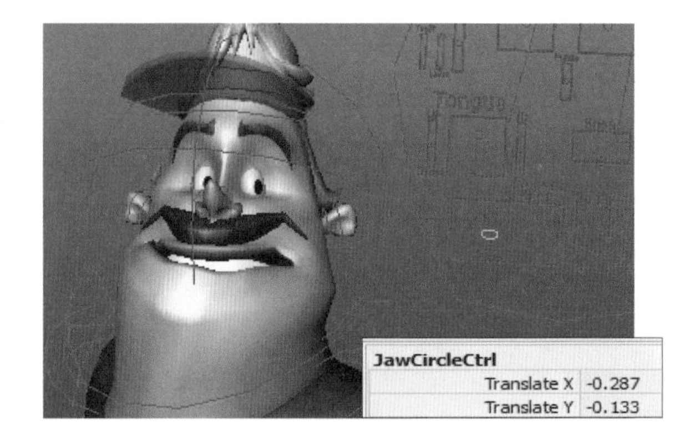

将EeCircleCtrl控制器下调，让嘴咧小一点，如下图所示。

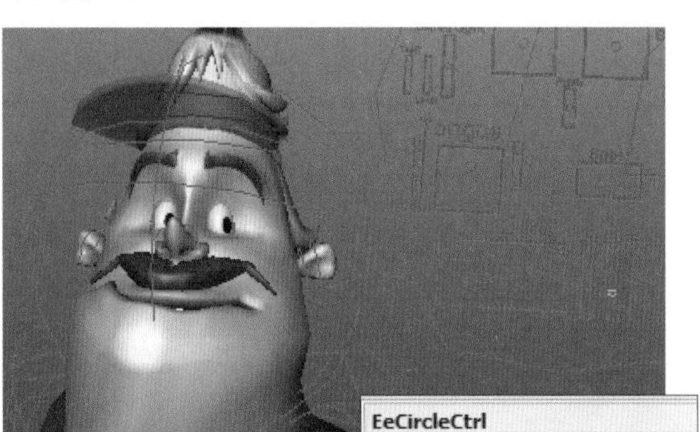

SmileFrounCircleCtrl稍微调小一点，如下图所示。

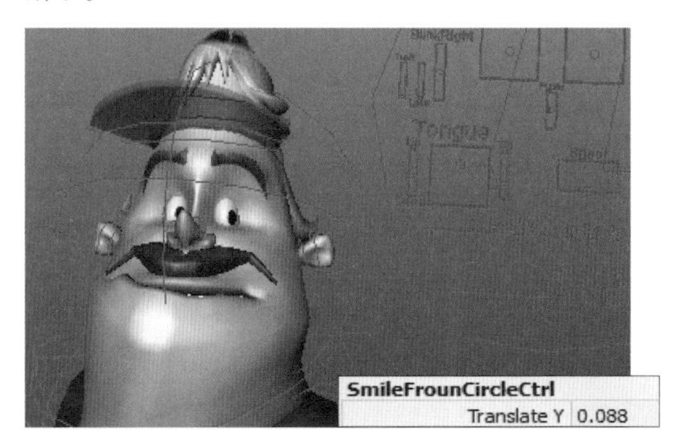

到这里，基本上口型就对好了，如下图所示。

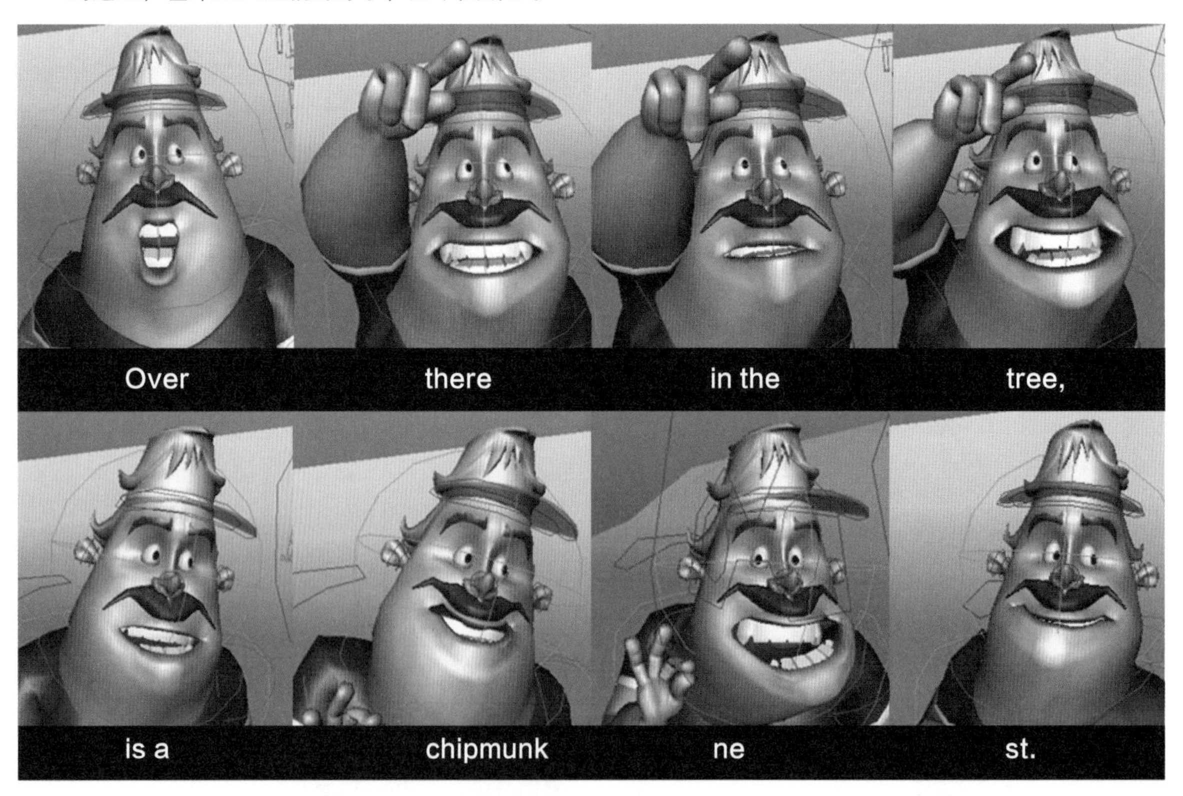

接着是配合对白调节其他部分，如眼睛、眉毛、脸颊肌肉等。

14 这一步中，我们主要调节左右眉毛和上下眼皮的运动，配合协调左右脸颊的收缩。

这些部位运动不像口型动画一样需要准确的造型，这部分的动画比较灵活，调节方式也多种多样，由于每位动画师对于角色性格和心情的理解各不相同，所以制作出的动画表现也有各不相同，主观因素占据很大比重。这里根据我自己的理解为大家做个演示，仍然以第一句话为例。

一开始，我们让角色的左眉毛下压，右眉毛上扬，调节BrowLeftCircleCtrl和BrowRight-CircleCtrl，如右图所示。

再略微调整左右眼皮的位置，让下眼皮覆盖多过上眼皮，有一种“眯起眼睛”的感觉，通过调节LowRCircleCtrl和LowLCircleCtrl实现，并配合BlinkRightCircleCtrl以及BlinkLeftCircleCtrl，如右图所示。

由于角色左侧眉毛扬起，我们让角色的脸颊也稍微向同侧收缩，调节SneerCircleCtrl，让脸颊向一侧收缩，如右图所示。

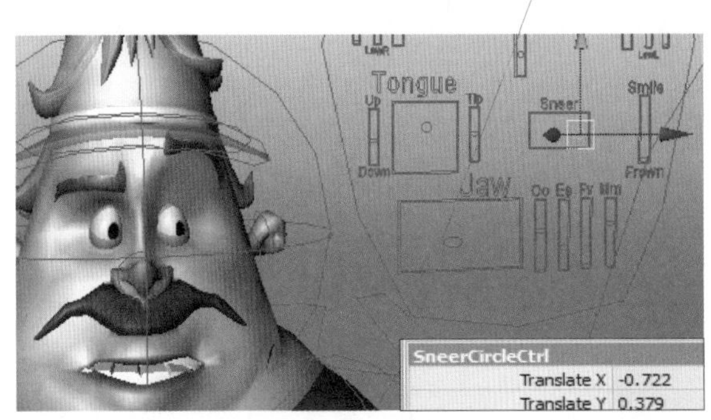

15 当角色开始说over there的时候，我们让角色的眉毛上下交换一下位置，这样就好像角色是接着上一段话开始说一样，大约在28帧左右，如右图所示。

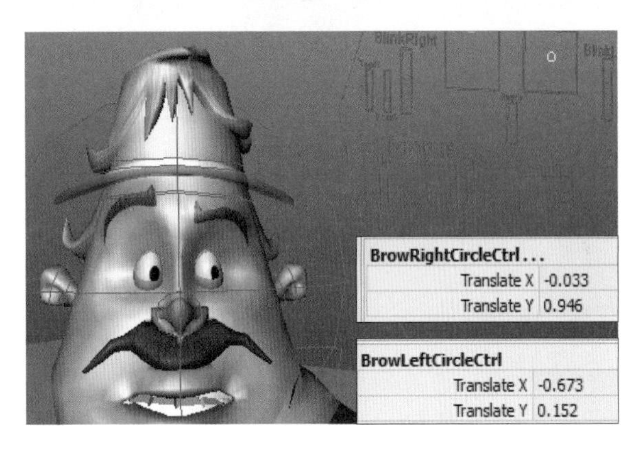

让下眼皮抬得更高，使眼睛眯得更夸张些，如下图所示。

同时让角色左侧嘴角收缩得更高，如下图所示。

16 说完in the tree，一句话结束，角色的语气也告一段落，这时一般眯起的眼睛可以重新睁开。我们先调节角色的上下眼皮，让眼睛睁开得大一些，如下图所示。

提 示

一般我们让左右眼的BlinkLeftCircleCtrl和Blink-RightCircleCtrl数值保持一致，因为左右眼睛多数时候动作一致，如果有不同动作时，还可以分别调节左右眼的上下眼皮控制器。

同时调节眉毛和脸颊肌肉，如下图所示。

17 说完in the tree，一句话结束，角色的语气也告一段落，这时一般眯起的眼睛可以重新睁开。我们先调节角色的上下眼皮，让眼睛睁开得大一些，如下图所示。

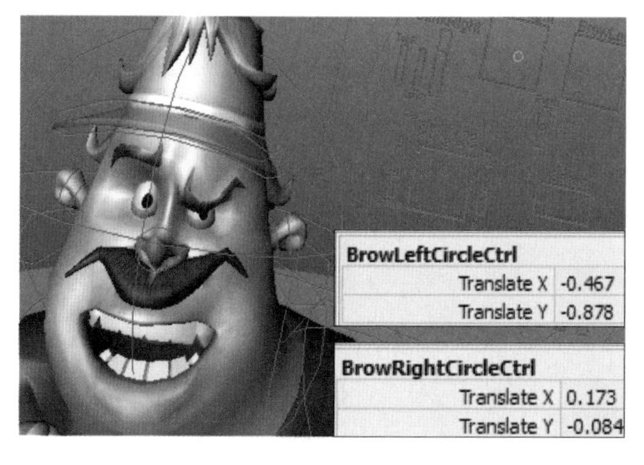

同时让眼皮再次眯起来，显得角色在说一句很有分量的话，如下图所示。

18 说到chipmunk时，让表情有一个大的变化。脸部能让表情变化最明显的就是眉毛。我们重新调节眉毛的位置。让左侧眉毛下压得很低，右侧眉毛也稍微皱起，如下页图所示。

眼皮睁开，如下图所示。

到这里，第一句话就基本设置完成了。这些辅助的表情比较好调，也比较随意。

19 我们根据这种方法，将所有表情设置完成，如下图所示。

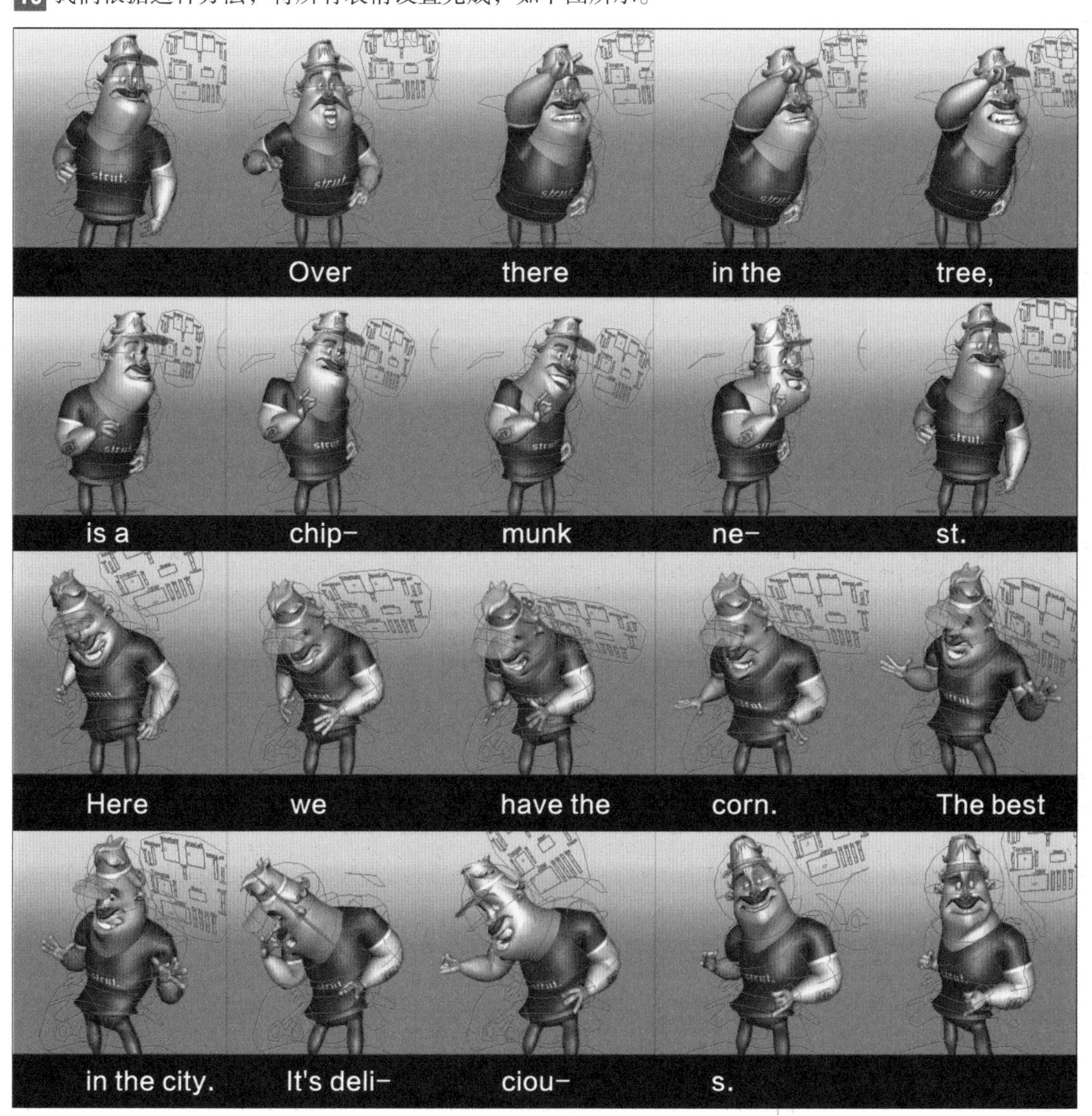

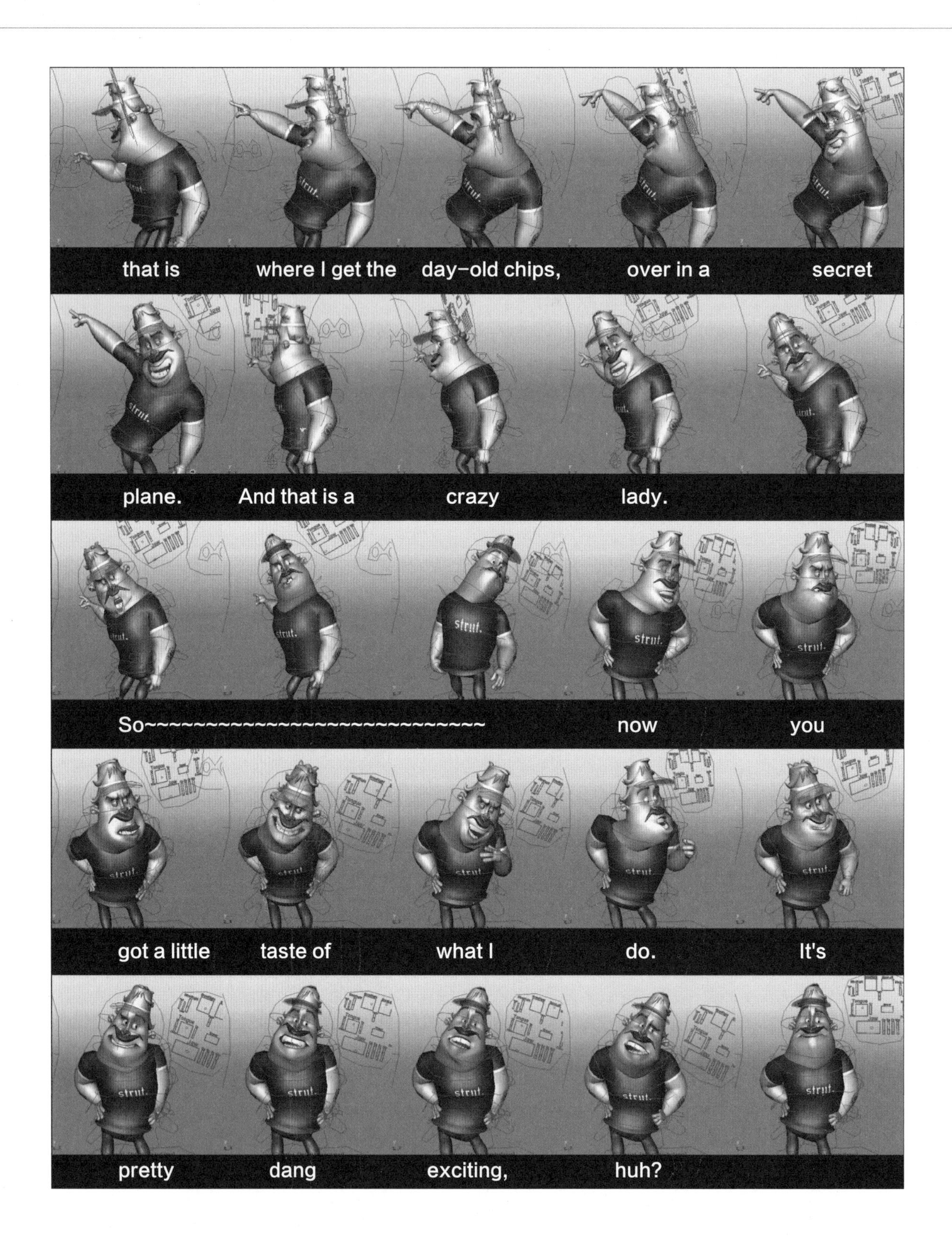
that is
where I get the
day-old chips,
over in a
secret
plane.
And that is a
crazy
lady.
So~~~~~~~~~~~~~~~~~~~~~~~~~~~~~
now
you
got a little
taste of
what I
do.
It's
pretty
dang
exciting,
huh?